电工电子技术基础

DIANGONG DIANZI JISHU JICHU

◎ 周明昌　主编

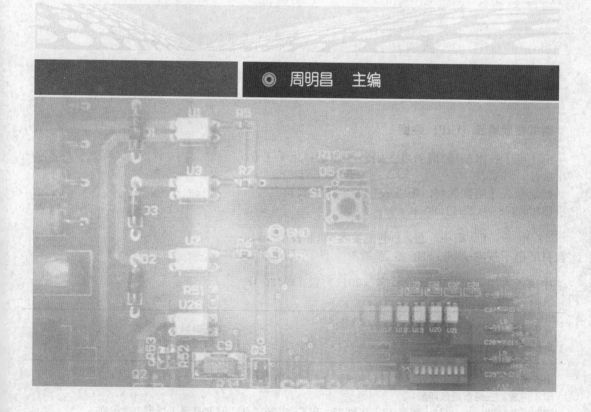

化学工业出版社
·北京·

图书在版编目（CIP）数据

电工电子技术基础/周明昌主编. —北京：化学工业
出版社，2011.9
技能型人才培训教材. 职业技能鉴定培训教材
ISBN 978-7-122-11590-4

Ⅰ. 电… Ⅱ. 周… Ⅲ. ①电工技术-职业技能-鉴定-
教材②电子技术-职业技能-鉴定-教材 Ⅳ. ①TM②TN01

中国版本图书馆 CIP 数据核字（2011）第 119420 号

责任编辑：刘 哲 文字编辑：杨欣欣
责任校对：边 涛 装帧设计：韩 飞

出版发行：化学工业出版社（北京市东城区青年湖南街 13 号 邮政编码 100011）
印 装：三河市延风印装厂
787mm×1092mm 1/16 印张 13 字数 330 千字 2012 年 1 月北京第 1 版第 1 次印刷

购书咨询：010-64518888（传真：010-64519686） 售后服务：010-64518899
网 址：http://www.cip.com.cn
凡购买本书，如有缺损质量问题，本社销售中心负责调换。

定 价：30.00 元

前　言

为了适应经济发展对技能型人才的需要，国家正在大力推行职业资格证书制度，鼓励广大技术工人通过各种形式的学习和培训来提高自身的知识水平和操作能力，不断提高自身的创新意识、创业能力和就业能力，从而增强综合竞争力。同时职业院校的学生为适应市场需求，也在积极参与相关考试获取其职业技能证书。

根据当前生产技术发展的需要和广大操作人员的要求，我们组织了一批具有丰富实践经验的、长期从事生产技术、生产管理的工程技术人员和具有丰富教学经验的、长期从事职业技术教育的专业课教师，编写了这套"技能型人才培训教材"，包括《机械基础》、《化学基础》、《化工基础》、《电工基础》、《电工电子技术基础》、《机械制图》、《电工识图》、《钳工》、《焊工》、《冷作钣金工》、《维修电工》、《仪表维修工》等，共12本。

该系列培训教材根据国家职业标准并参考中、高职学校相关专业教材，突出了实际操作和技能训练内容的编写。该系列培训教材具有很强的实用性，适用面很宽；具有逻辑性强、语言简练、文字严谨、层次清晰的特点。每本教材遵循由浅到深、由易到难的原则，按照一般的认识规律和教学规律编写。该系列培训教材在编写过程中坚持了先进性原则，注意新标准、新知识、新技术新工艺的采集和介绍。该系列培训教材在每章开头明确提出本章的学习要求（学习目标），每章结束附有习题，题型符合职业技能鉴定考核要求，所以该系列培训教材适用于技术工人的培训、考核，也适合职业院校的学生学习。

本书为《电工电子技术基础》分册，主要介绍了电路的基本概念与元件、直流电路、电磁感应、正弦交流电路、半导体电路、模拟集成电路、数字电路、模拟和数字信号转换电路、存储器、单片机应用知识、测量传感器应用知识等。各章都配有适当的例题，章后有习题，题型符合职业技能鉴定考核要求，书后附有习题答案，便于读者自学。本书适合企业技术工人培训和自学，也可作为职业院校的学生学习和考证参考。

本书由周明昌主编，第1章、第2章由张兴伟编写；第3章、第4章由张国城编写；第5章、第6章由刘敬威编写；第7章、第8章、第9章由黄红岩编写；第10章、第11章由朱惠新编写。全书由付宝祥、王桂云、刘勃安审核。

由于编者水平有限，书中可能有疏漏和不足之处，恳请读者提出宝贵意见。

编者

2011 年 5 月

目　录

第1章　电路的基本概念与元件

【学习目标】
1. 了解电路和电路组成的基本要素。
2. 理解电路常用基本元件的定义与特性。
3. 熟练掌握电路中基本物理量电压、电流、电功率、电动势的定义和欧姆定律的类别及特性。

1.1　电路基本概念与状态

1.1.1　电路基本概念

（1）电路的定义　电路就是电流所通过的路径。

如常用的手电筒的实际电路就是一个最简单的电路。它由电源（干电池）、负载（灯泡）、导线及开关构成。

（2）电路的三要素

① 电源：是电路中提供电能或产生信号的设备，作用是将机械能、化学能、光能转换成电能。

② 负载：是电路中吸收电能或接收信号的设备，作用是将电能转换成机械、化学、光能。

③ 中间环节（导线及开关）：是连接电源和负载的部分，作用是传输和控制电能。

1.1.2　电路模型

（1）电路模型的定义　用理想电路元件代替实际电路元件而构成的电路称为电路模型。

将常用的手电筒的实际电路转化成电路模型如图 1-1 所示。

（2）理想元件或元件模型　抓住电路元件的主要性质，忽略其他次要性质，使之尽可能用简单的数学式表达。经过简化的元件称为理想元件或元件模型。

常用的理想元件或元件模型如图 1-2 所示。

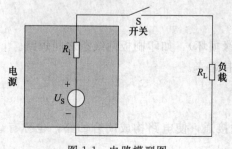

图 1-1　电路模型图

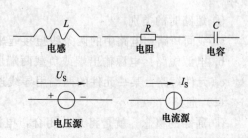

图 1-2　常用的理想元件或元件模型图

1.1.3　电路的状态

电路可分为开路、短路和通路 3 种状态。

（1）开路

① 开路的概念　开路也称断路，又称空载状态。此时电源与负载之间的开关断开或连接导线断开，电路未构成闭合回路，开路状态如图 1-3 所示。

② 开路时，电路具有的特点如下。

a. 电路中的电流为零，即 $I = 0$。

b. 电源的端电压等于电源的电动势，即 $U_\infty = E$。

c. 电源的输出功率（产生功率）和负载的吸收功率（消耗功率）均为零。

（2）短路

① 短路的概念　从广义上说，电路中任一部分用导线（导线电阻等于零）直接连通起来，使这两端的电压降为零（即这两点的电位相等），这种现象统称为短路。电源短路是将电源两极用导线直接连通，如图 1-4 所示。

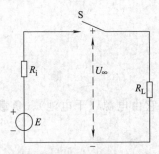

图 1-3　电路开路状态图

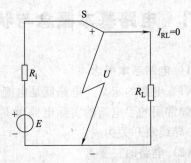

图 1-4　电路短路状态图

② 电源短路时的特点

a. 负载电流为零，即 $I_{RL} = 0$。

b. 电源中的电流最大，即 $I_{SC} = \dfrac{E}{R_i}$。I_{SC} 称为短路电流。

c. 电源和负载的端电压均为零，即 $E = IR_i$。

d. 电源对外输出功率和负载吸收（消耗功率）为零。

③ 电源短路时的危害

a. 电源短路时，将形成极大的短路电流，电源功率全部消耗在电源内部，产生大量热量，可能将电源烧毁。

b. 电源短路是一种严重的故障，故障发生后，往往会造成电源或电气线路的损伤或毁坏。

④ 短路时的类别

a. 线间短路：电路中的两条线短接起来（或绝缘损坏），如印刷板两线条之间短路。

b. 电源短路：电源输出端或负载两端用导线连接起来。

c. 元件短路：某一元件的两端用导线连接起来。

（3）通路

① 通路的概念　就是将开关闭合，电源与负载接通，使电路构成闭合回路，也称有载工作状态，如图 1-5 所示。

② 有载工作状态的分类

如图 1-6 所示,对于电源来说可有"过载"、"满载"、"轻载"及"空载"等工作状态。

a. 满载:负载电流等于额定电流时称为满载。$I=1A$ 是负载的额定电流。

b. 轻载:负载电流小于额定电流时称为轻载。

c. 过载:负载电流大于额定电流时称为过载。

d. 空载:负载电流为零时称为过载,即电路开路状态。

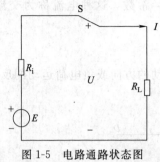

图 1-5　电路通路状态图

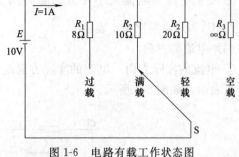

图 1-6　电路有载工作状态图

③ 有载工作状态时电路的特点

a. 当 E、R_i 一定时,电流由负载电阻 R_L 的大小决定。电路中的电流为

$$I=\frac{E}{R_iR_L} \tag{1-1}$$

b. 电源的端电压总是小于电源电动势。只有电源内阻极小时,才可认为 $U=E$。电源的端电压(忽略线路上压降即负载端电压 U_L)为

$$U=E-R_iI \tag{1-2}$$

c. 电动势产生的总功率 EI 减去内阻上消耗的功率 I^2R_i 才是电源的输出功率,即

$$P=EI-I^2R_i \tag{1-3}$$

电动势产生的总功率等于电源内阻和负载电阻所吸收的功率之和,即

$$EI=I^2R_i+I^2R_L \tag{1-4}$$

1.2　电路的基本物理量

1.2.1　电流及参考方向

(1)电流的定义　电荷的定向运动形成电流,电流的大小用电流强度(简称电流)表示,即单位时间内通过导体横截面的电荷量。其表达式为

$$i=\frac{dq}{dt} \tag{1-5}$$

式中　dq——时间 dt 内通过导体横截面的电荷量,C;

　　　dt——时间,s;

　　　i——电流,A,$1A=10^3mA=10^6\mu A$。

(2)电流的种类

① 直流电流　当电流大小和方向不随时间变化时,即 $\frac{dq}{dt}=$ 常数,这种电流称为直流电流(符号 DC),用大写字母 I 表示,即

$$I = \frac{q}{t} \tag{1-6}$$

式中 q——时间 t 内通过导体横截面的电荷量，C；

       t——时间，s；

       I——电流，A。

② 交流电流   电流大小和方向随时间变化时，即 $\frac{dq}{dt} \neq$ 常数，这种电流称为交流电流（符号 AC），用小写字母 i 表示。

（3）电流的方向

① 电流的实际方向   电流的实际方向规定为正电荷运动的方向或负电荷运动的反方向，用箭头表示，如图 1-7 所示。

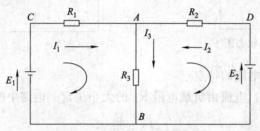

图 1-7   复杂电路电流表示图

② 电流的参考方向   假定电流的正方向，用箭头表示，作为分析复杂电路时，判断电路中电流实际方向的参考。

（4）实际电流方向的判定原则

① 若电流为"正"值，$I > 0$，则实际电流方向与参考方向相同，如图 1-8 所示。

② 若电流为"负"值，$I < 0$，则实际电流方向与参考方向相反，如图 1-9 所示。

图 1-8 $I > 0$，则实际电流方向与参考方向相同   图 1-9 $I < 0$，则实际电流方向与参考方向相反

注意   不设定参考方向时，电流的正负号是没有意义的。

1.2.2   电压及其参考极性

（1）电压的定义   电场力把单位正电荷由 a 点移到 b 点所做的功，叫 a、b 两点间的电压 u_{ab}，其定义式为

$$u_{ab} = \frac{dw}{dq} \tag{1-7}$$

式中 dw——电场力把单位正电荷由 a 点移到 b 点所做的功，J；

     dq——被移动的正电荷量，C；

   u_{ab}——电压，V。

（2）电压的类别

① 直流电压   不随时间变化的电压称为直流电压，用大写字母 U 表示：

$$U_{ab} = \frac{W}{q} \tag{1-8}$$

② 交流电压　随时间变化的电压称为交流电压。用小写字母 u 表示。

（3）电位的概念

① 电位的定义　电场力把单位正电荷从电场中的某点移到参考点所做的功，称为该点的电位，用 V_i 表示。如果功的单位是 J（焦耳），电荷的单位是 C（库仑），则电位的单位就是 V（伏特）。

库仑（C）的物理意义：1A 恒定电流在 1s 内所传送的电荷量，$1C=1A \cdot s$。

焦耳（J）的物理意义：1N 的力使其作用点在力的方向上位移 1m 所做的功，$1J=1N \cdot m$。

电路中某点的电位就是该点到参考点的电压，电位用大写字母 V 表示。

② 电位的性质　电位具有相对性，即在电路中某点的电位随参考点位置的改变而改变，即电位是相对参考点而言的。在电路中一旦选定了参考点，电路中各点都将有确定的电位值。

例如，若选 c 点为参考点，则任一点 a 的电位可表示 $V_a=U_{ac}$，因此，电位实质上就是电压，是相对参考点的电压。

将参考点的电位规定为零，因而电位有正、负之分，低于参考点电位的为负电位，高于参考点电位的为正电位。

③ 电位差的概念　任意两点间的电压等于这两点的电位差，故电压又称电位差。

如果已知 a、b 两点的电位分别为 V_a、V_b，则 a、b 两点的电压可表示为

$$U_{ab}=V_a-V_b \tag{1-9}$$

④ 电压的方向（极性）

a. 电压的实际方向　为电压降的方向，即由高电位端指向低电位端。

b. 表示方法

用箭头表示如图 1-10 所示。用极性符号表示如图 1-11 所示。

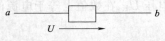

图 1-10　用箭头表示电压方向图　　　　　图 1-11　用极性符号表示电压方向图

用下角标的顺序表示，如 U_{ab} 表示电压的方向是从 a 到 b。

c. 实际电压方向的判定原则　和电流一样，在复杂的电路中，各元件电压的实际方向也难以事先判断，因此，对电压也要指定参考方向，根据电压的"正"、"负"和参考方向，可以确定电压的实际方向，其原则如下：

（a）若电压为"正"值，$U>0$，则实际方向与参考方向相同；

（b）若电压为"负"值，$U<0$，则实际方向与参考方向相反。

1.2.3　电压与电流的关联参考方向概念

（1）电压与电流的关联参考方向　若选取的电流参考方向与电压的参考方向一致，则称电压与电流为关联参考方向。也就是说电流从电压的"＋"端流向"－"端，如图 1-12 所示。

（2）电压与电流的非关联参考方向　若电流参考方向与电压的参考方向相反，则称电压与电流为非关联参考方向。也就是说电流从电压的"－"端流向"＋"端，如图 1-13 所示。

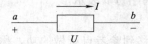
图 1-12　电压与电流为关联参考方向图

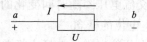
图 1-13　电压与电流为非关联参考方向图

（3）电压与电流的关联参考方向应用方法　在采用关联参考方向时，电路图上只标出电压和电流中任意一个的参考方向即可，另一个可忽略不标，如图 1-14 所示。

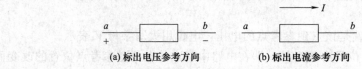
(a) 标出电压参考方向　　　　　(b) 标出电流参考方向
图 1-14　电压与电流为关联参考方向应用方法标识图

1.2.4　电动势

（1）电动势的定义　电源力在电源内部把单位"正"电荷从电源的"负极"移到"正极"所做的功，称为电源电动势，用字母 E 表示。其表达式为

$$E=\frac{W}{q} \tag{1-10}$$

式中　W——表示电源力所做的功，J；

　　　q——表示电荷量，C；

　　　E——表示电源电动势，V。

（2）电源力的类别　对于不同类的电源有着不同的电源力，例如：

① 发电机　导体在磁场中运动，磁场能转换为电源力；

② 电池　是化学能转换为电源力。

（3）电动势的特性

① 每个电源的电动势是由电源本身决定的，和外电路的情况没有关系。

② 电源开路时，则电流 $I=0$，其电源两端的开路电压 U_K 在数值上等于电源的电动势 E。用公式表示

$$U_K=E \tag{1-11}$$

③ 电源与负载电阻组成闭合回路，其电源两端的电压 U 等于电动势与电源内部的压降之差，即

$$U=E-IR_i \tag{1-12}$$

式中　E——电动势；

　　　R_i——电源的内阻。

（4）电动势的方向　电动势的实际方向是电源力克服电场力移动正电荷的方向，是从低电位到高电位的方向，即由电源的负极指向正极。

（5）电压与电动势的区别如表 1-1 所示。

表 1-1　电压与电动势的区别

项目名称	电　　压	电　动　势
物理意义	表示电场力做功的本领	表示电源力做功的本领
方向	由高电位指向低电位,即电压降低的方向	由低电位指向高电位,即电位上升的方向
存在位置	1. 存在于电源两端 2. 存在于电源外部	存在于电源内部

1.2.5　电功率与电能

（1）电功率定义　是电路元件在单位时间内吸收或释放的电能，或者说电能对时间的变化率（即电能对时间的导数），简称功率，其表达式为

$$p=\frac{\mathrm{d}W}{\mathrm{d}t}=\frac{\mathrm{d}W}{\mathrm{d}q}\times\frac{\mathrm{d}q}{\mathrm{d}t}=ui \tag{1-13}$$

式中　p——电功率（功率），用小写字母 p 表示随时间变化的功率，W，$1\mathrm{kW}=10^3\mathrm{W}=10^6\mathrm{mW}$；

$\quad\quad W$——表示电能，J；

$\quad\quad t$——表示时间，s；

$\quad\quad u$——表示电压，V；

$\quad\quad i$——表示电流，A。

直流电路中，功率用大写字母 P 表示，其计算公式是

$$P=UI=I^2R=\frac{U^2}{R} \tag{1-14}$$

【例 1-1】　用直流电源给蓄电池充电的电路，回路中的电流是 2A，蓄电池两端的电压是 6V，设蓄电池的内阻为 0.03Ω，利用公式 $P=UI=I^2R=\dfrac{U^2}{R}$，分别计算直流电源做功的功率。

解
$$P_1=UI=6\mathrm{V}\times2\mathrm{A}=12\mathrm{W}$$
$$P_2=I^2R=(2\mathrm{A})^2\times0.03\Omega=0.12\mathrm{W}$$
$$P_3=\frac{U^2}{R}=\frac{(6\mathrm{V})^2}{0.03\Omega}=1200\mathrm{W}$$

可见 $UI\neq I^2R\neq\dfrac{U^2}{R}$。在这里 UI 是电场力做功的功率。而 I^2R 是消耗在蓄电池内阻 R 上的功率，是 UI 中的一部分；另一部分（$UI-I^2R$）则通过电池内部的化学作用转化为化学能储存于蓄电池内部。至于 $\left(\dfrac{U^2}{R}\right)$，既不代表电源提供的功率，也不是内阻 R 上所消耗的功率，没有明确的意义。

（2）功率的性质类别

① 电源性质　元件产生功率的属于电源性质。

② 负载性质　元件吸收功率（消耗功率）的属于负载性质。

（3）功率性质的判别方法

① 确定直流电路功率符号

a. 当电压 U 和电流 I 为关联参考方向时，其功率计算取"正"号，即

$$P=UI\quad(p=ui) \tag{1-15}$$

b. 当电压 U 和电流 I 为非关联参考方向时，其功率计算取"负"号，即

$$P=-UI\quad(p=-ui) \tag{1-16}$$

② 计算结果　将已知的电压 $U(u)$ 和电流 $I(i)$ 的数值及符号代入相应的公式计算功率值。

③ 判断功率性质

a. 若计算结果 $P>0$，表明该元件吸收功率（或消耗功率），属于负载性质。

b. 若计算结果 $P<0$，表明该元件产生功率，属于电源性质。

（4）电能的计算　在电路中除了计算功率外，有时还要计算一段时间内（$t_1\sim t_2$）电路元件所消耗（或产生）的电能。

① 在交流电路中电能的计算

$$w = \int_{t_1}^{t_2} p \, \mathrm{d}t = \int_{t_1}^{t_2} ui \, \mathrm{d}t \tag{1-17}$$

② 在直流电路中电能的计算

$$W = Pt = UIt = I^2 Rt \tag{1-18}$$

【例 1-2】 计算图 1-15 中各元件的功率，并判定功率的性质。

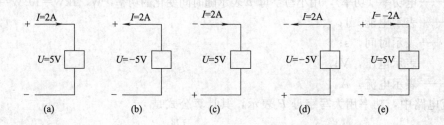

图 1-15　例 1-2 图

解　图（a）：

① 确定功率方向　电压和电流方向相同是关联参考方向，功率应取"+"号。

② 计算功率

$$P = +UI = +5\text{V} \times 2\text{A} = +10\text{W}$$

③ 判定功率性质　+10W>0，所以是吸收功率（消耗功率）。

图（b）：

① 确定功率方向　电压和电流方向相反是非关联参考方向，功率应取"−"号。

② 计算功率

$$P = -UI = -(-5\text{V} \times 2\text{A}) = +10\text{W}$$

③ 判定功率性质　+10W>0，所以是吸收功率（消耗功率）。

图（c）：

① 确定功率方向　电压和电流方向相反是非关联参考方向，功率应取"−"号。

② 计算功率

$$P = -UI = -5\text{V} \times 2\text{A} = -10\text{W}$$

③ 判定功率性质　−10W<0，所以是产生功率。

图（d）：

① 确定功率方向　电压和电流方向相同是关联参考方向，功率应取"+"号。

② 计算功率

$$P = +UI = -5\text{V} \times 2\text{A} = -10\text{W}$$

③ 判定功率性质　−10W<0，所以是产生功率。

图（e）：

① 确定功率方向　电压和电流方向相同是关联参考方向，功率应取"+"号。

② 计算功率

$$P = +UI = +5\text{V} \times (-2\text{A}) = -10\text{W}$$

③ 判定功率性质　−10W<0，所以是产生功率。

1.3　电阻元件、电容元件、电感元件

1.3.1　电阻元件与欧姆定律

（1）电阻的定义　导体对电流的阻碍作用称为导体电阻，简称电阻。金属导体电阻的大

小与导体的长度、电阻率成正比，与导体的截面积成反比，用公式表示为

$$R=\rho\frac{L}{S} \tag{1-19}$$

式中　R——导体电阻，Ω；

　　ρ——导体电阻率，$\Omega\cdot m$；

　　L——导体长度，m；

　　S——导体截面积，m^2。

电阻的单位为 Ω（欧姆）。常用单位有 $1M\Omega=10^3 k\Omega=10^6\Omega$。

Ω（欧姆）：是一导体两点间的电阻，当在此两点间加上 1 伏特恒定电压时，在导体内产生 1 安培的电流。$1\Omega=1V/A$。

（2）电导的概念　电阻 R 的倒数称为电导，用 G 表示：

$$G=\frac{1}{R} \tag{1-20}$$

单位是 S（西门子）。$1S=1\Omega^{-1}$。

导体电阻率是指长度为 $1m$、截面面积为 $1m^2$ 的导体，在一定温度下的电阻值。其单位是 $\Omega\cdot m$。

（3）欧姆定律　电阻元件是表示电路中消耗电能的理想元件。

① 欧姆定律的概念　如图 1-16 的线路，通过导线的电流与导线两端电压成正比，即 $I\propto U$，故有 $I=GU$，G 为该段导线的电导，用电阻表示为 $I=\frac{U}{R}$。该式表明，通过导线的电流 I 与导线两端的电压 U 成正比，而与导线的电阻 R 成反比，称为欧姆定律。欧姆定律是确定电路中电压与电流关系的基本定律，揭示了电路中电压、电流和电阻三者的关系，是计算和分析电路最常用的定律。

② 部分电路的欧姆定律　图 1-17 中是不含电源的部分电路。当在电阻 R 两端施加电压 U 时，在电阻中就有电流 I 通过。

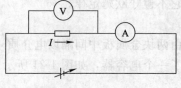
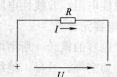

图 1-16　实验线路图　　　　　　　　　　图 1-17　不含电源的部分电路图

a. 若 U 与 I 的正方向一致（即关联参考方向），则欧姆定律表示为

$$I=\frac{U}{R}\text{或}U=IR \tag{1-21}$$

如图 1-18 所示。

b. 若 U 与 I 的正方向相反（即在非关联参考方向），则欧姆定律表示为

$$I=-\frac{U}{R}\text{或}U=-IR \tag{1-22}$$

如图 1-19 所示。

c. 若用电导表示，则欧姆定律为

$$I=GU \tag{1-23}$$

③ 全电路的欧姆定律　图 1-20 中是含电源的全部电路。R 为负载电阻，R_i 为电池的内

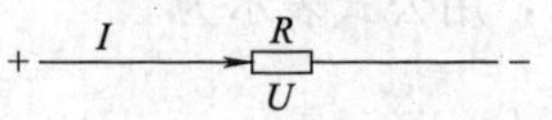

图 1-18　U 与 I 的正方向一致时欧姆定律表示图 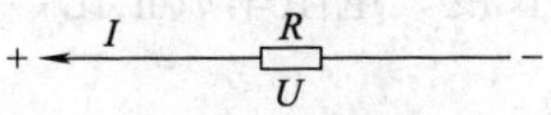　　图 1-19　U 与 I 的正方向相反时欧姆定律表示图

阻。在忽略导线电阻时，在这样的闭合回路中，其回路电流在电池内阻和负载电阻都产生电压降 R_iI 和 IR，其电动势 E 为 R_iI 和 IR 之和，即 $E=R_iI+IR$，该式表示闭合回路中的电动势等于外电阻与内电阻上电压降总和，经整理得

$$I=\frac{E}{R+R_i}\qquad\qquad(1\text{-}24)$$

上式说明，在闭合回路中，电流 I 与电动势 E 成正比，与电路中的总电阻（$R+R_i$）成反比，这就是闭合回路的欧姆定律或全电路的欧姆定律。

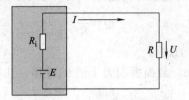

图 1-20　含电源的全部电路图

（4）电阻特性

① 线性电阻　若电阻元件的阻值与通过的电流或其两端的电压无关，是一个常数，称为线性电阻。线性电阻的伏安特性是一条过原点的直线。在关联参考方向下，电阻元件上的电压和电流总是同号的。电阻的功率 P 总是正值，即总是在吸收（消耗）功率，因此，电阻元件是耗能元件。电阻消耗的功率为

$$P=UI=I^2R=\frac{U^2}{R}=GU^2\qquad\qquad(1\text{-}25)$$

② 非线性电阻　若电阻元件的阻值与通过的电流或其两端的电压有关，不是一个常数，称为非线性电阻。非线性电阻的伏安特性不是一条直线，它不遵守欧姆定律。

1.3.2　电容元件

（1）电容的概念　所谓电容器就是储存电荷的容器。由两块金属板中间隔以电介质（绝缘物质，如空气、云母、绝缘纸、陶瓷、独石等）就构成了一个电容器，如图 1-21 所示。

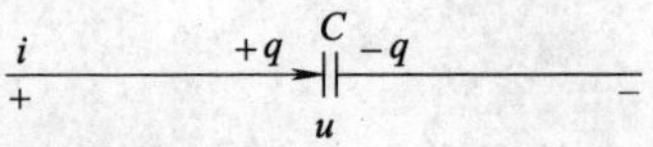

图 1-21　电容器的等效电路图

当将电容器加上电压 u 后，则在两个极板分别产生等量的异性电荷 q，在极板间形成电场，储存电场能。电压 u 越高，电荷 q 就越多，储存电能也越多。

电容 C 是电荷量 q 与端电压 u 的比值，称为电容器的电容量，简称为电容，用符号 C 表示，即

$$C=\frac{q}{u}\qquad\qquad(1\text{-}26)$$

式中　C——电容，F（法拉第）；

　　　q——极板上的电荷量，C；

　　　u——极板间的电压，V。

电容的单位是法拉（F）。

F（法拉第）的物理意义：是电容器的电容，当该电容器充以 1 库仑电荷量时，电容器两极板间产生 1 伏特的电位差。1 F＝1 C/V。$1F=10^6\mu F=10^{12}pF$。

（2）线性电容　若电容器的电容 C 是一个与电压 u 的大小无关的常量，则称为线性电容。

（3）电容的充、放电过程分析　图 1-22 是电容的充、放电实验电路，将开关 S 指向"1"的位置为充电状态，而将开关指向"2"的位置为放电状态。电路中 A_1 是充电指示的电流表，A_2 是放电指示的电流表，V 是电压表，S 是充、放电状态切换开关，H 是指示灯。

实验前，开关 S 处于悬空位置，电容器上没有电荷。

电容器的充电过程：将开关 S 指向"1"的位置，由电源 E 通过 R_1 向电容器充电，指示灯开始较亮，然后逐渐变暗而熄灭；在刚接通时 A_1 指示比较大，然后逐渐减小到零；而电压表 V 几乎为零，然后逐渐增加到电源电压，即 $U_C \approx E$。

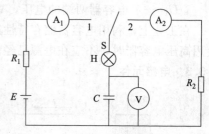

图 1-22　电容的充、放电实验电路图

电容器的放电过程：将开关 S 立刻从"1"切换到"2"的位置，电容器通过开关 S 向 R_2 放电，A_2 指示从大到小开始变化，指示灯由亮变暗，最后熄灭。电压表 V 的指示由大变小，经过一段时间降为零，即 $U_C \approx 0$。

（4）电容的充、放电特点

① 电容器是一种储能元件，充电过程是电容器极板上电荷不断积累的过程，当电容器充满电后，相当于一个等效电源。

其吸收功率为

$$p=ui=uC\frac{\mathrm{d}u}{\mathrm{d}t} \tag{1-27}$$

② 电容器的放电过程是电容器极板上电荷不断向外释放的过程，当电容器放电结束后，这个等效电源的电压为零。

③ 电容器充电与放电的快慢，决定于充电电路和放电电路中电阻 R 与电容量 C 的乘积 RC，而与电压大小无关。将 RC 称为 RC 电路的时间常数，用 τ 表示，即 $\tau=RC$。τ 越大，充电与放电越慢；反之，τ 越小，充电与放电越快。

（5）电容的特性　当电容的端电压 u 随时间变化时，极板上的电荷量 q 也随之变化，电路中便出现了电荷的移动，于是在电路中就产生了电流 i。设电流 i 和电压 u 为关联参考方向，若在极短的时间 $\mathrm{d}t$ 内，每个极板上的电荷量改变了 $\mathrm{d}q$，根据 $i=\mathrm{d}q/\mathrm{d}t$ 和 $q=Cu$，可得出电压与电流的关系为

$$i=\frac{\mathrm{d}q}{\mathrm{d}t}=C\frac{\mathrm{d}u}{\mathrm{d}t} \tag{1-28}$$

上式表明，通过电容的电流与电容的端电压对时间的变化率成正比。电压变化越快，电流越大。当电容的端电压恒定不变时（即 $\mathrm{d}u/\mathrm{d}t=0$），电流等于零，即 $i=0$，此时电容相当于开路，故电容具有"隔直流、通交流"的作用。

① 隔直　电容器只是在接通电源的短暂时间内发生充电现象，只有短暂的电流。充电结束后，电路中的电流等于零，电路处于开路状态，相当于电容器把直流隔断，这就是说电容器具有隔断直流的作用，简称隔直。

②　通交　当电容器接通交流电源时（其电源电压应小于电容器的额定工作电压），由于交流电的大小和方向不断交替变化，致使电容器反复进行充放电，其结果是在电路中出现连续的交流电流，这就是说电容器具有通过交流的作用，简称通交。

③　储能做功　电容器在充电过程中，极板聚集电荷，形成电场，电场具有能量。电场能量的大小与电容 C 和电压 U_C 满足下列关系，即

$$W_C = \frac{1}{2}CU_C^2 \tag{1-29}$$

式中　W_C——电容器中储存的电场能量，J；

　　　　C——电容器容量，F；

　　　　U_C——电容器两端的电压，V。

在工业上，利用电容器储存特性来制造电火花加工机床对硬金属进行加工零件。但是在使用高压电容器时，不应在电源已经切断的短时间内用手摸电容器，以免造成触电事故。

1.3.3　电感元件

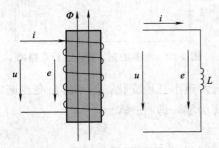

图 1-23　电感线圈的等效电路图

（1）电感的概念　用导线绕成一个线圈叫做电感线圈，当电感线圈中通过电流 i 时，电流在电感线圈中产生磁通 Φ。由电磁感应定律可知，i 与 Φ 的参考方向由右手螺旋定则判定，如图 1-23 所示。

右手螺旋定则：用右手握住线圈，其余四指与电流的方向相同，其大拇指所指的方向就是磁通的方向。

如果线圈的匝数为 N，穿过一匝线圈的磁通是 Φ，则总磁通（磁链）为 $\Psi = N\Phi$，将磁链 Ψ 与电流的比值 L 叫做电感，即

$$L = \frac{n\Phi}{i} = \frac{\Psi}{i} \tag{1-30}$$

式中　L——线圈电感量，H（亨利）；

　　　　Φ——与线圈交链的磁通量，Wb（韦伯）；

　　　　Ψ——线圈的磁链，Wb（韦伯）；

　　　　i——通过线圈的电流，A。

H（亨利）的物理意义：是一闭合回路的电感，当此回路中流过的电流以 1A/s 的速率均匀变化时，回路中产生 1V 的电动势。1H=1V·s/A。

Wb（韦伯）的物理意义：是单匝环路的磁通量，当在 1s 内均匀地减小至零时，环路内产生 1V 的电动势。1Wb=1V·s。

电感量的大小与线圈的匝数、大小、形状以及有无铁芯有关，匝数越多、截面积越大的线圈其电感量越大。有铁芯的线圈比无铁芯线圈的电感量大。

（2）电感的特性

①　电感分为线性电感和非线性电感，空心线圈的电感是线性电感，带铁芯的电感是非线性电感。

②　当电感线圈中的电流 i 变化时，磁通 Φ 和磁链 Ψ 也随之变化，在线圈中就会产生感应电动势 e，感应电动势 e 的大小与磁链对时间的变化率成正比。当电压 u、电流 i、电动势 e 均为关联参考方向时，如图 1-23 所示，则有

$$e = -\frac{\mathrm{d}\Psi}{\mathrm{d}t} = -\frac{\mathrm{d}(Li)}{\mathrm{d}t} = -L\frac{\mathrm{d}i}{\mathrm{d}t} \tag{1-31}$$

式中　e——感应电动势，V；

$\dfrac{\mathrm{d}i}{\mathrm{d}t}$——电流的变化率，A/s；

　　L——线圈的电感量，H。

式中的"－"号表示感应电动势阻碍磁通的变化（即感应电动势 e 的方向总是与原电流 i 的变化趋势相反）。

从式（1-31）可以看出，当线圈的电感量一定时，线圈的电流变化越快，自感电动势越大，线圈的电流变化越慢，自感电动势越小；线圈的电流不变，就没有自感电动势。当电流变化率一定时，线圈的电感量越大，则自感电动势也越大；线圈的电感量越小，则自感电动势也越小。

自感电动势的方向的判断如图 1-24 所示。

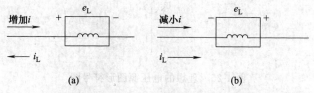

(a)　　　　　　　　　　　　　(b)

图 1-24　电感线圈自感电动势的方向判断图

图 1-24（a）表明，原电流 i 的变化趋势是增大的，自感电动势产生的电流 i_L 就阻碍原电流 I 的增大而与原电流 i 的方向相反。

图 1-24（b）表明，原电流 i 的变化趋势是减小的，自感电动势产生的电流 i_L 就会与原电流 I 的方向相同。

因此确定了自感电流的方向，就能得出自感电动势的方向。

③ 电感两端的电压与电流的变化率成正比，即

$$e = -L\,\dfrac{\mathrm{d}i}{\mathrm{d}t} \tag{1-32}$$

上式说明，只有当通过电感元件的电流变化时，其两端才会有电压。电流变化得越快，端电压越大。当电流不随时间变化（即 $\mathrm{d}i/\mathrm{d}t = 0$）时，则电感两端的电压等于零，此时电感相当于短路。所以在直流电路中，电感元件相当于一条无阻的导线。

④ 电感线圈也是储能元件，电感线圈中通过的电流越大，磁场越强，磁场能量就越大。经实验证明，磁场能量的大小与通过线圈的电流平方和线圈电感量成正比，即

$$W_L = \dfrac{1}{2}LI^2 \tag{1-33}$$

式中　W_L——磁场能量，J；

　　I——线圈中的电流，A；

　　L——电感量，H。

在电工技术中，经常利用自感作用进行工作，如日光灯的启动就是利用自感作用，使镇流器两端产生很高的自感电动势，并和电源电压一起加在灯管两端，达到启辉电压，使灯管内惰性气体电导通而发生亮光。但是自感线圈在断开电源瞬间，将会在线圈中产生很大的自感电动势，从而造成设备、人身事故。因此在工作中应特别注意。

⑤ 电感线圈是储能元件，不消耗能量，其电感吸收的功率为

$$p = ui = iL\,\dfrac{\mathrm{d}i}{\mathrm{d}t} \tag{1-34}$$

1.4　电压源和电流源

1.4.1　电压源

（1）电源的概念　是一种能向电路提供电能的电路元件。

（2）电压源的概念　是以电压形式向电路供电的电源。

（3）理想电压源　实际上是不存在的，但是如果电源的内阻远小于负载电阻，则端电压恒定，就可以忽略内阻的影响，认为是一个理想的电压源。其图形符号如图1-25所示。

图 1-25　理想的电压源图形符号图

（4）理想电压源的特点

① 理想电压源向电路提供一个恒定电压值 U_S，即无论通过它的电流如何变化，它的端电压 U 均保持为一恒定值，即 $U = U_S$。

② 电路中的电流 I 完全由外电路来决定，即电流 I 的大小取决负载 R_L。

③ 理想电压源的伏安特性：用它的输出电压与输出电流之间的关系来表示，是一条平行于水平轴（I 轴）的直线（图1-26）。

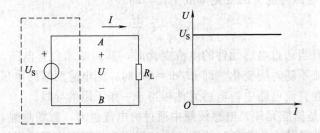

图 1-26　理想电压源的伏安特性曲线图

这条特性曲线表明，当外接负载电阻 R_L 变化时，电源提供的电流 I 随之发生变化，但电源的端电压始终保持恒定，即 $U = U_S$。

④ 随着负载电阻 R_L 的减小，电流 I 逐渐增大，电源提供的功率也随之增大。

【例1-3】 在图1-27中，负载电阻 R_L 是电压源 U_S 的外部电路。若理想电压源的输出电压 $U_S = 6V$，输出电流 I、输出电压 U 参考方向如图所示，求负载电阻 R_L 分别为 ∞、6Ω、0Ω 时的输出电压 U、输出电流 I 及电源 U_S 的功率 P_S。

解　1. 当负载电阻 $R_L = \infty$ 时

（1）输出电压：

$$U = U_S = 6V$$

（2）输出电流：

$$I = 0A$$

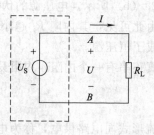

图 1-27　例 1-3 图

（3）电源 U_S 的功率 P_S：对于电压源 U_S 来说，U、I 为非关联参考方向，所以电压源 U_S 的功率为

$$P_S = -IU = -(6V \times 0A) = 0W$$

2. 当负载电阻 $R_L = 6\Omega$ 时

（1）输出电压：

$$U = U_S = 6V$$

（2）输出电流：

$$I = \frac{U}{R_L} = \frac{6V}{6\Omega} = 1A$$

（3）电源 U_S 的功率 P_S：对于电压源 U_S 来说，U、I 为非关联参考方向，所以电压源 U_S 的功率为

$$P_S = -UI = -(6V \times 1A) = -6W$$

$-6W < 0$，属于产生功率。

3. 当负载电阻 $R_L = 0\Omega$ 时

（1）输出电压：

$$U = U_S = 6V$$

（2）输出电流：

$$I = \frac{U}{R_L} = \frac{6V}{0\Omega} \rightarrow \infty$$

（3）电源 U_S 的功率 P_S：对于电压源 U_S 来说，U、I 为非关联参考方向，所以电压源 U_S 的功率为

$$P_S = -UI = -(6V \times \infty A) \rightarrow \infty$$

$-6W < 0$，属于产生功率。

（5）实际电源的电压源模型的概念　　实际的电源如发电机，随着输出电流的增大，其端电压不是恒定不变的，而是略有下降，即端电压要低于 U_S，这是因为任何一个实际电源总有一定的内阻，当输出电流增加时，内阻上的压降也增加，造成电源端电压下降。因此，这种实际的电源可以用一个理想电压 U_S 和内阻 R_i 串联的模型来表示，如图 1-28（a）所示，称为实际电源的电压源模型。从图中可以得出电压源输出电压与通过它的电流的关系式为

$$U = U_S - IR_i \tag{1-35}$$

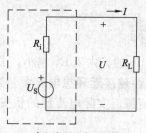 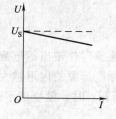

(a) 实际电源的电压源模型　　　　　　　　　(b) 电压源的伏安特性图

图 1-28　实际电源的电压源模型及伏安特性图

其电压源的伏安特性如图 1-28（b）所示。电压源的伏安特性曲线是一条端电压 U 随电流 I 的增大呈下降变化的直线。由此可见，其内阻 R_i 越小，曲线下降就越小，也就接近理想情况。当内阻 $R_i＝0$ 时，就变成了恒压源。

注意　实际电压源内部不是真正串有一个内阻，内阻只是电压源内部消耗能量这种实际情况用一个参数 R_i 表示而已。

1.4.2　电流源

（1）电流源的概念　是以电流形式向电路供电，称为电流源。

（2）理想电流源的概念　电源输出恒定不变的电流 I_S 与外电路负载的大小无关，其端电压由负载决定，将这种电源称为电流源，如图 1-29 所示。

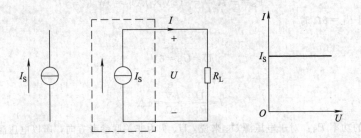

图 1-29　电流源符号、电路、伏安特性曲线

图 1-29 中箭头表示电流的正方向。将理想电流源接上负载 R_L，其伏安特性曲线如图 1-29 所示。

电流源的伏安特性曲线是一条平行于电压 U 轴的直线，表明它的输出电流 I 始终等于 I_S，保持恒定。

从伏安特性曲线可以看出，当电源两端被短路时，$R_L＝0$，端电压 $U＝0$；随着 R_L 的增大，具体大小取决于 I_S 与 R_L 的乘积，即取决于外电路负载电阻 R_L 的大小。

（3）理想电流源的特点

① 电源输出恒定不变的电流 I_S 与外电路及其端电压无关。

② 元件两端的电压 U 由外电路来决定，即电压 U 的大小取决于负载电阻 R_L。

（4）实际电源的电流源模型的概念　理想的电流源实际上也是不存在的。实际电流源内部也是有能量消耗的，因此，一个实际电流源可以用一个理想电流源 I_S 和内阻 R_i' 相并联的模型表示，如图 1-30 所示，称为实际电源的电流源模型。

当将电流源的端钮接上负载电阻 R_L 后，恒流源电流 I_S 等于内阻 R_i' 的支路电流 U/R_L 与负载电流 I 之和。由此可得出电流源向外输出的电流为

$$I＝I_S-\frac{U}{R_i'} \tag{1-36}$$

由上式可见，电流源向外输出的电流是小于 I_S 的。内阻 R_i' 越小，分流越大，输出的电流就越小。因此，实际电源的内阻越大，其特性越接近理想电流源。当内阻 $R_i'→∞$（相当于内阻 R_i' 的支路断开）时，就变成了理想电流源。实际电源的伏安特性曲线如图 1-31 所示。

注意　R_i' 并不是电流源内部真正有一个并联电阻，它是为了表示电源内部的能量消耗而引用的参数。

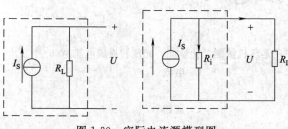 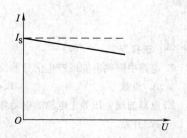

图 1-30　实际电流源模型图　　　　　图 1-31　实际电流源伏安特性曲线

【例 1-4】　如图 1-32 所示，直流电流源 $I_S = 2A$，负载电阻 R_L 是电流源 I_S 的外部电路，电流 I 和电压 U 参考方向如图所示，求负载电阻 R_L 分别为 0Ω、3Ω、∞ 时的电流 I 和电压 U 及电流源 I_S 的功率 P_S。

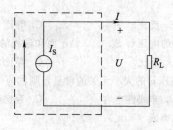

图 1-32　例 1-4 图

解　1. 负载电阻 R_L 为 0Ω 时的电流 I 和电压 U 及电流源 I_S 的功率 P_S。

(1) 电流 I 为

$$I = I_S = 2A$$

(2) 电压 U 为

$$U = RI = 0\Omega \times 2A = 0V$$

(3) 电流源 I_S 的功率 P_S：对于电流源 I_S 来说，U、I 为非关联参考方向，所以以电流源 I_S 的功率为

$$P_S = -UI = -(0V \times 2A) = 0W$$

2. 负载电阻 R_L 为 3Ω 时的电流 I 和电压 U 及电流源 I_S 的功率 P_S。

(1) 电流 I 为

$$I = I_S = 2A$$

(2) 电压 U 为

$$U = RI = 3\Omega \times 2A = 6V$$

(3) 电流源 I_S 的功率 P_S 为

$$P_S = -UI = -(6V \times 2A) = -12W$$

3. 负载电阻 R_L 为 $\infty\Omega$ 时的电流 I 和电压 U 及电流源 I_S 的功率 P_S。

(1) 电流 I 为

$$I = I_S = 2A$$

(2) 电压 U 为

$$U = RI = \infty\Omega \times 2A \rightarrow \infty$$

(3) 电流源 I_S 的功率 P_S 为

$$P_S = -UI = -(\infty V \times 2A) \rightarrow \infty$$

习　题　1

一、选择题

1. 电路中提供电能或产生信号的设备，作用是将机械能、化学能、光能转换成电能是（　　　）。

　　A. 负载　　　　　　　　　　B. 电源　　　　　　　　　　C. 电流

2. 电源的端电压等于电源的电动势是（　　　）。

　　A. 开路　　　　　　　　　　B. 短路　　　　　　　　　　C. 通路

3. 负载电流为零，是（　　　）。

　　A. 开路　　　　　　　　　　B. 短路　　　　　　　　　　C. 通路

4. 电路中某点的电位就是该点到参考点的电压，电位用大写字母（　　　）表示。

　　A. C　　　　　　　　　　　B. V　　　　　　　　　　　C. A

5. 导体对电流的阻碍作用称为导体电阻，简称电阻。金属导体电阻的大小与导体的长度、电阻率成正比，与导体的截面积成（　　　）。

　　A. 正比　　　　　　　　　　B. 反比　　　　　　　　　　C. 等比

6. 通过导线的电流 I 和导线两端的电压 U 成（　　　），而和导线的电阻 R 成反比，称为欧姆定律。

　　A. 正比　　　　　　　　　　B. 反比　　　　　　　　　　C. 等比

7. 若电容器的电容 C 是一个与电压 u 的大小无关的常量，则称为（　　　）。

　　A. 线性电容　　　　　　　　B. 非线性电容　　　　　　　C. 等比电容

8. 电感两端的电压与电流的变化率成（　　　）。

　　A. 正比　　　　　　　　　　B. 反比　　　　　　　　　　C. 等比

9. 电感量的大小与线圈的匝数、大小、形状以及有无铁芯有关，匝数越多、截面积越大的线圈其电感量越大。有铁芯的线圈比无铁芯线圈的电感量的（　　　）。

　　A. 小　　　　　　　　　　　B. 无变化　　　　　　　　　C. 大

二、判断题

1. 电路中吸收电能或接收信号的设备，作用是将电能转换成机械能、化学能、光能。　　　（　　　）

2. 电路中的电流为零，是开路。　　　　　　　　　　　　　　　　　　　　　　　　　（　　　）

3. 电源短路时，将形成极大的短路电流，电源功率全部消耗在电源内部，产生大量热量，可能将电源烧毁。　　　　　　　　　　　　　　　　　　　　　　　　　　　　　　　　　　　　　（　　　）

4. 每个电源的电动势是由电源本身决定的，和外电路的情况没有关系。　　　　　　　　（　　　）

5. 若电阻元件的阻值与通过的电流或其两端的电压无关，是一个常数，称为非线性电阻。（　　　）

6. C 是电荷量 q 与端电压 u 的比值，称为电容器的电容量，简称为电容。　　　　　（　　　）

7. 当电容器接通交流电源时（其电源电压应小于电容器的额定工作电压），由于交流电的大小和方向不断地交替变化，致使电容器反复进行充放电，其结果在电路中出现连续的交流电流，这就是说电容器具有通过交流的作用，简称隔直。　　　　　　　　　　　　　　　　　　　　　　　　　　（　　　）

8. 如果线圈的匝数为 N，穿过一匝线圈的磁通是 Φ，则总磁通（磁链）为 $\Psi=N\Phi$，将磁链 Ψ 与电流的比值 L 叫做电感。　　　　　　　　　　　　　　　　　　　　　　　　　　　　　　　（　　　）

9. 直流电路中，电感元件相当于一条无阻的导线。　　　　　　　　　　　　　　　　　（　　　）

三、计算题

1. 用直流电源给蓄电池充电的电路，回路中的电流是 5A，蓄电池两端的电压是 6V，设蓄电池的内阻为 0.3Ω，利用公式 $P=UI=I^2R=\dfrac{U^2}{R}$ 分别计算直流电源做功的功率。

2. 在闭合回路中，电动势 $E=20\text{V}$，其内阻 $R_i=1\Omega$，电路中的负载电阻 $R=9\Omega$，试求闭合回路的电流。

第2章　直流电路

【学习目标】

1. 了解基尔霍夫电流定律（KCL）和电压定律（KVL）及电阻的串联、并联和混联等基本概念。

2. 理解电阻的串联、并联的特点，会用△形和 Y 形电阻的等效变换方法来化简复杂电路，使复杂的电路变成简单的电路。

3. 必须熟练掌握基尔霍夫电流定律（KCL）和电压定律（KVL）的列方程的方法和电源的等效变换方法及网孔电流法、节点电压法、叠加定理、诺顿定理等方法，并能够熟练地计算复杂的直流电路计算。

2.1　基尔霍夫定律

2.1.1　基本概念

① 支路：把流过同一电流的几个元件的串联组合称为一条支路。

② 支路电流：流过支路的电流称为支路电流。

③ 节点：3 条或 3 条以上支路的连接点（交点）称为节点。

④ 回路：由若干条路组成的闭合路径称为回路。

⑤ 网孔：网孔是回路的一种，在回路中不含有其他支路的回路，也称单孔回路。

2.1.2　基尔霍夫电流定律

(1) 电流定律（KCL）性质　是确定电路中任一节点处的支路电流间关系的定律。

(2) 电流定律内容的表示方式

① 任一时刻，流入电路任一节点的电流之和恒等于流出该节点的电流之和。其数学表达式为

$$I_{入1}+I_{入2}+I_{入3}+\cdots+I_{入N}=I_{出1}+I_{出2}+I_{出3}+\cdots+I_{出N}$$

$$\sum I_{入}=\sum I_{出} \tag{2-1}$$

② 如果设流入和流出的电流分别为"＋"和"－"，则 KCL 也可表述为：任一时刻，通过一节点的各支路电流的代数和恒等于零，即

$$\sum_{i=1}^{n} I_i = 0 \tag{2-2}$$

这里要说明的是电流的代数和，就是指电流有"＋"、"－"之分。

【例 2-1】　节点 a 的电流方向如图 2-1 所示，流入为＋，流出为－，列出 a 节点的 KCL 方程。

解　　　　$I_1+(-I_2)+(-I_3)+I_4+(-I_5)=0$

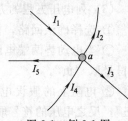

图 2-1　例 2-1 图

$$I_1 - I_2 - I_3 + I_4 - I_5 = 0$$
$$I_1 + I_4 = I_2 + I_3 + I_5$$

$\sum I_入 = \sum I_出$ 和 $\displaystyle\sum_{i=1}^{n} I_i = 0$ 两种表示方法显示节点的电流关系是一致的。

（3）电流定律的适用范围

① 适用于"任一节点"。

② 适用于"任一假想的闭合面"。通过任一假想的闭合面的各支路电流的代数和恒等于零，即也满足 $\displaystyle\sum_{i=1}^{n} I_i = 0$。闭合面可以包括几个点和任一闭合回路。

【例 2-2】　如图 2-2 所示的电路，列出闭合面节点的 KCL 方程。

解　设流入为＋，流出为－，列出闭合面 KCL 方程：

$$I_1 + (-I_2) + I_3 = 0$$
$$I_1 - I_2 + I_3 = 0$$
$$I_1 + I_3 = I_2$$

扩展到闭合面作用，简化了电路的分析与计算。

【例 2-3】　如图 2-3 所示的电路，列出闭合面节点的 KCL 方程。

解　闭合面包括 a 点和 b 点。设流入为"＋"，流出为"－"，则：

$$I_1 + I_2 + I_3 = I_4 + I_5 + I_6$$
$$I_1 + I_2 + I_3 + (-I_4) + (-I_5) + (-I_6) = 0$$
$$I_1 + I_2 + I_3 - I_4 - I_5 - I_6 = 0$$

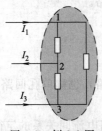

图 2-2　例 2-2 图

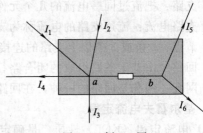

图 2-3　例 2-3 图

2.1.3　基尔霍夫电压定律

（1）电压定律（KVL）性质　是确定电路中任一回路各段电压之间关系的定律。

（2）电流定律内容　任一时刻，沿任一回路各段电压降的代数和恒等于零。其数学表达式为

$$\sum U = 0 \tag{2-3}$$

电压降的代数和是指电压有正负之分。

（3）列电压方程的方法

① 选择确认回路，首先应设回路绕行方向（可以是顺时针）和回路电流参考方向。

② 当电动势两端电压方向与回路绕行方向一致时，电动势的符号取"正"，反之电动势的符号取"负"。

③ 电阻上的假设电流的参考方向与回路绕行方向一致，该电阻上的电压的符号取"正"，反之电压的符号取"负"。

【例 2-4】　如图 2-4 所示，设回路的绕行方向为顺时针方向，根据 KVL 列出电压方程。

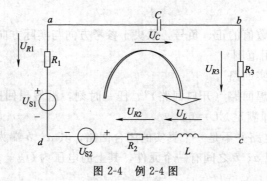

图 2-4 例 2-4 图

解 列电压方程:

$$U_C + U_{R3} + U_L + U_{R2} + U_{S2} - U_{S1} - I_{R1} = 0$$
$$U_C + U_{R3} + U_L + U_{R2} + U_{S2} = U_{S1} + I_{R1}$$

$U_C + U_{R3} + U_L + U_{R2} + U_{S2}$ 的电流方向与绕行方向一致,称为电压降。

$U_{S1} + I_{R1}$ 的电流方向与绕行方向不一致,称为电压升。

KVL 的另一含义或表示形式,即某一回路中的所有支路的电压降的总和等于该回路中所有支路电压升的总和。

从 *abcd* 路径

$$U_{ad} = U_C + U_{R3} + U_L + U_{R2} + U_{S2}$$

从 *ad* 路径

$$U_{ad} = U_{S1} + I_{R1}$$

所以

$$U_C + U_{R3} + U_L + U_{R2} + U_{S2} = U_{S1} + I_{R1} = U_{ad}$$

上式表明:不同路径得到的两点间的电压值是相等的,所以 KVL 定律反映了电压与路径无关。

【例 2-5】 求图 2-5 中 U_1 和 U_2。

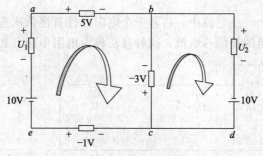

图 2-5 例 2-5 图

解 设 *bdcb* 和 *abcea* 两个回路的绕行方向均为顺时针。按 KVL 列出两个回路方程。

① *bdcb* 回路的电压方程为

$$U_2 - 10V + (-3V) = 0$$
$$U_2 = 13V$$

② *abcea* 回路的电压方程为

$$5V - (-3V) - (-1V) - 10V - U_1 = 0$$
$$U_1 = 5V + 3V + 1V - 10V = -1V \quad (负号表示实际方向与图中参考方向相反)$$

注意 ① 各部分电压的运算正、负号,取决于各部分电压的参考方向是否一致,一致取"＋"，相反取"－"。

② 各项电压值本身数值的正、负号，取决于参考方向与实际方向是否一致。

（4）电压定律的适用范围

① 适用于"任一真实回路"。

② 适用于"任一假想回路（开口回路）"。任一时刻，沿假想回路绕行一周，各段电压降的代数和恒等于零，即满足 $\sum U = 0$。

例如，图 2-6 所示电路并不是一个真实的闭合回路，其 a、b 端为开口，但在 a、b 两端用电压 U_{ab} 连接，即假想 a、b 之间有一个元件，其上的电压为 U_{ab}，这样就构成了一个假想的回路 $abcda$。

根据 KVL 列方程为

$$U_R + U_S - U_{ab} = 0$$
$$U_{ab} = U_R + U_S$$

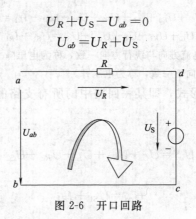

图 2-6　开口回路

2.2　电阻的串联、并联和混联

2.2.1　电阻的串联

（1）电阻串联的概念　在电路中，将若干个电阻元件首尾依次连接，中间没有分支，在电源的作用下流过各电阻的是同一电流，这种接法称为电阻串联，如图 2-7（a）所示。

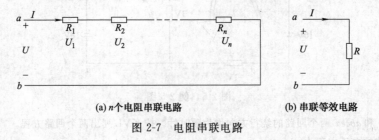

(a) n个电阻串联电路　　　　　　　　　(b) 串联等效电路

图 2-7　电阻串联电路

（2）串联的等效电阻　图 2-7 是 n 个电阻串联电路，设各段电压 U_i 的参考方向与电流 I 为关联参考方向，根据 KVL 定理，有

$$U = U_1 + U_2 + U_3 + \cdots + U_n$$

由于每个电阻上的电流均为 I，则有

$$U_1 = R_1 I, \ U_2 = R_2 I, \ U_3 = R_3 I, \ \cdots, \ U_n = R_n I$$

可得

$$U = R_1 I + R_2 I + U_3 I + \cdots + R_n I = (R_1 + R_2 + R_3 + \cdots + R_n) I = RI$$

其中

$$R = R_1 + R_2 + R_3 + \cdots + R_n = \sum_{k=1}^{n} R_k \tag{2-4}$$

R 为 n 个电阻串联的等效电阻，它等于各个串联电阻之和，其等效电路如图 2-7 (b) 所示。

图 2-7 所示两个电路在对外端 a、b 处的电压 U 与电流 I 的关系完全相同，所以等效电阻与这些串联电阻对于外电路所起的作用是一样的，符合等效变换原则。

（3）分压公式　电阻串联时，各电阻上的电压为

$$U_k = R_k I = \frac{R_k}{R} U \tag{2-5}$$

上式称为串联电阻的分压公式。

（4）电阻串联电路的特点

① 流过串联各个电阻的电流相等，即

$$I = I_1 = I_2 = I_3 = \cdots = I_n$$

② 电路两端的总电压等于各电阻电压之和，即

$$U = I \sum_{k=1}^{n} R_k = \sum_{k=1}^{n} (IR)_k = \sum_{k=1}^{n} U_k$$

③ 等效电阻等于各电阻阻值之和，即

$$R = \sum_{k=1}^{n} R_k$$

④ 各电阻上的电压分配与各电阻值成正比，即电阻越大，分得的电压也越大；电阻越小，分得的电压也越小。

$$U_k = \frac{R_k}{R} U$$

式中　R_k——分压电阻；

$\quad\quad U_k$——分压电阻上的电压；

$\quad\quad U$——电路两端的总电压。

⑤ 电路总功率等于各电阻消耗功率之和，即

$$P = \sum_{k=1}^{n} P_k$$

⑥ 两个电阻串联的电压分配公式为

$$U_1 = \frac{R_1}{R_1 + R_2} U \quad 或 \quad U_2 = \frac{R_2}{R_1 + R_2} U$$

【例 2-6】 求图 2-8 两个串联电阻上的电压。

解　已知 U_1 与 I 为关联参考方向；U_2 与 I 为非关联参考方向。

① 求 U_1

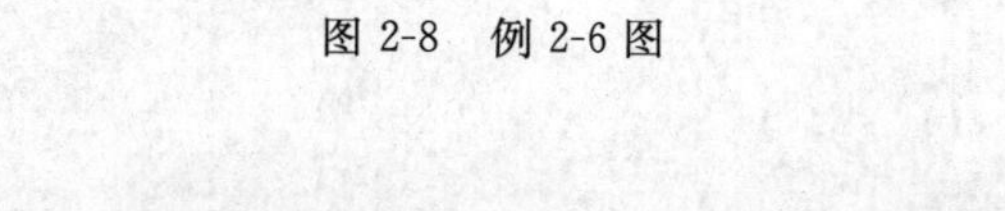

图 2-8　例 2-6 图

$$U_1 = \frac{R_1}{R}U = \frac{R_1}{R_1 + R_2}U$$

② 求 U_2

$$U_2 = \frac{R_2}{R}U = \frac{R_2}{R_1 + R_2}U$$

2.2.2　电阻的并联

（1）电阻并联的概念　在电路中，将 n 个电阻元件首端连接在一起，尾端连接在一起，使之施以同一电压的电路，称为 n 个电阻串联电路，如图2-9所示。

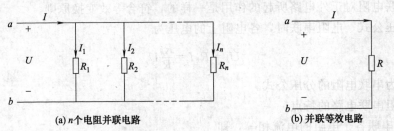

（a）n个电阻并联电路　　　　　（b）并联等效电路

图2-9　n 个电阻并联电路

（2）并联的等效电阻　在图2-9（a）n 个电阻并联电路中，根据 KCL 电流定律，有

$$I = I_1 + I_2 + I_3 + \cdots + I_n$$

由于电流 I、I_1、I_2、I_3、$\cdots$、I_n 均与电压 U 为关联参考方向，故有

$$I_1 = \frac{U}{R_1}, \ I_2 = \frac{U}{R_2}, \ I_3 = \frac{U}{R_3}, \ \cdots, \ I_n = \frac{U}{R_n}$$

可得：

$$I = \frac{U}{R_1} + \frac{U}{R_2} + \frac{U}{R_3} + \cdots + \frac{U}{R_n} = \left(\frac{1}{R_1} + \frac{1}{R_2} + \frac{1}{R_3} + \cdots + \frac{1}{R_n} \right)U$$

$$= (G_1 + G_2 + G_3 + \cdots + G_n)U = GU$$

$$G = \frac{1}{U} = G_1 + G_2 + G_3 + \cdots + G_n = \sum_{k=1}^{n} G_k \tag{2-6}$$

式中　G_1、G_2、G_3、$\cdots$、G_n——n 个电阻 R_1、R_2、R_3、$\cdots$、R_n 的电导；

G——n 个电阻并联的等效电导。

其等效电路如图2-9（b）所示。并联后的等效电阻 R 为

$$\frac{1}{R} = \frac{1}{R_1} + \frac{1}{R_2} + \frac{1}{R_3} + \cdots + \frac{1}{R_n} = \sum_{k=1}^{n} G_k \tag{2-7}$$

图2-9所示两个电路在对外端子 a、b 处的伏安（电压 U 与电流 I）关系完全相同，所以等效电阻与这些并联电阻对于外电路所起的作用是一样的，符合等效变换原则。

（3）分流公式　电阻并联时，各电阻的电流为

$$I_k = GU = \frac{G_k}{G}I \tag{2-8}$$

上式称为并联电阻的电流分配公式，由此可得

$$I_1 : I_2 : I_3 : \cdots : I_n = G_1 : G_2 : G_3 : \cdots : G_n$$

上式说明，并联电阻中电流的分配与电导成正比，与电阻成反比。电阻越大，其分得的电流越小；而电阻越小，分得的电流越大。

在电路分析中，经常会遇到两个电阻的并联，如图2-10（a）所示。其 I_1、I_2 均与 U 为关联方向。

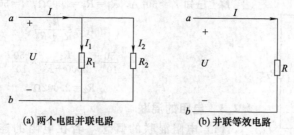

图 2-10 两个电阻并联电路

其等效电阻为

$$R = \frac{R_1 R_2}{R_1 + R_2} \tag{2-9}$$

支路电流为

$$\left. \begin{array}{l} I_1 = \dfrac{R_2}{R_1 + R_2} \\[2mm] I_2 = \dfrac{R_1}{R_1 + R_2} \end{array} \right\} \tag{2-10}$$

(4) 电阻并联的电路的特点

① 电路中各支路电压相等，即

$$U = U_1 = U_2 = \cdots = U_n$$

② 电路中的总电流等于各支路电流之和，即

$$I = U \sum_{i=1}^{n} \frac{1}{R_i} = \sum_{i=1}^{n} I_i$$

③ 电路等效电阻的倒数等于各支路电阻的倒数之和，即

$$\frac{1}{R} = \sum_{i=1}^{n} \frac{1}{R_i}$$

当两个电阻并联时，根据式得出 $\frac{1}{R} = \frac{1}{R_1} + \frac{1}{R_2}$，经整理后得

$$R = \frac{R_1 R_2}{R_1 + R_2}$$

说明并联后的电阻要比任何并联的电阻都小。如果并联的电阻阻值相等，上式可为

$$R = \frac{R_1^2}{2R_1} = \frac{R_1}{2} = \frac{1}{2} R_1$$

可推广到 n 个相同电阻并联后，等效电阻简便计算公式

$$R = \frac{1}{n} R_i \tag{2-11}$$

式中　n——并联电阻的个数；

R_i——并联电阻，Ω。

④ 各支路上的电流分配与该支路电阻成反比，即

$$I_i = \frac{R}{R_i} I$$

⑤ 电路总功率等于各电阻消耗功率之和。

【例 2-7】 如图 2-11 所示，用一个满刻度偏转电流为 $50\mu A$、电阻 R_g 为 $2k\Omega$ 的表头制成量程为 $50mA$ 的直流电流表，应并联多大的分流电阻 R_2？

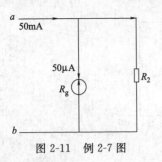

图 2-11 例 2-7 图

解 已知 $I_1 = 50\mu A$，$R_1 = R_g = 2000\Omega$，$I = 50mA$。

$$I_1 = \frac{R_2}{R_1 + R_2}$$

$$\frac{50}{10^6} = \frac{R_2}{2000 + R_2} \times \frac{50}{10^3}$$

$$R_2 = 2.002\Omega$$

2.2.3 电阻的混联

（1）电阻混联的概念　若在电阻的连接中既有电阻串联，又有电阻并联，则把这种电路称为电阻混联。

（2）计算方法　混联的电路连接比较特别，一下子看不清各电阻之间的串、并联关系，因此在计算时的关键是如何求出电路的等效电阻。其方法如下。

① 利用电阻串联、并联的关系与特点，逐步简化电路。

② 把接线或无电阻的连线缩短，改变电路的画法。

③ 在不改变连接关系前提下，将电路进行适当的整理，改变电阻的排列位置。

④ 把无电流的电阻去掉。

【例 2-8】 如图 2-12 所示的电路，已知 $U = 100V$，$R_1 = 7.2\Omega$，$R_2 = 64\Omega$，$R_3 = 6\Omega$，$R_4 = 10\Omega$，求电路的等效电阻及其各支路电流。

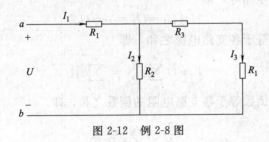

图 2-12 例 2-8 图

解 ① 求等效电阻 R

$$R = R_1 + \frac{R_2(R_3 + R_4)}{R_2 + (R_3 + R_4)} = 7.2\Omega + \frac{64\Omega \times (6\Omega + 10\Omega)}{64\Omega + 6\Omega + 10\Omega} = 20\Omega$$

② 求各支路电流

$$I_1 = \frac{U}{R} = \frac{100V}{20\Omega} = 5A$$

$$I_2 = \frac{R_3 + R_4}{R_2 + R_3 + R_4}I_1 = \frac{6\Omega + 10\Omega}{64\Omega + 6\Omega + 10\Omega} \times 5A = 1A$$

$$I_3 = I_1 - I_2 = 5A - 1A = 4A$$

2.3　△形和星形电阻的等效变换

（1）基本概念

① 星（Y）形网络：3个电阻连接在同一个节点上，称为星形网络，如图 2-13（a）所示。

② 三角（△）形网络：3个电阻接在 3个节点上而组成的闭合回路，称为三角形网络，如图 2-13（b）所示。

（2）等效电阻的计算　从图 2-13 可以看到，△形和 Y 形连接都通过 3 个端子 1、2、3

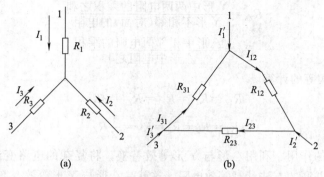

图 2-13 星（Y）形网络和三角形网络电路图

与外部相连，根据等效变换的概念，如果它们的 3 个端子满足外部性能相同，则两种电路之间可以等效变换，即若在两电路的对应端施加上相同的电压 U_{12}、U_{23}、U_{31}，且流入对应端的电流分别相等，即 $I_1 = I'_1$，$I_2 = I'_2$，$I_3 = I'_3$，则这两个电路对外等效。

对于△形连接电路，各电阻中的电流为

$$I_{12} = \frac{U_{12}}{R_{12}}, \quad I_{23} = \frac{U_{23}}{R_{23}}, \quad I_{31} = \frac{U_{31}}{R_{31}} \tag{2-12}$$

根据 KCL 电流定律，各端电流为

$$\left. \begin{aligned} I'_1 &= I_{12} - I_{31} = \frac{U_{12}}{R_{12}} - \frac{U_{31}}{R_{31}} \\ I'_2 &= I_{23} - I_{12} = \frac{U_{23}}{R_{23}} - \frac{U_{12}}{R_{12}} \\ I'_3 &= I_{31} - I_{23} = \frac{U_{31}}{R_{31}} - \frac{U_{23}}{R_{23}} \end{aligned} \right\} \tag{2-13}$$

对于 Y 形连接电路，根据 KCL 和 KVL 列方程组为

$$\left. \begin{aligned} I_1 + I_2 + I_3 &= 0 \\ I_1 R_1 - I_2 R_2 &= U_{12} \\ I_2 R_2 - I_3 R_3 &= U_{23} \\ I_3 R_3 - I_1 R_1 &= U_{31} \end{aligned} \right\} \tag{2-14}$$

经运算得：

$$\left. \begin{aligned} R_{12} &= \frac{R_1 R_2 + R_2 R_3 + R_3 R_1}{R_3} \\ R_{23} &= \frac{R_1 R_2 + R_2 R_3 + R_3 R_1}{R_1} \\ R_{31} &= \frac{R_1 R_2 + R_2 R_3 + R_3 R_1}{R_2} \end{aligned} \right\} \tag{2-15}$$

式（2-15）就是将 Y 形连接等效替换△形连接的计算公式。

可利用式（2-15）求出△形连接等效替换 Y 形连接的计算公式：

$$\left. \begin{aligned} R_1 &= \frac{R_{12} R_{31}}{R_{12} + R_{23} + R_{31}} \\ R_2 &= \frac{R_{12} R_{23}}{R_{12} + R_{23} + R_{31}} \\ R_3 &= \frac{R_{23} R_{31}}{R_{12} + R_{23} + R_{31}} \end{aligned} \right\} \tag{2-16}$$

式（2-15）和式（2-16）是非常有规律的，可结合电阻在不同电路中的表示来记忆：

$$R_\triangle = \frac{\text{Y形中两两电阻的乘积之和}}{\text{Y形不相邻(对面)的电阻}} \qquad (2\text{-}17)$$

$$R_Y = \frac{\triangle\text{形中相邻两电阻的乘积}}{\triangle\text{形中电阻之和}} \qquad (2\text{-}18)$$

（3）3 个电阻相等的计算

$$R_{12} = R_{23} = R_{31} = R_\triangle = 3R_Y$$

$$R_1 = R_2 = R_3 = R_Y = \frac{1}{3}R_\triangle$$

（4）等效电阻的作用　利用△形与 Y 形等效替换，将复杂的电路变成简单的电路，就可以用简单的串、并联的方法计算等效电阻。这就是△形与 Y 形等效变换的作用。

【例 2-9】 求图 2-14 所示桥形电路的总电阻 R_{ab}。

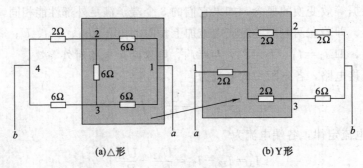

（a）△形　　　　　　　　　　（b）Y 形

图 2-14　例 2-9 图

解　将 1、2、3 点的△形连接的电阻等效变成 Y 形连接。

① 求△形变成 Y 形的等效电阻

因为　　　　　　　　　　　　　　　$R_\triangle = 6\Omega$

所以　　　　　　　　$R_Y = \frac{1}{3}R_\triangle = \frac{1}{3} \times 6\Omega = 2\Omega$

② 求图（b）的电路的 R_{ab}。

$$R_{ab} = 2 + \frac{(2+6) \times (2+2)}{(2+6) + (2+2)} = \frac{14}{3} \ (\Omega)$$

2.4　电源的等效变换

2.4.1　理想电源的等效变换

（1）串联等效

① 电压源串联　n 个电压源串联，对外可等效成一个电压源如图 2-15 所示。

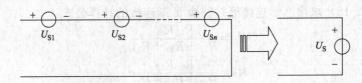

图 2-15　n 个电压源串联电路图

其电压为

$$U_S = U_{S1} + U_{S2} + \cdots + U_{Sn} = \sum_{k=1}^{n} U_{Sk}$$

U_{Sk} 与 U_S 的参考方向相同时，前面取 "＋" 号；U_{Sk} 与 U_S 的参考方向相反时，前面取 "－" 号。

② 电流源串联　只有电流相等的电流源才允许串联。

（2）并联等效

① 电流源并联　n 个电流源串联，对外可等效成一个电流源如图 2-16 所示。

图 2-16　n 个电流源并联电路图

其电流为

$$I_S = I_{S1} + I_{S2} + \cdots + I_{Sn} = \sum_{k=1}^{n} I_{Sk}$$

I_{Sk} 与 I_S 的参考方向相同时，前面取 "＋" 号；I_{Sk} 与 I_S 的参考方向相反时，前面取 "－" 号。

② 电压源并联　只有电压相等的电压源才允许并联。

（3）电压源与支路的并联　根据等效变换的条件，电压源与任何线性元件并联时，都可由该电压源等效替代。

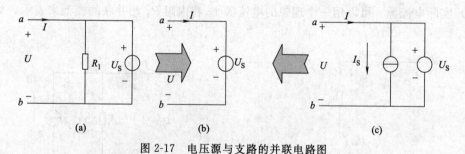

图 2-17　电压源与支路的并联电路图

图 2-17（a）是一个电压源与电阻 R_1 并联的电路，可以等效换成图 2-17（b）所示的电路（用该电压源表示）。图 2-17（c）是一个电压源与电流源并联的电路，可以等效换成图 2-17（b）所示的电路（用该电压源表示）。

（4）电流源与支路串联　根据等效变换的条件，电流源与任何线性元件串联时，都可由该电流源等效替代。

图 2-18（a）是一个电流源与电阻 R_1 串联的电路，可以等效变换成图 2-18（b）所示的电路（用该电流源表示）。图 2-18（c）是一个电压源与电流源串联的电路，可以等效变换成图 2-18（b）所示的电路（用该电流源表示）。

【例 2-10】　用等效变换方法，求图 2-19 所示电路中的电压 U。

解

$$I = \frac{20V - 4V}{6\Omega + 4\Omega} = \frac{16V}{10\Omega} = 1.6A$$

$$U = 6\Omega \times 1.6A = 9.6V$$

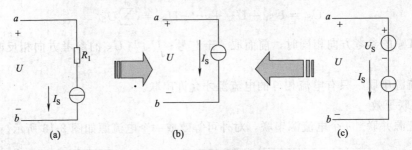

图 2-18　电流源与支路的串联电路图

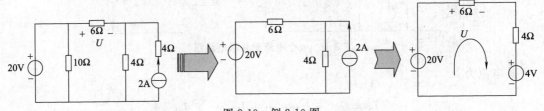

图 2-19　例 2-10 图

2.4.2　两种电源模型的等效变换

（1）实际电压源　可以用一个理想的电压源 U_S 和内阻 R_i 相串联的模型来表示，如图 2-20 所示。

根据 KVL 电压定律，其电路的方程为

$$U = U_S - R_i I \tag{2-19}$$

（2）实际电流源　可以用一个理想的电流源 I_S 和内阻 R_i' 相并联的模型来表示，如图 2-21 所示。

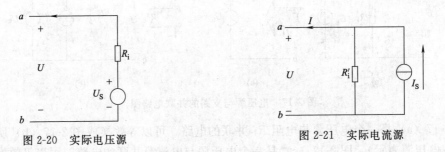

图 2-20　实际电压源　　　　　　　　　图 2-21　实际电流源

根据 KCL 电流定律，其电路的方程为

$$U = R_i'(I_S - I) = R_i' I_S - R_i' I \tag{2-20}$$

（3）电压源与电流源的等效变换　根据等效变换的条件，若在两电路上加相同的电压 U，则它们对外应产生相同的电流 I。要使两个电路等效，根据式（2-19）式（2-20），则有

$$U = U_S - R_i I \quad \text{与} \quad U = R_i' I_S - R_i' I$$

所以

$$\left. \begin{array}{l} U_S = R_i' I_S \\ R_i = R_i' \end{array} \right\} \quad \text{或} \quad \left. \begin{array}{l} I_S = \dfrac{U_S}{R_i} \\ R_i' = R_i \end{array} \right\} \tag{2-21}$$

在满足上述条件的情况下，这两种电源模型的外部电压、电流关系完全相同。因此，对

外电路而言，两种电源模型是等效的，它们可以互相变换。其变换如图 2-22 所示。

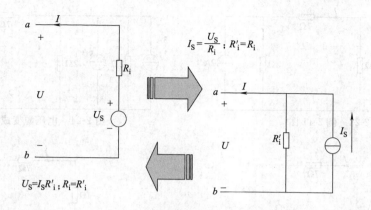

图 2-22　两种电源模型等效变换电路图

（4）电压源与电流源的等效变换特性

① 满足关系　在变换的过程中，既要满足上述参数之间的关系，还要满足方向的关系。电流源电流方向与电压源电压方向相反，即 I_S 的参考方向由 U_S 的"负极"指向"正极"。

② 等效性质　这种等效是对电源以外部分的电路等效，任何一个实际电源均可以用两种电源模型中的任意一种表示。但是，这两种电源模型的内部电路是不等效的。这是因为：

a. 电压源开路时，无电流流过 R_i；

b. 电压源短路时，有电流流过 R_i；

c. 电流源开路时，有电流流过并联电阻 R_i；

d. 电流源短路时，并联电阻 R_i 没有电流。

③ 理想的电压源与理想电流源不能相互变换　因为两者的定义本身是相互矛盾的，不会有相同的伏安关系。

a. 但是如果电源的内阻远小于负载电阻，则端电压恒定，就可以忽略内阻的影响，认为是一个理想的电压源。

b. 电源输出恒定不变的电流 I_S 与外电路负载的大小无关，其端电压由负载决定，将这种电源称为理想电流源。

④ 推广应用

a. 将理想电压源与电阻的串联组合等效变换成理想电流源与电阻的并联组合。

b. 将理想电流源与电阻的并联组合等效变换成理想电压源与电阻的串联组合。

【例 2-11】　用电源的等效变换求图 2-23 所示电路中的电流 I。

解　① 将 6V 的电压源变换成电流源，如图 2-24 所示。

$$I_S = \frac{U_S}{R_i} = \frac{6V}{2\Omega} = 3A; \qquad R'_i = R_i = 2\Omega$$

② 将 3A 的电流源和 6A 的电流源变换成一个电流源，变换后如图 2-25 所示。

$$I_S = I_{S1} + I_{S2} = 3A + 6A = 9A$$

$$R'_i = \frac{2\Omega}{2} = 1\Omega$$

③ 将 9A、2A 的电流源分别变换成电压源，如图 2-26 所示。

$$U_S = I_S \times R'_i = 9A \times 1\Omega = 9V; \qquad R_i = R'_i = 1\Omega$$

$$U_S = I_S \times R'_i = 2A \times 2\Omega = 4V; \qquad R_i = R'_i = 2\Omega$$

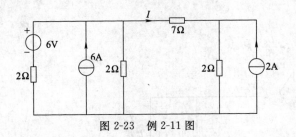

图 2-23　例 2-11 图

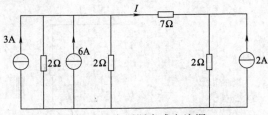

图 2-24　电压源变成电流源

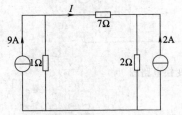

图 2-25　两个电流源变成一个电流源

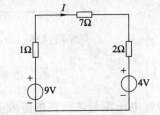

图 2-26　两个电流源变成一个电压源

④ 求 I。

$$I = \frac{U_1 - U_2}{R_1 + R_2 + R_3} = \frac{9V - 4V}{1\Omega + 2\Omega + 7\Omega} = \frac{5V}{10\Omega} = 0.5A$$

2.5　网孔电流法

2.5.1　网孔电流法的概念

是以网孔电流为变量，对网孔列 KVL 电压方程，并联立求解，再由解得的网孔电流求出欲求支路电流或电压的分析方法。

2.5.2　相关的概念

结合图 2-27 进行介绍。

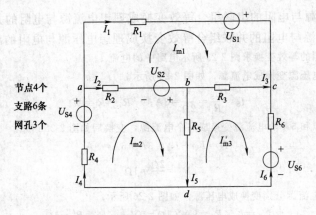

图 2-27　电路图

（1）网孔电流　是一种假想的电流，即假想在电路的每个网孔里流动的回路电流。用 I_{mi} 表示。网孔电流的参考方向是任意假设的，一般都是顺时针方向，方便列 KVL 方程。网孔电流与各支路电流的关系为：任何一个平面电路的任一支路电流都可以一个或两个网孔电流的代数和来表示，即

$$I_i = I_{mn} + I_{mk}$$

I_{mn}、I_{mk} 是网孔电流，当网孔电流与支路电流参考方向相同时，网孔电流取"＋"号；当网孔电流与支路电流参考方向相反时，网孔电流取"－"号。

对图 2-27 列出各支路电流方程

$$\left. \begin{array}{l} I_1 = I_{m1} \\ I_2 = I_{m2} - I_{m1} \\ I_3 = I_{m3} - I_{m1} \\ I_4 = I_{m2} \\ I_5 = I_{m2} - I_{m3} \\ I_6 = -I_3 \end{array} \right\} \tag{2-22}$$

对图 2-27 的网孔列出各网孔 KVL 方程

网孔 I：　　　　　$R_1 I_1 - U_{S1} - R_3 I_3 + U_{S2} - R_2 I_2 = 0$

网孔 II：　　　　　$R_2 I_2 - U_{S2} + R_5 I_5 + R_4 I_4 - U_{S4} = 0$

网孔 III：　　　　　$R_3 I_3 - R_6 I_6 - R_5 I_5 + U_{S6} = 0$

（2）网孔方程　以网孔电流为求解量的方程组称为网孔方程。

（3）自电阻　流过本网孔电流的电阻称为自电阻，即本网孔中所有电阻之和。

$$R_{自} = \sum_{i=1}^{n} R_i \tag{2-23}$$

（4）互电阻　把两个网孔的公共电阻称为互电阻。其电阻有"正"有"负"，判断方法如下：

① 当相邻网孔电流参考方向与本网孔的电流参考方向相同时，电阻取"＋"号；

② 当相邻网孔电流参考方向与本网孔的电流参考方向相反时，电阻取"－"号。

（5）电压升　电压的参考方向与回路的绕行方向相反时为电压升，电压取"＋"号。

（6）电压降　电压的参考方向与回路的绕行方向相同时为电压降，电压取"－"号。

2.5.3　列网孔方程的形式（所有网孔电流参考方向为顺时针）

$$自电阻 \times 本网孔电流 + \sum 互电阻 \times 相邻网孔电流$$
$$= 本网孔中所有电压源电压代数和 \tag{2-24}$$

2.5.4　网孔电流法的一般步骤

① 确定网孔并设定各网孔电流的参考方向。一般同为顺时针方向。

② 建立网孔方程

a. 方程的数与网孔数相同。

b. 计算自电阻：$R_{自} = \sum_{i=1}^{n} R_i$。

c. 计算互电阻，并确定互电阻的符号：如果网孔电流的参考方向都为顺时针，则互电阻取"－"号。

d. 计算本网孔中所有电压源电压的代数和，并确定互电压符号：电压源电压的参考方向与本网孔电流的参考方向相反时，电压取"＋"号；电压源电压的参考方向与本网孔电流

的参考方向相同时，电压取"－"号。如果是电流源，应将电流源等效变换成电压源。

e. 按网孔方程的一般形式列出网孔方程：

$$自电阻×本网孔电流＋\sum 互电阻×相邻网孔电流$$
$$＝本网孔中所有电压源电压代数和$$

③ 建立方程组并求解，得出各网孔电流。

④ 设定各支路电流的参考方向，计算各支路电流：$I_i＝I_{mn}＋I_{mk}$。其网孔电流符号为：当网孔电流与支路电流参考方向相同时，网孔电流取"＋"号；当网孔电流与支路电流参考方向相反时，网孔电流取"－"号。

2.5.5　应用范围与特点

① 适用于网孔多的电路分析。

② 比支路电流法少列 $n－1$ 个方程。

③ 电路中含有电流源时，必须首先将电流源等效变化成电压源后再列网孔方程。

④ 当网孔的边界支路无并联电阻的电流源时，该电流源的电流就是网孔电流。

⑤ 当无并联电阻的电流源不在网孔的边界支路时，首先在该电流源两端假定一个电压 U，并根据电流的方向标出电压 U 的方向，作为网孔方程的一个未知量；并利用电流源在电路中所处的位置与相邻两个网孔电流关系的补充方程，即 $I＝I_x－I_y$，使方程数与未知量相等。当含有受控源的电路时，将受控源当成独立源，补充一个网孔电流与受控源的控制量关系的方程，即 $U＝R(I_x－I_y)$。

【例 2-12】 用网孔电流法求图 2-28 所示各支路 I 和 U。

解　① 确定网孔 2 个，设定各网孔电流的参考方向为顺时针。

② 建立网孔方程：应列 2 个网孔方程。

计算自电阻：$R_{自1}＝54＋2＝56$（Ω）；$R_{自2}＝54＋2＝56$（Ω）。

计算互电阻，并确定互电阻的符号：$R_{互1}＝－54Ω$；$R_{互2}＝－54Ω$。

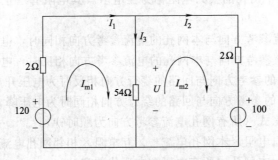

图 2-28　例 2-12 图

计算本网孔中所有电压源电压的代数和，并确定互电压符号：120V 电压源电压的参考方向与网孔电流 I_{m1} 的参考方向相反时，电压取"＋"号；100V 电压源电压的参考方向与网孔电流 I_{m2} 的参考方向相同时，电压取"－"号。

按网孔方程的一般形式列出个网孔方程：

$$56I_{m1}－54I_{m2}＝120 \tag{①}$$
$$56I_{m2}－54I_{m1}＝－100 \tag{②}$$

③ 建立方程组：

将式①÷2×27 得

$$756I_{m1}－729I_{m2}＝1620 \tag{③}$$

将式②÷2×28 得

$$756I_{m1} - 784I_{m2} = 1400 \qquad ④$$

将式③－式④得

$$756I_{m1} - 729I_{m2} - 756I_{m1} + 784I_{m2} = 1620 - 1400$$

$$55I_{m2} = 220$$

$$I_{m2} = 4A \qquad ⑤$$

将式⑤代入式①得

$$56I_{m1} - 54 \times 4 = 120$$

$$I_{m1} = \frac{120 + 216}{56} = \frac{336}{56} = 6A$$

④ 设定各支路电流参考方向 I_1 为流入节点，I_2、I_3 为流出节点，计算各支路电流

$$I_1 = I_{m1} = 6A$$

$$I_2 = I_{m2} = 4A$$

$$I_3 = I_{m1} + I_{m2} = 6A - 4A = 2A$$

网孔电流 I_{m2} 与支路电流 I_2 参考方向相反时，网孔电流 I_{m2} 取 "－" 号。

⑤ 求电压 U

$$U = I_3 \times R_3 = 2A \times 54\Omega = 108V$$

2.6　节点电压法

2.6.1　节点电压法的概念

以节点电压为未知量，对节点列出独立的 KVL 方程，求出节点电压，再由节点电压求出欲求的支路电压或电流的分析方法，称为节点电压法。

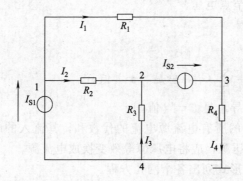

图 2-29　电路图

如图 2-29 所示，电路有 3 个网孔、4 个节点、6 条支路，节点 1、节点 2、节点 3 是独立节点，设各支路电流的参考方向如图 2-29 所示，其节点 KCL 电流方程为

$$I_1 + I_2 = I_{S1}$$

$$I_2 + I_3 = I_{S2}$$

$$I_4 - I_1 = I_{S2}$$

假设节点 4 为参考点，所以节点 1、2、3 的电压是 U_1、U_2、U_3，各支路电流都用节点

电压表示，即

$$I_1 = \frac{U_1 - U_3}{R_1} = G_1(U_1 - U_3)$$

$$I_2 = \frac{U_1 - U_2}{R_2} = G_2(U_1 - U_2)$$

$$I_3 = -\frac{U_2}{R_3} = -G_3 U_2$$

$$I_4 = \frac{U_3}{R_4} = G_4 U_3$$

2.6.2　基本术语

（1）节点电压　在电路中任意选择一个节点作为参考点，其他节点到参考点的电压称为节点电压。

（2）节点方程　以节点电压 U_i 为求解量的 KCL 电流方程称为节点方程。节点电压方程实质还是电流方程，是用电导与电压乘积的形式表示的。

（3）自电导　与本节点相连的各支路的电导之和称为自电导，自电导总是"＋"的，即

$$G_自 = \sum_{i=1}^{n} G_i \tag{2-25}$$

（4）互电导　相邻节点与本节点之间公共支路的电导称为互电导。互电导总是"－"的。

2.6.3　节点方程的一般形式

$$自电导×本节点电压＋\sum(互电导×相邻节点电压) \tag{2-26}$$
$$=与该节点相连的所有电流源电流的代数和$$

2.6.4　网孔电流法的一般步骤

① 确定节点，并选择任意一个节点作为参考点，并在电路图中标出接地符号"⊥"，其余节点到参考点的电压为节点电压。

② 建立电压方程

a. 方程数量 $n-1$。

b. 计算自电导：$G_自 = \sum_{i=1}^{n} G_i$，总是"＋"值。

c. 计算互电导，互电导总是"－"值。

d. 计算与该节点相连的所有电流源电流的代数和，其流入的电流取"＋"号，流出电流取"－"号。如果是电压源，应将电压源等效变换成电流源。

e. 按网孔方程的一般形式列出各个网孔方程。

$$自电导×本节点电压＋\sum(互电导×相邻节点电压)$$
$$=与该节点相连的所有电流源电流的代数和$$

③ 建立方程组并求解各节点的电压，再求出欲求的各支路电压、电流。

④ 设定各支路电流的参考方向，计算各支路电流 $I_i = I_{mn} + I_{mk}$，其网孔电流符号为：当网孔电流与支路电流参考方向相同时，网孔电流取"＋"号；当网孔电流与支路电流参考方向相反时，网孔电流取"－"号。

2.6.5　应用范围与特点

① 适用于网孔多而节点少的大型复杂电路的分析。

② 列 $n-1$ 个方程，n 为节点数。

③ 电路中含有与电阻串联电压源时，必须首先将电压源等效变换成与电阻并联的电压源后再列节点电压方程。

④ 当网孔的边界支路无并联电阻的电流源时，该电流源的电流就是网孔电流。

⑤ 当电路中含有没有串联电阻的电压源时，则这个电压源有一端与参考点相连，可认为节点的电压是已知的，减少一个方程。

⑥ 当电路中含有没有串联电阻的电压源时，则这个电压源没有与参考点相连，这时假定该电压源中有一个电流 I，这个电流可以作为节点方程的一项，作为节点电压方程的一个未知量；可以利用电压源在电路中所处的位置与相连两个节点的节点电压关系的补充方程，即 $U=U_x-U_y$，使方程数与未知量相等。

⑦ 当电路中含有受控源时，首先把受控源当作独立源看待。

a. 如果受控源的控制量不是某节点的电压，则应根据电路的具体结构补充一个受控源的控制量与有关的节点电压关系的方程 $I=GU_x$。

b. 如果电路中含有一个受控电流源，把它当作电流源即可。

【例 2-13】 用节点电压法求图 2-30 所示电流 I。

解 ① 确认节点 3 为参考节点。

② 建立电压方程

$$\left(\frac{1}{2}+\frac{1}{2}\right)U_1-\frac{1}{2}U_2=4 \qquad ①$$

$$\left(\frac{1}{2}+1\right)U_2-\frac{1}{2}U_1=-3 \qquad ②$$

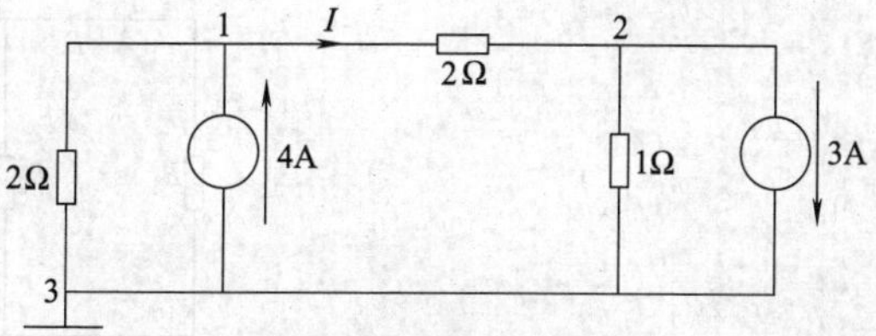

③ 解方程组得：

$$U_1=3.6\text{V}$$

$$U_2=-0.8\text{V}$$

④ 求电流 I

图 2-30　例 2-13 图

$$I=\frac{U_{12}}{2\Omega}=\frac{U_1-U_2}{2\Omega}=\frac{3.6\text{V}-(-0.8\text{V})}{2\Omega}=\frac{4.4\text{V}}{2\Omega}=2.2\text{A}$$

2.7 叠加定理

2.7.1 叠加定理的概念

图 2-31 是一个比较简单的线性电路，利用网孔电流法求电路中的电流 I。

从图 2-31 电路中可以看出，网孔 I_{m2} 是已知的，即 $I_{m2}=I_S$，只列出一个电流方程为

$$(R_1+R_2)I-R_2(-I_S)=U_S$$

整理上式得

$$I=\frac{U_S}{R_1+R_2}-\frac{R_2I_S}{R_1+R_2} \qquad (2\text{-}27)$$

从式（2-27）可以看出，通过电阻 R_1 的电流 I 由两部分组成，一部分与 U_S 电源有关，一部分与 I_S 电源有关。

设 $I_S=0$，相当于该支路为开路，图 2-31 就变换成图 2-32 的电路。从电路可以看出只有电压源 U_S 单独作用，此时通过电阻 R_1 的电流 I' 为

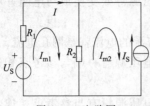

图 2-31 电路图

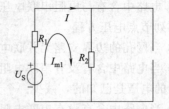

图 2-32 I_S 电源开路时的电路图

$$I' = \frac{U_S}{R_1 + R_2}$$

该式与式（2-27）的第一项是一样的。

设 $U_S = 0$，相当于该电压源短路，图 2-31 就变换成图 2-33 的电路。从电路可以看出，只有电流源 I_S 单独作用时，用分流公式就可以求出通过电阻 R_1 的电流 I'' 为

$$I'' = -\frac{R_2}{R_1 + R_2} I_S$$

该式与式（2-27）的第二项是一样的。

这两个式子加起来与式（2-27）完全相同，由此可得出：

$$I = I' + I'' = U_S \text{单独作用产生的分量} + I_S \text{单独作用产生的分量} \tag{2-28}$$

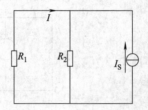

图 2-33 电压源短路时的电路图

将上述结果推广到一般情况，即得出叠加定理，其内容表述为：在线性电路中，任一支路的响应（电压或电流）都等于电路中各个独立源（激励）单独作用时在该支路产生响应（电压或电流）的代数和。

2.7.2 叠加定理的用途

① 叠加定理只适用于线性电路（系统）。

② 叠加定理只适用于求某一支路的电流或电压，不能用来计算功率。

2.7.3 叠加定理分析方法

（1）将原电路分别画出各电动势独立作用时的电路图

① 将其各电源电动势短路，即电动势 $E = 0$。

② 将其各电源电动势内阻保留。

③ 标出各支路电流 I_i'，I_i''，…，I_i^n 的方向。

（2）求各电动势独立作用时的各支路电路

① 求总内阻 R^n。

② 求各支路电流 I_i'，I_i''，…，I_i^n。

③ 各支路电流的符号：

a. 当电流 I_i 与电流 I_i^n 的正方向相同时，电流 I_i^n 取正值。

b. 当电流 I_i 与电流 I_i^n 的正方向不相同时，电流 I_i^n 取负值。

（3）求总电流 I

$$I = I'_i + I''_i + I'''_i + \cdots + I^n_i = \sum_{i=1}^{n} I_i \tag{2-29}$$

2.7.4 使用叠加定理的注意事项

① 叠加定理只适用于线性电路，不适用于含有非线性元件的电路。这是因为在非线性电路中，电流和电动势之间不是正比例的关系。

② 在线性电路中，叠加定理只适用于计算电流和电压，不能计算功率，因为功率是与电流（或电压）的平方成正比的。

③ 叠加定理不仅可以用来计算复杂电路，也是分析与计算一般线性问题的普通原理，在电子技术各种电路的分析中常常会用到。

④ 计算电路中全部电动势共同作用下的某支路电流时，要注意这个电流的各分量的参考方向。如果电流分量的参考方向与原支路电流所标出的参考方向相同时，则取正；不相同时，则取负。

⑤ 叠加时，电路的连接结构及所有电阻不变。电压源不作用时用短路线代替；电流源不作用时将电流源处用开路代替。

⑥ 用叠加定理分析含受控源电路时，不能把受控源和独立源同样对待。因受控源不是激励，受控源只能像电阻一样保留。

【例 2-14】 如图 2-34（a）电路，用叠加定理来求 I。

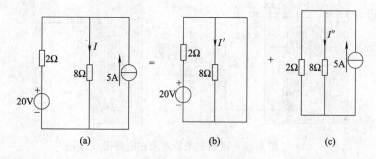

图 2-34 例 2-14 图

解 ① 求 20V 电源单独作用时的电流 I'。

将 5A 电流源开路，其电路如图 2-34（b）所示。

计算电流 I'

$$I' = \frac{20\mathrm{V}}{2\Omega + 8\Omega} = \frac{20\mathrm{V}}{10\Omega} = 2\mathrm{A}$$

② 求 5A 电源单独作用时的电流 I''。

将 20V 电压源短路，其电路如图 2-34（c）所示。

计算电流 I''

$$I'' = 2\mathrm{A}\,\frac{2\Omega}{2\Omega + 8\Omega} = 0.4\mathrm{A}$$

③ 求电流 I

$$I = I' + I'' = 2\mathrm{A} + 0.4\mathrm{A} = 2.4\mathrm{A}$$

④ 求 8Ω 电阻的功率 P

$$P = I^2 \times R = (2.4\mathrm{A})^2 \times 8\Omega = 19.2\mathrm{W}$$

2.8 诺顿定理

2.8.1 概念

戴维南定理表明线性有源二端网络可用电压源等效代替，根据电压源模型与电流源模型可以等效变换，因此线性有源二端网络也可以用电流源模型来代替，这就是诺顿定理，如图 2-35 和图 2-36 所示。

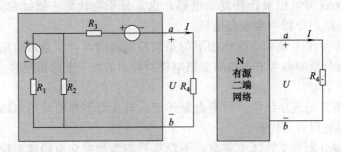

图 2-35　线性有源二端网络电路图

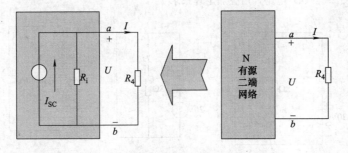

图 2-36　诺顿定理原理表述电路图

诺顿定理用文字叙述为：任一线性有源二端网络，都可以用一个理想电流源和电阻并联的模型等效。这个理想电流源的电流 I_{SC} 等于该有源二端网络端口的短路电流；并联电阻 R_i 等于从端钮看进去，该有源二端网络中所有独立源为零时的等效电阻，如图 2-37 所示。

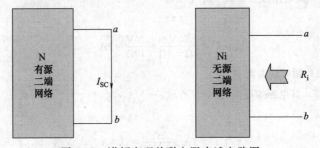

图 2-37　诺顿定理并联电阻表述电路图

2.8.2 短路电流和等效电阻的求算

利用诺顿定理的关键是求短路电流和等效电阻。

（1）短路电流 I_{SC} 的计算

① 欧姆定律。

② 分压分流关系。

③ 网孔电流法。

④ 节点电压法。

⑤ 叠加定理。

（2）等效电阻 R_i 的计算

① 电阻的串、并联计算方法。

② 星形与三角形等效互换方法。

③ 外加电压法　设网络 N 中所有电源均为零值（不含受控源），得到一个无源二端网络 N_i，然后在网络 N_i 两端钮上施加电压 U，计算或测量出端钮上的电流 I，根据端钮处的伏安关系可以得出等效电阻为

$$R_i = \frac{U}{I}$$

④ 短路电流法　分别计算或测量出有源网络 N 的开路电压 U_{CC} 和短路电流 I_{SC}（此时有源网络 N 的所有独立源和受控源均保持不变），则等效电阻为

$$R_i = \frac{U_{CC}}{I_{SC}}$$

2.8.3　具体解题步骤

① 断开待求支路，即将原电路分为待求支路和有源二端网络两部分。

② 求出有源二端网络的短路电流 I_{SC}。

③ 求无源二端网络的等效电阻 R_i（即网络内所有电压源短路、电流源开路、内阻保留）。

④ 用等效电流源模型代替有源二端网络，并将划出的待求支路接入电流源模型，并求解。

2.8.4　应用诺顿定理注意事项

① 电流源的极性必须与短路电流的极性保持一致。

② 诺顿等效电路只对线性有源二端网络等效，不适合非线性有源二端网络。

③ 等效只是对外电路等效，对内电路不等效，即诺顿等效电路与有源二端网络内部的电压、电流以及功率关系一般不等效。

④ 诺顿等效电路对外电路不受限制，即外电路可以是线性电路也可以是非线性电路；可以是有源的也可以是无源的；可以是一个元件也可以是一个网络。

2.8.5　诺顿定理适用范围

它适用于线性有源二端网络，是很重要的电路分析方法，尤其对较复杂电路中只需要计算电路某一条指定支路的电压、电流。它比"支路电流法"、"网孔电流法"、"节点电压法"简化很多，减少了许多不必要求的电流和电压。

【例 2-15】　如图 2-38（a）电路，用诺顿定理求电流 I。

解　① 将图 2-38（a）电路的 ab 处断开。

② 求短路电流 I_{SC}

$$I_{SC} = \frac{10V}{2\Omega} + 3A = 8A$$

③ 求并联等效电阻 R_i：将原电路中的独立源置零，即电压源短路、电流源开路，得

$$R_i = 2\Omega$$

④ 求电流 I：将诺顿等效电路与原划出的电路连接起来，用分流公式计算得

$$I=8\text{A}\times\frac{2\Omega}{2\Omega+3\Omega}=3.2\text{A}$$

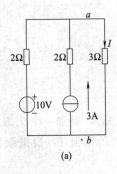
(a)

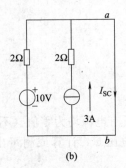
(b)

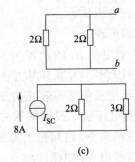
(c)

图 2-38　例 2-15 图

习　题　2

一、选择题

1. 三条或三条以上支路的连接点（交点）称为（　　）。

　　A. 支路　　　　　　　　B. 节点　　　　　　　　C. 回路

2. 由若干条路组成的闭合路径称为（　　）。

　　A. 支路　　　　　　　　B. 节点　　　　　　　　C. 回路

3. 电流定律内容的表示方式为（　　）。

　　A. $\sum_{i=1}^{n}I_i=0$　　　　B. $\sum U=0$　　　　C. $U_{ab}=U_{\text{R}}+U_{\text{S}}$

4. 在电路中，将若干个电阻元件首尾依次连接，中间没有分支，在电源的作用下流过各电阻的是同一电流，这种接法称为电阻（　　）。

　　A. 并联　　　　　　　　B. 串联　　　　　　　　C. 混联

5. 在电路中，将 n 个电阻元件首端连接在一起，尾端连接在一起，使之施以同一电压的电路，称为 n 个电阻（　　）电路。

　　A. 并联　　　　　　　　B. 串联　　　　　　　　C. 混联

6. 电压的参考方向与回路的绕行方向相反时为电压升，电压取（　　）号。

　　A. ＋　　　　　　　　　B. －　　　　　　　　　C. ×

7. 电压的参考方向与回路的绕行方向相同时为电压降，电压取（　　）号。

　　A. ＋　　　　　　　　　B. －　　　　　　　　　C. ×

8. 当相邻网孔电流参考方向与本网孔的电流参考方向相同时，电阻取（　　）号。

　　A. ＋　　　　　　　　　B. －　　　　　　　　　C. ×

二、判断题

1. 把流过同一电流的几个元件的串联组合称为节点。　　　　　　　　　　　　　　　（　　）

2. 任一时刻，流入电路任一节点的电流之和恒等于流出该节点的电流之和，称为电流定律。（　　）

3. 电流定律的内容是任一时刻，沿任一回路各段电压降的代数和恒等于零。　　　　　（　　）

4. 只有电流相等的电流源才允许串联。　　　　　　　　　　　　　　　　　　　　　（　　）

5. 只有电压相等的电压源才允许并联。　　　　　　　　　　　　　　　　　　　　　（　　）

6. 当网孔的边界支路无并联电阻的电流源时，该电流源的电流就是网孔电流。　　　　（　　）

7. 在电路中任意选择一个节点作为参考点，则其他节点到参考点的电压称为节点电压。（　　）

8. 与某节点相连的各支路的电导之和称为自电导，自电导总是"＋"的。　　　　　　（　　）

三、计算题

1. 用电源的等效变换求图 2-39 所示电路中的电压 U。

2. 图 2-40 所示的电路中，已知 $U=100\text{V}$，$R_1=7.2\Omega$，$R_2=64\Omega$，$R_3=6\Omega$，$R_4=10\Omega$，求电路的等效电阻及各支路电流。

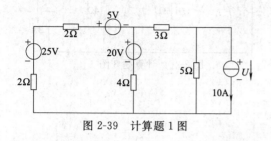

图 2-39　计算题 1 图

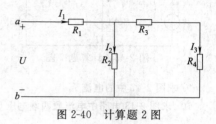

图 2-40　计算题 2 图

3. 求图 2-41 中 a、b 两端的等效电阻 R_{ab}。

4. 如图 2-42 所示，已知 $E_1=20\text{V}$，电源内阻忽略不计，$R_1=10\Omega$，$R_2=8\Omega$，$R_3=2\Omega$。求 U_A、U_B、U_C 值。

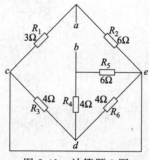

图 2-41　计算题 3 图

5. 图 2-43 中，已知 $R_1=2\Omega$，$R_2=6\Omega$，$R_3=6\Omega$，$U_{S1}=6\text{V}$，$U_{S2}=3\text{V}$。求各支路电流。

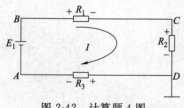

图 2-42　计算题 4 图

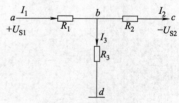

图 2-43　计算题 5 图

6. 图 2-44 中 R_1 和 R_2 是电位器，R_L 是负载电阻。已知电位器额定值是 100Ω、3A，在 a、b 端上输入电压 $U_1=220\text{V}$，$R_\text{L}=50\Omega$。试问：

(1) 当 $R_2=50\Omega$ 时，输出电压 U_2 是多少？

(2) 当 $R_2=75\Omega$ 时，输出电压 U_2 是多少？

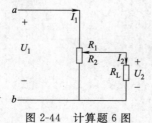

图 2-44　计算题 6 图

7. 求图 2-45 中的电流 I。

8. 求图 2-46 中的电压 U。

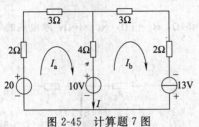

图 2-45　计算题 7 图

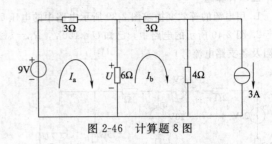

图 2-46　计算题 8 图

9. 求图 2-47 中的电流 I。

10. 求图 2-48 电路中电流源两端电压 U。

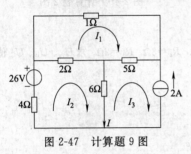

图 2-47　计算题 9 图

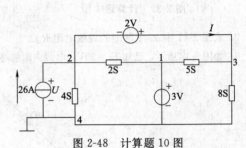

图 2-48　计算题 10 图

第 3 章　电磁感应

【学习目标】

1. 了解磁感应强度、磁通、相对磁导率、磁场强度、互感电动势、磁路欧姆定律、磁动势、磁阻等基本概念。

2. 理解电磁感应定律和各参数的方向判定方法，并能够熟练地应用法拉第电磁感应定律、右手定则、楞次定律、导线的右手定则、右手螺旋定则、线圈的右手定则和电动机左手定则等磁力线方向判定方法。

3. 熟练进行小功率单项变压器的计算。

3.1　电磁的基本物理量

3.1.1　磁感应强度

经过试验证明，载流导线在磁场中与磁力线方向垂直时，所受电磁力 F 的大小和导线的长度 L、导线的电流 I 成正比。当导线中电流 I 或者导线长度 L 增大时，电磁力 F 也正比例增大。因此，要想用一个与电流 I 和导线长度 L 都没有关系的电磁力来描述磁场强弱时，必须用它们的比值，这个比值称为磁感应强度，即

$$B = \frac{F}{IL} \tag{3-1}$$

式中　B——磁场中某点的磁感应强度，T；

　　　F——载流导线所受到的电磁力，N；

　　　L——与磁场方向垂直的导线长度，m；

　　　I——导线中通过的电流，A。

式（3-1）说明，一条具有单位长度并与磁场相垂直的导线，当在导线中通过单位电流时，它所受到的电磁力的大小叫做磁感强度。单位用 T（特斯拉）表示。

T 的物理意义：是 1Wb 的磁通量均匀而垂直地通过 $1m^2$ 面积的磁通量密度（$1T = 1Wb/m^2$）。

3.1.2　磁通

把磁感应强度 B 和垂直于磁场方向的面积 S 的乘积，叫做通过这块面积的磁通，用 Φ 表示，即

$$\Phi = BS \tag{3-2}$$

磁通的单位是 Wb（韦伯）。

将式（3-2）改写成 $B = \Phi/S$。这种表示说明，磁感应强度的大小就是与磁场垂直的单位面积上的磁通，所以 B 又叫做磁通密度（简称磁密）。

3.1.3　相对磁导率

任一物质的磁导率 μ 与真空磁导率 μ_0 的比值，称为该物质的相对磁导率，用 μ_r 表

示，即

$$\mu_r = \frac{\mu}{\mu_0} \tag{3-3}$$

根据磁导率的不同，将物质分为如下几种。

① 反磁性物质：μ_r 略小于 1，如铜、银等。

② 顺磁性物质：μ_r 略大于 1，如空气、铝、锡等。

③ 铁磁物质：μ_r 远大于 1，如铁、钴、镍、软钢、硅钢片、镍铁合金、C 型坡膜合金等。

3.1.4　磁场强度

磁场中某点的磁感应强度与介质磁导率的比值，叫做该点的磁场强度，用 H 表示，即

$$H = \frac{B}{\mu} \tag{3-4}$$

3.2　电磁感应定律和各参数的方向判定方法

（1）法拉第电磁感应定律　线圈中感应电动势的大小与穿越该线圈的磁通变化的速度（单位时间内磁通变化的数值，称磁通变化率）成正比，感应电动势所产生的感应电流反抗磁通的变化，即

$$e = -\frac{\Delta\Phi}{\Delta t} \quad \text{或} \quad e = -N\left|\frac{\Delta\Phi}{\Delta t}\right| \tag{3-5}$$

式中　e——在 t 时间内感应电动势的平均值，V；

　　　　N——线圈的匝数；

　　$\Delta\Phi/\Delta t$——磁通变化率。

必须记住，式中的负号只有在磁通的正方向和感应电动势的正方向之间符合螺旋关系时，才有意义。

（2）右手定则　对于直导体产生的感应电流方向，可用右手定则来判定，其内容是：伸出右手，使拇指与其余四指垂直，且在同一平面上，让磁力线穿过手心，拇指指向导体运动方向，其余四指就是感应电流的方向。

（3）楞次定律　试验证明，线圈中感应电动势的方向总是企图使它所产生的感应电流反抗原有磁通的变化。也就是说，当磁通要增加时，感应电流产生新的磁通反抗它的增加，当磁通要减少时，感应电流产生新的磁通反抗它的减少，这个定律称为楞次定律。应用的具体步骤如下。

① 看原磁场方向及变化趋势。如图 3-1 中原磁通向下，插入线圈时，磁通的变化趋势增加。

② 根据楞次定律确定感应磁通方向。感应磁通方向与原磁通方向相反，企图阻碍磁通的增加，如图 3-1 所示，感应磁通方向向上。

③ 根据感应磁通方向，用右手螺旋定则判定感应电流方向。其方法是：用右手握住螺旋管，拇指指向感应磁通方向，弯曲四指就是感应电流的方向。

④ 根据感应电流的方向，同时把线圈看成电源，可以判断出感应电动势 e 的极性，如图 3-1 中上正下负。用同样的方法可以判断出在抽出时感应电动势 e 的极性，上负下正，如图 3-2 所示。

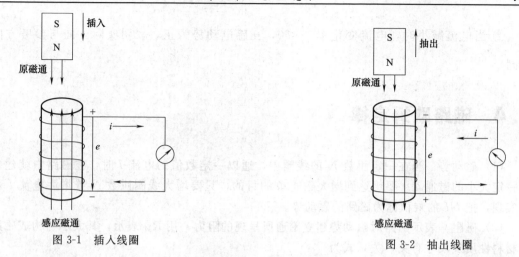

图 3-1 插入线圈

图 3-2 抽出线圈

（4）导线的右手定则 用右手握住导线，拇指的方向表示电流方向，其余四指所指的方向表示磁力线的方向。

（5）右手螺旋定则 螺旋前进方向表示电流方向，螺旋柄旋转的方向表示磁力线的方向。

（6）线圈的右手定则 卷曲四指的方向表示电流方向，拇指所指的方向表示磁力线的方向。

（7）电动机左手定则 平伸左手，拇指与四指垂直，手掌向着磁力线的方向（N→S），磁力线垂直进入掌心，用四指的方向表示电流方向，拇指所指的方向就是载流导线所受作用力的方向。

3.3 互感电动势

在两个有互感耦合的线圈中，互感磁链与产生此磁链的电流的比值，称为互感系数，简称互感，用 M 表示，即

$$M = \frac{\Phi_{12}}{i_1} = \frac{\Phi_{21}}{i_2} \tag{3-6}$$

互感系数的单位与自感系数一样是 H。互感 M 的大小等于一个线圈中流过单位电流时，在另一个线圈中产生互感磁链的能力。其大小决定于两个线圈的匝数、几何尺寸、相互间的位置、互感磁路的介质。

若 i_1 发生变化，在线圈二中产生的互感电动势 e_{M2} 为

$$e_{M2} = -\frac{\Delta \Phi_{12}}{\Delta i} = -M \frac{\Delta i_1}{\Delta t} \tag{3-7}$$

同理，第二个线圈中电流的变化在第一个线圈中产生的互感电动势 e_{M1} 为

$$e_{M1} = -M \frac{\Delta i_2}{\Delta t} \tag{3-8}$$

互感电动势的方向判定方法是：

① 当电流增大时，电流变化率 $\frac{\Delta i}{\Delta t} > 0$，互感电动势为负，表明实际方向与参考方向相反。

② 当电流减小时，电流变化率 $\dfrac{\Delta i}{\Delta t} < 0$，互感电动势为正，表明实际方向与参考方向相同。

3.4　磁路欧姆定律

（1）磁动势　当在一定匝数 N 的线圈中，通以一定数值的电流 I 时，在磁路中就建立了一定大小的磁通 Φ。要想达到增大磁通 Φ 的目的，只要增大线圈匝数 N 或增大电流 I 就可实现，把 NI 的乘积称为磁路的磁动势。

（2）磁阻　表示磁路对磁动势建立磁通所呈现的阻力，用 R_M 表示，其大小与构成磁路的材料性质及尺寸有关，关系式为

$$R_m = \frac{l}{\mu A} \tag{3-9}$$

式中　R_m——磁路的磁阻，$1/H$；

l——磁路的长度，m；

μ——磁路材料的磁导率，H/m；

A——磁路的截面积，m^2。

从式（3-9）可知，用磁导率越大的材料所构成的磁路，其磁阻越小，在同样大的磁动势作用下，就能产生较大的磁通。

（3）欧姆定律　磁路中磁通 Φ 与磁动势 NI 成正比，与磁阻 R_m 成反比，用公式表示为

$$\Phi = \frac{NI}{R_m} \tag{3-10}$$

3.5　小功率单项变压器的计算

（1）电压比

$$K = \frac{U_1}{U_2} = \frac{e_1}{e_2} = \frac{N_1}{N_2} \tag{3-11}$$

式中　K——电压比；

U_1、U_2——一、二次电压，V；

e_1、e_2——一、二次绕组的感应电动势，V；

N_1、N_2——一、二次绕组的匝数。

（2）电压与电流的关系

$$U_1 I_1 = U_2 I_2 \tag{3-12}$$

式中　I_1、I_2——一、二次电流，A。

（3）电压与磁通的关系

$$U_1 \approx e_1 = 4.44 f N_1 \Phi_m$$
$$U_2 \approx e_2 = 4.44 f N_2 \Phi_m \tag{3-13}$$

式中　f——交流电频率，Hz；

Φ_m——变压器心中磁通最大值，Wb。

（4）电压变化率

$$\Delta U = \frac{U_{2N} - U_2}{U_{2N}} \times 100\% = \frac{U_{20} - U_2}{U_{20}} \times 100\% \tag{3-14}$$

式中　ΔU——电压变化率，在额定负载下为 $3\% \sim 8\%$；

U_{2N}——变压器二次额定电压，V；

U_{20}——变压器二次空载电压，V；

U_2——变压器二次电压，V。

（5）损耗

① 有功损耗（铁损和铜损）

$$\Delta P_T = \Delta P_0 + \Delta P_d \left(\frac{S_{js}}{S_n} \right)^2 \tag{3-15}$$

式中　ΔP_T——变压器的有功损耗，kW；

ΔP_0——变压器的空载损耗（铁损），kW；

ΔP_d——变压器额定状态时的短路损耗（铜损），kW；

S_n——变压器额定容量，$kV \cdot A$；

S_{js}——变压器的计算负荷，$kV \cdot A$。

② 无功损耗（主磁通和消耗在漏抗上的无功损耗）

$$\Delta Q_T = \Delta Q_0 + \Delta Q_n \left(\frac{S_{js}}{S_n} \right)^2 \tag{3-16}$$

$$\Delta Q_0 = I_0 \% S_n$$

$$\Delta Q_n = u_d \% S_n$$

式中　ΔQ_T——变压器的无功损耗；

ΔQ_0——用于产主磁通的无功损耗；

$I_0 \%$——变压器的空载电流占额定电流的百分比；

ΔQ_n——消耗在漏抗上的无功损耗；

$u_d \%$——变压器的阻抗电压占额定电压的百分比。

（6）变压器效率

$$\eta = \frac{P_2}{P_1} \times 100\% = \frac{P_2}{P_2 + \Delta P_T} \times 100\% \tag{3-17}$$

式中　η——变压器的效率；

P_2——输出有功功率，kW；

P_1——输入有功功率，kW。

（7）单相变压器的效率

$$\eta = \frac{U_2 I_2 \cos\varphi}{U_2 I_2 \cos\varphi + \Delta P_T} \tag{3-18}$$

式中　U_2——变压器二次电压，V；

I_2——变压器二次电流，A；

$\cos\varphi$——变压器功率因数。

（8）计算方法步骤

① 确定铁芯截面（已知变压器容量）

$$A_C = K_C \sqrt{S} \tag{3-19}$$

式中　A_C——铁芯截面积，cm^2；

S——变压器容量，$V \cdot A$；

K_C——截面系数。

K_C 取值为：硅钢片 $B=0.8 \sim 1T$，$K_C=1.25$；硅钢片 $B \geqslant 1T$，$K_C=1.2$；硅钢片 $B \leqslant 0.8T$，$K_C=2$。

② 求每伏匝数

$$N_0 = \frac{45}{BA_C} \tag{3-20}$$

式中　N_0——每伏匝数，匝/V；

B——铁芯最大磁通密度，T。

③ 求绕组匝数

$$N_1 = U_1 N_0$$
$$N_2 = U_2 N_0 \tag{3-21}$$

式中　N_1——一次绕组匝数；

N_2——二次绕组匝数。

④ 求导线直径

$$d = 1.13 \sqrt{\frac{I}{J}} \tag{3-22}$$

式中　d——导线直径，mm；

I——通过导线的电流，A；

J——导线允许电流密度，A/mm^2。

J 取值：$\leqslant 100V \cdot A$ 变压器 $J=2.5A/mm^2$；$\geqslant 100V \cdot A$ 变压器 $J=2.0A/mm^2$；高压油浸式 $J=4 \sim 5A/mm^2$。

⑤ 计算铁芯窗口　根据绕组匝数、导线直径、绝缘层厚度进行计算，使绕组总厚度小于铁芯窗口宽度，否则重新计算变压器的①～④步，直至符合要求为止。

习　题　3

一、选择题

1. 把磁感应强度 B 和垂直于磁场方向的面积 S 的乘积，叫做通过这块面积的（　　）。

　　A　磁通　　　　　　B　磁感应强度　　　　C　相对磁导率

2. $B = \Phi/S$，说明磁感应强度的大小就是与磁场垂直的单位面积上的磁通，所以 B 又叫做（　　）。

　　A　磁通　　　　　　B　磁感应强度　　　　C　磁通密度

3. 线圈中感应电动势的大小与穿越该线圈的磁通变化的速度［单位时间内磁通变化的数值，称（　　）］成正比，感应电动势所产生的感应电流反抗磁通的变化

　　A　磁通密度　　　　B　磁通变化率　　　　C　相对磁导率

4. 伸出右手，使拇指与其余四指垂直，且在同一平面上，让磁力线穿过手心，拇指指向导体运动方向，其余四指就是感应电流的方向，称为（　　）。

　　A　右手定则　　　　B　右手螺旋定则　　　C　线圈的右手定则

5. 用右手握住导线，拇指的方向表示电流方向，其余四指所指的方向表示磁力线的方向，称为（　　）。

　　A　导线的右手定则　　B　右手螺旋定则　　　C　线圈的右手定则

二、判断题

1. 在两个有互感耦合的线圈中，互感磁链与产生此磁链的电流之比值，称为互感系数，简称互感，用 M 表示。　　　　　　　　　　　　　　　　　　　　　　　　　　（　　）

2. 螺旋前进方向表示电流方向，螺旋旋转的方向表示磁力线的方向，是导线的右手定则。　（　　）

3. 用右手握住导线，拇指的方向表示电流方向，其余四指所指的方向表示磁力线的方向，是线圈的右手定则。　　　　　　　　　　　　　　　　　　　　　　　　　　　　　　（　　）

第4章 正弦交流电路

1. 了解正弦交流电的最大值、周期、频率、角频率、初相角、相位差、有效值、平均值等基本概念。

2. 理解正弦量的相量表示方法。

3. 熟练掌握电阻元件的交流电路、电感元件的交流电路、电容元件的交流电路的电压与电流的关系、电压和电流的相位关系，瞬时功率、平均功率（有功功率）、无功功率的定义。

4. 理解掌握RLC串联电路的电压与电流的关系、电路的功率、串联谐振的条件、串联谐振的特征等基本知识。

4.1 正弦交流电的基本概念

前面所讲的都是直流电路，其特点是电流和电压的大小和方向都不随时间变化，如图4-1所示。

图 4-1　直流电的波形图

而在实际中应用最多的是交流电，其特点是电流和电压的大小和方向都随时间作周期性变化，且在一个周期内其平均值为零。在交流电中，正弦交流电应用最广泛。正弦交流电就是电流和电压的大小随时间按正弦规律变化，如图4-2所示。

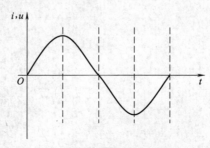

图 4-2　交流电的波形图

正弦交流电流流过的电路就是正弦交流电路。

4.1.1 正弦量的三要素

在分析计算正弦交流电路时，首先要写出正弦量的数学表达式，并画出它的波形图。

例如，一个电阻通过正弦交流电流 i 时，与直流电路一样也应用箭头标出电流的正方向（即参考方向），如图 4-3（a）所示。

当 i 的实际方向与正方向相反时，是负值，对应波形图的负半周；反之，i 的实际方向与正方向一致时，是正值，对应波形图的正半周。正弦波的波形如图 4-3（b）所示。与该波形对应的正弦电流的数学表达式为

$$i = I_m \sin(\omega t + \varphi_i) \tag{4-1}$$

将上式称为正弦电流的瞬时值表达式。

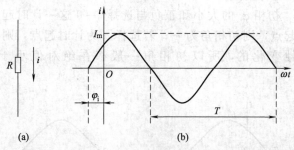

图 4-3 正弦交流电流的波形图

瞬时值是正弦量在每一瞬间的数值，规定用小写字母 i、u、e 分别表示正弦电流、电压和电动势的瞬时值。

将最大值、角频率（频率）和初相位 3 个特征物理量称为正弦量的三要素。

（1）最大值　正弦量瞬时值中最大值（I_m）称为最大值或振幅值，用带 m 下标的大写字母 I_m、U_m、E_m 分别表示正弦电流、电压和电动势的最大值，最大值表示了正弦量的变化幅度。对于一个确定的正弦量，其最大值是一个常数。

（2）周期、频率和角频率

① 周期　正弦交流电循环变化一周所需要的时间称为周期，用 T 表示，计量单位为 s(秒)。

② 频率　正弦交流电 1s 内重复变化的次数称为频率，用 f 表示，计量单位为 Hz（赫兹）。

根据周期和频率的定义可知，两者互为倒数，即

$$f = \frac{1}{T} \quad 或 \quad T = \frac{1}{f} \tag{4-2}$$

③ 角频率　正弦交流电在单位时间内变化的电角度（用来描述正弦交流电变化规律的角度）称为角频率，用 ω 表示，计量单位为 rad/s（弧度/秒）。其波形图如图 4-4 所示，它与周期和频率的关系是

$$\omega = \frac{2\pi}{T} = 2\pi f \tag{4-3}$$

（3）初相角

① 相位角（相位）　把正弦量（正弦交流电）在任意瞬时的电角度（$\omega t + \varphi_i$）称为相位角，简称相位。它反映了随时间变化的进程，决定了它每一瞬时的状态。

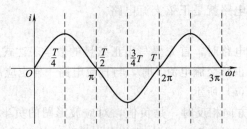

图 4-4　正弦交流电流的电角度波形图

② 初相角（初相位）　当 $t=0$ 时的相位角 φ_i 称为初相角，又称初相位。正弦量瞬时值由负向正值变化所经过的零值点为正弦量的零点，从正弦量零点到计时点之间的电角度为初相角。正弦量在任何瞬时的相位都与初相位有关。

③ 初相位的特性　初相 φ_i 的大小和正负与选择 $t=0$ 这一计时起点有关，如图 4-5 所示，将选择 a' 为计时起点，则初相角为 φ_i；若选择 a 为计时起点，则初相角为零，$\varphi_i=0$。由于正弦量是周期性变化的，所以初相角一般都在绝对值小于 π 的范围内取值，即 $|\varphi_i| \leqslant \pi$。

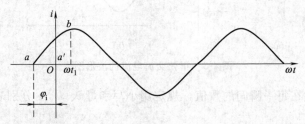

图 4-5　正弦交流电流的相位角波形图

④ 初相位为零、为正、为负时的瞬时值表达式及波形图

a. 初相位为零 $\varphi_i=0$ 时的瞬时值表达式和波形如图 4-6（a）所示。

$$i=I_m\sin\omega t \qquad i=I_m\sin(\omega t+\varphi_i) \qquad i=I_m\sin(\omega t-|\varphi_i|)$$

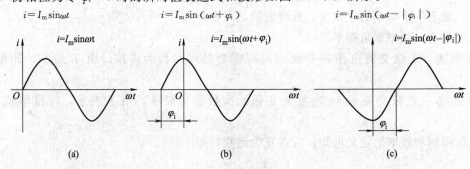

图 4-6　正弦交流电流的初相位不同的波形图

b. 初相位为正 $\varphi_i>0$ 时的瞬时值表达式和波形如图 4-6（b）所示。

c. 初相位为负 $\varphi_i<0$ 时的瞬时值表达式和波形如图 4-6（c）所示。

【例 4-1】　正弦量电压 $u=190.52\sin(314t+60°)$，试求：①最大值、角频率和初相角。②该电压从计时起点开始需要多长时间才第一次出现最大值。

解　①根据该正弦量瞬时表达式可知：最大值 $I_m=190.52\text{V}$；角频率 $\omega=314\text{rad/s}$。

$$\omega=2\pi f, \quad f=\frac{\omega}{2\pi}=\frac{314}{2\times 3.14}=50\text{Hz}$$

$$\varphi_u=60° \quad \text{或} \quad \varphi_u=\frac{\pi}{3}\text{rad}$$

② 该正弦量电压第一次出现最大值的时间应为 $\omega t+60°=90°$，即 $314t+60°=90°$。

将度数化为弧度数，可得：

$$314t=\frac{\pi}{2}-\frac{\pi}{3}=\frac{\pi}{6}$$

所以
$$t=\frac{\frac{\pi}{6}}{314}=0.00167s=1.67ms$$

4.1.2 两同频率正弦量之间的相位关系

（1）相位差的概念 两个同频率正弦交流电的相位之差，用 φ_{12} 表示。其表示两个同频率正弦交流电到达最大值的先后差距。其相位差等于这两个正弦交流电的初相位之差，即

$$\varphi_{12}=(\omega t+\varphi_1)-(\omega t+\varphi_2)=\varphi_1-\varphi_2 \tag{4-4}$$

式中 φ_1——某正弦交流电的初相位，rad/s；

φ_2——某正弦交流电的初相位，rad/s。

（2）两个同频率正弦量的相位关系 例如有两个正弦量电压为 $u_1=U_{m1}\sin(\omega t+\varphi_1)$ 和 $u_2=U_{m2}\sin(\omega t+\varphi_2)$，根据这两个正弦量的相位之差来确定相位关系。

① 当 $\varphi_1=\varphi_2$ 时，$\varphi_{12}=(\omega t+\varphi_1)-(\omega t+\varphi_2)=\varphi_1-\varphi_2=0$ 时，将 u_1 与 u_2 称为同相位，其波形如图 4-7（a）所示。

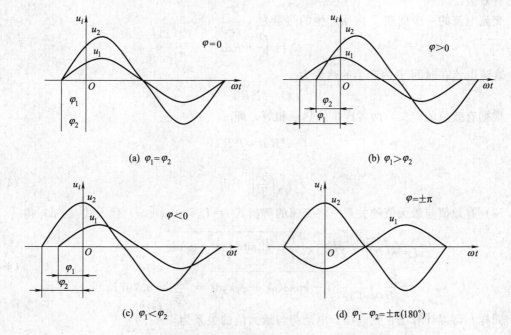

图 4-7 两个正弦交流电流不同相位关系时的波形图

② 当 $\varphi_1>\varphi_2$ 时，$\varphi_{12}=(\omega t+\varphi_1)-(\omega t+\varphi_2)=\varphi_1-\varphi_2>0$ 时，u_1 超前 u_2 一个 φ 相位角，或者说 u_2 滞后 u_1 一个 φ 相位角，其波形如图 4-7（b）所示。

③ 当 $\varphi_1<\varphi_2$ 时，$\varphi_{12}=(\omega t+\varphi_1)-(\omega t+\varphi_2)=\varphi_1-\varphi_2<0$ 时，u_2 超前 u_1 一个 φ 相位角，或者说 u_1 滞后 u_2 一个 φ 相位角，其波形如图 4-7（c）所示。

④ 当 $\varphi_{12}=(\omega t+\varphi_1)-(\omega t+\varphi_2)=\varphi_1-\varphi_2=\pm\pi(180°)$ 时，将 u_1 与 u_2 称为反相位，其波形如图 4-7（d）所示。

注意 对于不同频率的正弦量无法确定相位差，所以相位差没有意义。

（3）相位差的计算方法

① 如果初相角用负值表示，将解析式变换成标准的书写方法。

② 如果计算多个同频率正弦量的相位关系，可以任选其中某一个正弦量作为参考，即令其初相角为零，把初相角为零的正弦量称为参考正弦量。这样其他正弦量的初相角应为其与参考正弦量之间的相位差（即初相位差）。

【例 4-2】 求两个正弦电流 $i_1 = 14.1\sin(\omega t - 120°)$，$i_2 = 7.05\sin(\omega t - 60°)$ 的相位差 φ_{12}。

解 ① 写成标准的电流解析式

$$i_1 = 14.1\sin(\omega t - 120° + 180°) = 14.1\sin(\omega t + 60°)$$

$$i_2 = 7.05\sin(\omega t - 60° + 90°) = 7.05\sin(\omega t + 30°)$$

② 计算相位差 φ_{12}

$$\varphi_{12} = \varphi_1 - \varphi_2 = 60° - 30° = 30°$$

4.1.3 正弦量的有效值

（1）有效值的概念 简单地说就是一个交流电的做功与一定数值的直流电量的做功相等，这个直流电量的数值就是该交流电的有效值。

（2）有效值的定义 交流电流 i 和直流电流 I 分别流过阻值相同的电阻，如果在交流电流的一个周期内它们所产生的热量相等，即其热效应相等，就称该直流电流的数值是交流电流的有效值。

交流电流的一个周期 T 内所产生的热量为

$$Q_j = \int_0^T i^2 R \mathrm{d}t$$

直流电流在时间 T 内产生的热量为

$$Q_z = I^2 R T$$

根据有效值的定义，两者产生的热量相等，即

$$\int_0^T i^2 R \mathrm{d}t = I^2 R T$$

$$I = \sqrt{\frac{1}{T} \int_0^T i^2 \mathrm{d}t} \qquad (4-5)$$

（3）有效值与最大值的关系 将交流的解析式 $i = I_m \sin(\omega t + \varphi_i)$ 代入式（4-5）得

$$I = \sqrt{\frac{1}{T} \int_0^T i^2 \mathrm{d}t} = \sqrt{\frac{1}{T} \int_0^T I_m^2 \sin^2(\omega t + \varphi_i) \mathrm{d}t}$$

$$= \frac{I_m}{\sqrt{2}} \sqrt{\frac{1}{T} \int_0^T [1 - \cos 2(\omega t + \varphi_i)] \mathrm{d}t} = \frac{I_m}{\sqrt{2}} = 0.707 I_m \qquad (4-6)$$

同样，可以计算出正弦电压、电动势与最大值的关系为

$$\left. \begin{aligned} I &= \frac{1}{\sqrt{2}} I_m = 0.707 I_m \\ U &= \frac{1}{\sqrt{2}} U_m = 0.707 U_m \\ E &= \frac{1}{\sqrt{2}} E_m = 0.707 E_m \end{aligned} \right\} \qquad (4-7)$$

（4）平均值 交流电在一个周期内的平均值恒等于零，现给出的平均值是交流电在半个周期内的平均值，它与最大值的关系是

$$\left.\begin{aligned}
I_P &= \frac{2}{\pi} I_m = 0.637 I_m \\
U_P &= \frac{2}{\pi} U_m = 0.637 U_m \\
E_P &= \frac{2}{\pi} E_m = 0.637 E_m
\end{aligned}\right\} \qquad (4\text{-}8)$$

在实际中一般所说的交流电的大小都是指有效值。各种电机、电气设备铭牌标注的电压、电流数值，其交流电压表、电流表的指示值等都是有效值。

4.2　正弦量的相量表示方法

现以正弦电流 $i = I_m \sin(\omega t + \varphi)$ 为例，过直角坐标原点作一有向线段（也称矢量）$\boldsymbol{I}_m$，矢量的长度等于正弦量的最大值 I_m，矢量与横轴正向的夹角等于正弦电流的初相位 φ，让该矢量逆时针旋转，其旋转的角速度等于该正弦量电流的角频率 ω，如图 4-8 所示。可见，这一旋转矢量 $\boldsymbol{I}_m$ 任一瞬时在纵轴上的投影为 $i = I_m \sin(\omega t + \varphi)$，显然，旋转矢量 $\boldsymbol{I}_m$ 任一瞬时在纵轴上的投影与该正弦量电流的瞬时值处处相等。

由于正弦量的三要素与旋转矢量有一一对应关系，即旋转矢量反映了正弦量的三要素，而且它在纵轴上的投影就是正弦量的瞬时值，因此正弦交流电流可以用旋转矢量来表示。

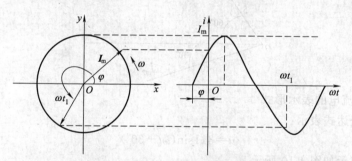

图 4-8　正弦量电流的角频率 ω 波形图

（1）相量　表示正弦交流电的这一矢量称为相量。用大写字母 $\dot{I}_m$、$\dot{U}_m$、$\dot{E}_m$ 表示最大值相量，用 I、U、E 表示有效值相量。

（2）相量图　按照正弦量的大小和相位关系画出的几个相量的图形称为相量图。

（3）正弦量相量图表示法　用相量图表示正弦量的幅值（或有效值）和初相位的方法，称为正弦量的相量图表示法。

（4）正弦量相量图的画法　如有一交流电路，其两端电压 u 及电流 i 分别为

$$i = I_m \sin(\omega t - 20°)$$

$$u = U_m \sin(\omega t + 45°)$$

其相量图如图 4-9 所示。

绘图时应注意：

① 从横轴的正方向起，逆时针旋转相位角为正，顺时针旋转相位角为负。

② 坐标可以不画。

③ 相量的大小表示正弦交流电的有效值（或最大值）。

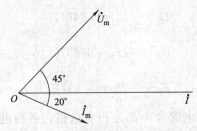

图 4-9　正弦量电流的相量图

⑤ 只有同频率的正弦量才能画在同一相量图上，因为同频率的正弦交流电在瞬时的相位差不变，故在相量图中它们之间的相对位置不变，从而可用四边形法则进行相量的加减运算。

⑥ 相量与正弦量之间只能说是存在一一对应关系或代表关系或互求的对应关系，相量不等于正弦量。

【例 4-3】　画出下列各电流的相量图：$i_1 = 5\sin(314t + 60°)$，$i_2 = 10\sin(314t - 30°)$。

解　已知 $I_{m1} = 5A$，$\varphi_1 = 60°$；$I_{m2} = 10A$，$\varphi_1 = -30°$，画出最大值相量图。

① 画一条横坐标。

② 在横坐标上面画一条与横坐标之间夹角为 60°的斜线，其长度相当 5A。

③ 在横坐标下面画一条与横坐标之间夹角为 30°的斜线，其长度相当 10A。

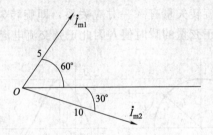

（5）正弦交流电的表示形式

① 瞬时值表达式表示：

$$u = 311\sin(\omega t + 30°)$$

② 波形图表示如图 4-10 所示。

③ 矢量图表示如图 4-11 所示。

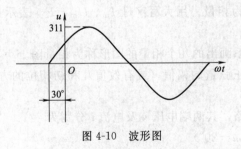

图 4-10　波形图

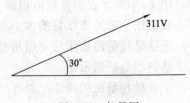

图 4-11　矢量图

4.3　正弦交流电的电路

4.3.1　纯电阻电路

（1）电压与电流的关系　在交流电路中，通过线性电阻元件的电流和它两端的电压，在

任何瞬时均遵守欧姆定律。对图 4-12，有

$$i=\frac{u}{R} \tag{4-9}$$

图 4-12　纯电阻电路

设电阻 R 两端的电压是正弦交流电压 $u=U_{\mathrm{m}}\sin\omega t$，则电流 i 为

$$i=\frac{U_{\mathrm{m}}}{R}\sin\omega t=I_{\mathrm{m}}\sin\omega t \tag{4-10}$$

上式表明，电阻元件中的电流及其两端的电压都是同频率的正弦量。它们之间的数值及相位关系如下。

① 数值关系

a. 最大值之间的关系为

$$I_{\mathrm{m}}=\frac{U_{\mathrm{m}}}{R} \tag{4-11}$$

b. 有效值之间的关系为

$$I=\frac{U}{R} \text{ 或 } U=IR \tag{4-12}$$

② 相位关系　因为电流与电压的初相位相同，即 $\varphi_{\mathrm{u}}=\varphi_{\mathrm{i}}=0$，因此电压与电流同相位。用波形图表示如图 4-13 所示。

总之，电阻元件两端的电压与电流的关系如下。

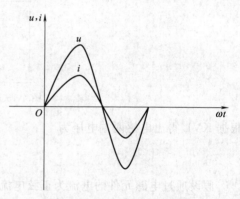

图 4-13　纯电阻电路波形图

a. 电压与电流同频率。

b. 电压与电流瞬时值、有效值、最大值均符合欧姆定律。

（2）功率

① 瞬时功率　电阻在每一瞬时所吸收的电功率称为瞬时功率。用小写字母 p 表示，它等于同一瞬时电压、瞬时电流值的乘积，即

$$p=ui=U_{\mathrm{m}}\sin\omega t \times I_{\mathrm{m}}\sin\omega t$$

$$=\frac{U_{\mathrm{m}}I_{\mathrm{m}}}{2}(1-\cos2\omega t)$$

$$=UI(1-\cos2\omega t) \tag{4-13}$$

上式表明，瞬时功率 p 是随时间变化的，并可认为由两部分组成：第一部分是电压和电流有效值的乘积 UI，是恒定值；第二部分是幅值为 UI，并以 2ω 随时间变化的交流量 $UI\cos2\omega t$。其瞬时功率 p 的波形图如图 4-14 所示。

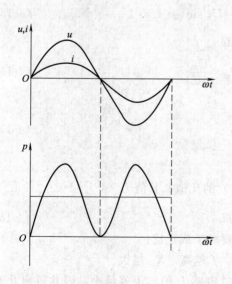

图 4-14　电阻元件瞬时功率 p 的波形图

由于电阻元件的电压、电流同相位，它们的瞬时功率总是同时为正或同时为负，所以瞬时功率总是为正值（正弦零点时 $p=0$）。这表明电阻元件总是从电源吸收功率，并转换为热能，因此，电阻是耗能元件。

② 平均功率　瞬时功率 p 随时间变化，不能表示电阻的实际耗能效果。为此，取瞬时功率 p 在一个周期内的平均值，称为平均功率，用大写字母 P 表示，又称为有功功率。

$$P = \frac{1}{T}\int_0^T p\mathrm{d}t = \frac{1}{T}\int_0^T UI(1-\cos2\omega t)\mathrm{d}t = UI$$

可得平均功率

$$P = UI = I^2 R = \frac{U^2}{R} \tag{4-14}$$

上式说明，当正弦电压、电流用它们的有效值表示时，电阻元件的平均功率与直流电路中的功率的计算公式是相同的。

4.3.2　纯电感电路

(1) 电压与电流的关系　图 4-15 的电路中仅有参数为 L 电感元件，在规定的正方向下，

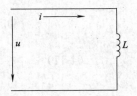

图 4-15　L 电感元件的电路

根据 KVL 得出电感两端电压为

$$u = L\frac{\mathrm{d}i}{\mathrm{d}t}$$

假设通过电感元件的电流为正弦电流，即

$$i = I_\mathrm{m}\sin\omega t$$

则电感元件的端电压为

$$u = L\frac{\mathrm{d}i}{\mathrm{d}t} = \omega L I_\mathrm{m}\sin(\omega t+90°) = U_\mathrm{m}\sin(\omega t+90°) \tag{4-15}$$

① 数值关系　根据上式可得最大值的关系式，即

$$U_\mathrm{m} = \omega L I_\mathrm{m} \quad 或 \quad I_\mathrm{m} = \frac{U_\mathrm{m}}{\omega L} \tag{4-16}$$

用有效值表示时，即

$$I = \frac{U}{\omega L} = \frac{U}{X_L} \tag{4-17}$$

式中　X_L——感抗，Ω。

$X_L = \omega L = \dfrac{U}{I}$ 是电感电压和电流有效值（最大值）的比值，其值为

$$X_L = \omega L = 2\pi f L \tag{4-18}$$

即表明电感的感抗与电感 L 成正比，与电源的频率 f 成正比。

a. 当电感 L 一定时，感抗 X_L 只与频率 f 有关。f 越高，X_L 越大。

b. 在电压 U 为定值时，f 越高，X_L 越大，通过电感 L 的电流就越小，因此可阻止高频电流的通过。利用这一点进行高频滤波。

c. 对于直流电流，因 $f=0$，其感抗 $X_L=0$，所以在直流稳态时，电感元件相当于短路。

引入感抗之后，电感电压和电流的有效值具有欧姆定律的形式。当电压有效值一定时，感抗越大，电流就越小。可以认为，感抗是表征电感元件对交流呈现阻力作用的一个物理量。

注意　在单一电感参数电路中，电压与电流的瞬时值之间并不具有欧姆定律的形式，即不存在正比关系，感抗 X_L 也不能代表电压、电流瞬时比值。

② 相位关系

$$u_L=-e_L=L\,\frac{\mathrm{d}i}{\mathrm{d}t}=\omega LI_\mathrm{m}\cos\omega t=\omega LI_\mathrm{m}\sin\left(\omega t+\frac{\pi}{2}\right)$$

$$u_L=\omega LI_\mathrm{m}\left(\omega t+\frac{\pi}{2}\right)$$

从式 $u=L\dfrac{\mathrm{d}i}{\mathrm{d}t}=\omega LI_\mathrm{m}\sin\ (\omega t+90°)\ =U_\mathrm{m}\sin\ (\omega t+90°)$，$i=I_\mathrm{m}\sin\omega t$ 可以看出，电感电压 u 与电流 i 之间出现了相位差，即 u 超前 i 90°，或者说电流 i 滞后电压 u 90°。其波形图如图 4-16 所示。

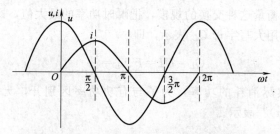

图 4-16　L 电感元件的电路波形图

（2）功率

① 瞬时功率　电感元件在交流电路中的瞬时功率就是电压瞬时值 u 和电流瞬时值 i 的乘积，即

$$p=ui=U_\mathrm{m}\sin(\omega t+90°)I_\mathrm{m}\sin\omega t=U_\mathrm{m}I_\mathrm{m}\cos\omega t\sin\omega t$$

$$=\frac{U_\mathrm{m}I_\mathrm{m}}{2}\sin2\omega t=UI\sin2\omega t \tag{4-19}$$

由上式可见，瞬时功率 p 的幅值是 UI，是以 2ω 随时间交变的正弦量。其波形图如图 4-17 所示。

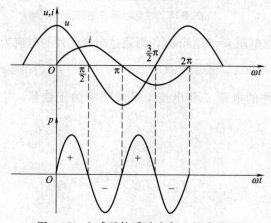

图 4-17　电感元件瞬时功率 p 的波形图

从波形图可以看出：

在第一个和第三个 1/4 周期，u 和 i 同时为 "＋" 或同时为 "－"，瞬时功率 p 为正值。在此期间，由于电流 i 是从零增长到最大值，电感元件建立磁场，从电源吸取的电能转化为磁场能，储存在电感中。

在第二个和第四个 1/4 周期，u 和 i 一个为 "＋" 值，另一个为 "－" 值，故瞬时功率 p 为负值。在此期间，由于电流 i 是从最大值降到零，电感元件建立的磁场在消失，这期间电感存的磁场能量释放出来，将磁场能转化为电能送还给电源。

以后每个周期都重复上述过程，由于是纯电感元件电路，电路中没有电阻，因此，没有能量消耗，电感元件从电源中吸收的能量又全部还给电源，所以电感的平均功率 P 必为零，这说明电感不消耗能量，是储能元件。

② 平均功率（有功功率） 电感元件瞬时功率 p 在一个周期内的平均功率为

$$P = \frac{1}{T}\int_0^T p\,\mathrm{d}t = \frac{1}{T}\int_0^T UI\sin2\omega t = 0$$

③ 无功功率 电感的平均功率为零，但存在着电源与电感元件之间的能量交换，所以瞬时功率不为零。为了衡量这种交换的规模，把瞬时功率的最大值，即电压和电流有效值的乘积，称为无功功率，用大写字母 Q_L 表示，即

$$Q_L = UI = I^2 X_L = \frac{U^2}{X_L} \tag{4-20}$$

无功功率并不是实际消耗的功率，为了与有功功率区别开，无功功率的单位用 "乏 (var)" 或 "千乏 (kvar)" 表示。

4.3.3 纯电容电路

(1) 电压与电流的关系 图 4-18 是纯电容元件的正弦交流电路。

电压 u 和电流 i 的正方向如图 4-18 所示。

在规定正方向下，根据电容器的电流计算公式，其伏安关系为

$$i = C\frac{\mathrm{d}u}{\mathrm{d}t}$$

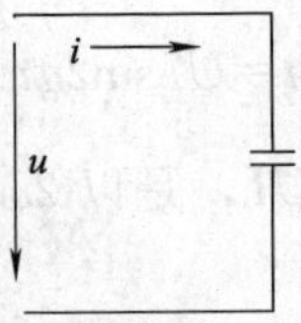

图 4-18 纯电容元件电路

如电容两端接入正弦电压 $u = U_\mathrm{m}\sin\omega t$，则通过电容元件的电流为

$$i = C\frac{\mathrm{d}u}{\mathrm{d}t} = \omega C U_\mathrm{m}\cos\omega t = \omega C U_\mathrm{m}\sin(\omega t + 90°) = I_\mathrm{m}\sin(\omega t + 90°) \tag{4-21}$$

由此可见，电容元件的电压 u 和电流 i 是同频率的正弦量。它们的数值和相位关系如下。

① 数值关系

最大值：

$$I_\mathrm{m} = \omega C U_\mathrm{m} = \frac{U_\mathrm{m}}{\dfrac{1}{\omega C}}$$

有效值：

$$I = \omega C U = \frac{U}{\dfrac{1}{\omega C}} = \frac{U}{X_C} \qquad (4\text{-}22)$$

电容电压与电流有效值（或最大值）的比值，称为电容的容抗，简称容抗。用大写字母 X_C 表示，其也表示电容元件对交流电呈现阻力的物理量，即与电容 C、频率 f 成反比：

$$X_C = \frac{1}{\omega C} = \frac{1}{2\pi f} \qquad (4\text{-}23)$$

上式表明：

a. 电容 C 一定时，频率越高，则容抗 X_C 越小，当 $f=0$ 时，则容抗 $X_C \to \infty$，视为开路，体现电容元件具有隔直的作用；

b. 从物理概念分析，电流的频率越高，电容充电和放电就越频繁，单位时间内电荷的迁移量就越大，所以电容的电流就越大；

c. 在电压 U 一定的条件下，容抗越小，电容的电流越大；

d. 从物理概念分析，电压 U 一定时，电容 C 越大，表示电容存储电荷的能力越强，单位时间内电荷的迁移量就越多，因而电容的电流就越大；

e. 在电压 U 和电容 C 均一定时，容抗 X_C 和电流与频率 f 的关系曲线如图 4-19 所示。

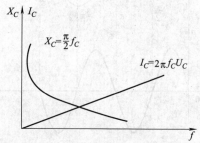

图 4-19　纯电容元件电路的容抗 X_C 和
电流与频率 f 的关系曲线图

② 电压和电流的相位关系　从式 $u = U_m \sin\omega t$、$i = I_m \sin(\omega t + 90°)$ 可以看出电压和电流的相位关系是：电流 i 超前电压 u 90°，或电压 u 滞后电流 i 90°，波形如图 4-20 所示。

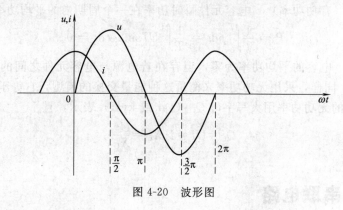

图 4-20　波形图

（2）功率

① 瞬时功率　电容元件在正弦交流电路中的瞬时功率就是其电压 u 和电流 i 瞬时值的乘积，即

$$p = ui = U_m \sin\omega t \times I_m \sin(\omega t + 90°) = U_m I_m \sin\omega t \cos\omega t$$

$$=\frac{U_\mathrm{m}I_\mathrm{m}}{2}\sin2\omega t=UI\sin2\omega t \tag{4-24}$$

上式表明，瞬时功率 p 是一个最大值为 UI，并以频率 2ω 随时间交变的正弦量，其波形图如图 4-21 所示。

在第一个和第三个 1/4 周期内，u 和 i 同为正值或同为负，故瞬时功率 $p>0$，在这段时间内，电压 u 从零值增加到最大值，电容进行充电，将从电源中吸收电能转换为电场能存储在电容中。

在第二个和第四个 1/4 周期内，u 和 i 一个为正值，另一个为负值，故瞬时功率 $p<0$，在这段时间内，电压 u 从最大值下降为零，电容进行放电，将存储电场能释放出来，返给电源。

在以后的各周期均重复上述过程。

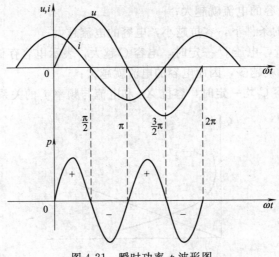

图 4-21 瞬时功率 p 波形图

由于所讨论的是单一电容参数电路，电路中没有电阻，因此没有能量消耗，电容从电源吸取的电能将全部返还给电源，所以电容的平均功率必为零。说明电容不消耗能量，是一储能元件。

② 平均功率（有功功率）　电容元件瞬时功率在一个周期内的平均功率为

$$P=\frac{1}{T}\int_0^T p\mathrm{d}t=\frac{1}{T}\int_0^T UI\sin2\omega t\,\mathrm{d}t=0 \tag{4-25}$$

③ 无功功率　电容的平均功率为零，但存在着电源与电容元件之间的能量交换，所以瞬时功率不为零。同样，采用无功功率来衡量这种能量交换的模型，它等于瞬时功率的最大值 UI。电容元件的无功功率用大写字母 Q_C（var 或 kvar）表示，且

$$Q_C=UI=I^2X_C=\frac{U^2}{X_C} \tag{4-26}$$

4.4　RLC 串联电路

4.4.1　电压与电流的关系

设在图 4-22 所示的 RLC 串联电路中有正弦电流 $i=I_\mathrm{m}\sin\omega t$ 通过，则该电流在电阻、电感和电容上产生的压降为

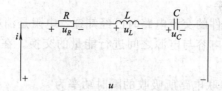

图 4-22　RLC 串联电路图

$$u_R = U_{Rm}\sin\omega t = RI_m\sin\omega t$$

$$u_L = U_{Lm}\sin(\omega t + 90°) = X_L I_m\sin(\omega t + 90°)$$

$$u_C = U_{Cm}\sin(\omega t - 90°) = X_C I_m\sin(\omega t - 90°)$$

它们是与电流 i 有相同频率的正弦量，但有不同的相位。根据 KVL 电压定律显然有：$u = u_R + u_L + u_C$，因为 u_R、u_L、u_C 是同频率的正弦量，故可以用相量来表示，即

$$\dot{U} = R\dot{I} + jX_L\dot{I} + jX_C\dot{I} = \dot{I}[R + j(X_L - X_C)]$$

$$= \dot{I}(R + X) = \dot{I}Z \tag{4-27}$$

$$X = X_L - X_C = \omega L - \frac{1}{\omega C}$$

$$Z = R + jX = R + j(X_L - X_C)$$

式中　X——电抗，Ω；

　　　Z——复阻抗，Ω。

Z 不是代表正弦量的复数，故在它的符号上不加"·"。$Z = |Z|\angle\varphi$，复阻抗的模（简称阻抗）为

$$|Z| = \sqrt{R^2 + X^2} = \sqrt{R^2 + (X_L - X_C)^2}$$

复阻抗的幅角（简称阻抗角）为

$$\varphi = \arctan\frac{X}{R} = \arctan\frac{X_L - X_C}{R}$$

显然，$R = |Z|\cos\varphi$，$X = |Z|\sin\varphi$，并且 $|Z|$ 与 R、X 之间符合直角三角形的关系，如图 4-23 所示，称为阻抗三角形。

因为 u_R、u_L、u_C 是同频率的正弦量，故可以用相量来表示，$\dot{U} = \dot{U}_R + \dot{U}_L + \dot{U}_C$ 的相量图如图 4-24 所示。

设电感上的电压 U_L 大于电容上的电压 U_C。由相量图可知，电阻上的电压 $\dot{U}_R = R\dot{I}$，电抗上的电压 $\dot{U}_X = jX\dot{I} = j(X_L - X_C)\dot{I}$ 与外加电压 $\dot{U} = Z\dot{I}$ 也组成一个直角三角形，称为电压三角形，如图 4-25 所示。

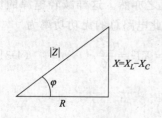

图 4-23　RLC 串联电路阻抗三角形

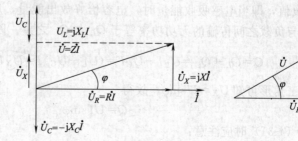

图 4-24　相量图　　　　　　图 4-25　电压三角形

显然，电压三角形是阻抗三角形各边乘以 $\dot{I}$ 所得，所以这两个三角形是相似三角形。

4.4.2　RLC 串联电路的功率

在分析单一参数电路元件的交流电路时已经知道，电阻是消耗能量的，而电感和电容是不消耗能量的，只是电感、电容与电源之间进行能量的交换。在 RLC 串联电路中的功率的计算如下。

（1）瞬时功率　RLC 串联电路所吸收的瞬时功率为

$$p = ui = (u_R + u_L + u_C)i = u_R i + u_L i + u_C i = p_R + p_L + p_C$$

$$p = UI(1 - \cos2\omega t) + UI\sin2\omega t + UI\sin2\omega t$$

（2）平均功率　由于电感和电容是不消耗能量的，电路所消耗的功率就是电阻所消耗的功率，所以该电路在一周期的平均功率为

$$P = \frac{1}{T}\int_0^T (u_R i + u_L i + u_C i)\,\mathrm{d}t = \frac{1}{T}\int_0^t u_R i\,\mathrm{d}t = U_R I = I^2 R = \frac{U_R^2}{R} \tag{4-28}$$

由电压三角形可知 $U_R = U\cos\varphi$，所以

$$P = UI\lambda \tag{4-29}$$

式中　λ——功率因数，$\lambda = \cos\varphi$。

上式说明，交流电的功率表达式比直流电的功率表达式多了一个系数 λ，此系数为功率因数，因此 φ 称为功率因数角。

使用上式时应注意：

① $P \neq \dfrac{U^2}{R}$，而是 $P = \dfrac{U_R^2}{R}$；

② $P \neq UI$，而是 $P = U_R I = UI\cos\varphi$。

（3）视在功率　式（4-30）中，U 与 I 的乘积 UI 具有功率的形式，且与功率有相同的量纲，但却不是电路实际所消耗的功率，称为视在功率（V·A），用 S 表示，即

$$S = UI = I^2|Z| = \frac{U^2}{|Z|} \tag{4-30}$$

一般变压器的额定容量 S_N 就是用视在功率表示的，它是额定电压 U_N 与额定电流 I_N 的乘积。至于变压器能向外电路输出多少有功功率，还与负载的功率因数有关。

（4）无功功率　由于电路中有储能元件电感和电容，它们虽然不消耗功率，但与电源之间是有能量交换的，这种能量交换仍用无功功率表示。

电容与电源进行功率交换的最大值为 $Q_C = U_C I$，即容性无功功率。

电感与电源进行功率交换的最大值为 $Q_L = U_L I$，即感性无功功率。

由于在 RLC 电路中电感和电容上流过的是同一电流 i，而电压 U_L 和 U_C 是反相的，所以感性无功功率 Q_L 与容性无功功率 Q_C 的作用也是相反的。当电感上的 p_L 为正值时，电容上的 p_C 为负值，即当电感吸收能量时，电容恰好放出能量，反之亦然。这样减轻电源的负担，使电源与负载之间传输的无功功率等于 Q_L 与 Q_C 之差。因此电路总的无功功率为

$$Q = O_L - Q_C = U_L I - U_C I = (U_L - U_C)I = U_X I = XI^2 \frac{U_X^2}{X} \tag{4-31}$$

由电压三角形可知 $U_X = U\sin\varphi$，故得

$$Q = UI\sin\varphi$$

使用式（4-31）时应注意：

① $Q \neq \dfrac{U^2}{X}$，而是 $Q = \dfrac{U_X^2}{X}$；

② $Q \neq UI$，而是 $Q = U_X I$。

无功功率特性如下。

① 对于感性电路：$X_L > X_C$，则 $Q = Q_L - Q_C > 0$。

② 对于容性电路：$X_L < X_C$，则 $Q = Q_L - Q_C < 0$。

③ 为了计算方便，有时把容性电路的无功功率取负值，$Q = -Q_C = -U_C I$。

（5）功率三角形　由公式 $P = UI\cos\varphi$（平均功率），$Q = UI\sin\varphi$（无功功率），$S = UI$（视在功率）组成一个三角形，如图 4-26 所示。

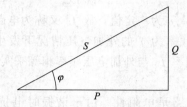

图 4-26　RLC 串联电路功率三角形

显然

$$S = \sqrt{P^2 + Q^2} \tag{4-32}$$

$$\varphi = \arctan\frac{Q}{P} \tag{4-33}$$

功率三角形也可由阻抗三角形各边乘以 I^2 而得，因此电压三角形、阻抗三角形、功率三角形是相似三角形。

注意

① 对于任何复杂电路，电路中所消耗的总功率等于各部分有功功率之和，即 $P = \sum\limits_{i=1}^{n} P_i$。

② 总无功功率等于各部分无功功率之和，即 $Q = \sum\limits_{i=1}^{n} Q_i$。

③ 总的视在功率不等于各部分视在功率之和，$S \neq \sum\limits_{i=1}^{n} S_i$。

4.5　电路中的谐振

4.5.1　串联谐振

（1）串联谐振的条件　在一般情况下，RLC 串联电路中的电流与电压相位是不同的，但是可以通过调节参数（L、C）或改变外加电压频率的方法，使电抗为 $X = X_L - X_C = 0$，即

$$\omega L - \frac{1}{\omega C} = 0 \tag{4-34}$$

这时电路中的阻抗 $Z_0 = R + jX = R$ 是电阻性的，故电流与电压同相位，也就是说电路发生了谐振。由于电路中的电阻、电感及电容元件是串联的，故称为串联谐振。

由式（4-34）可得出谐振时的角频率为

$$\omega L - \frac{1}{\omega C} = 0$$

$$\omega L \times \omega C = 1$$

$$\omega^2 LC = 1$$

$$\omega^2 = \frac{1}{LC}$$

$$\omega_0 = \frac{1}{\sqrt{LC}} \tag{4-35}$$

谐振频率为

$$f_0 = \frac{1}{2\pi\sqrt{LC}} \tag{4-36}$$

当电路参数 L、C 一定时，f_0 为一定值，故 f_0 又称为电路的固有频率。

由此可见，若要使电路在频率为 f 的外加电压情况下发生谐振，可以用改变电路参数 L、C 的办法，使电路的固有频率 f_0 与外加电压频率相等来实现。

（2）串联谐振的特征

① 电流与电压同相位，电路呈电阻性。由于谐振时电抗为零，故阻抗最小，其值为 $Z_0 = R + \mathrm{j}X = R$。

② 电流与电压同相位时，电路中的电流最大，称为谐振电流，其值为 $I_0 = \dfrac{U}{|Z|} = \dfrac{U}{R}$，其谐振曲线如图 4-27 所示。

③ 电感端电压与电容端电压大小相等，相位相反。因谐振时电感端电压与电容端电压相互补偿，这时外加电压与电阻上的电压相平衡。

④ 电感和电容的端电压有可能大大超过外加电压。

谐振时电感或电容的端电压与外加电压的比值为

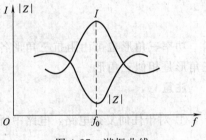

图 4-27 谐振曲线

$$Q = \frac{U_L}{U} = \frac{X_L I}{RI} = \frac{X_L}{R} = \frac{\omega L}{R} \tag{4-37}$$

当 $X_L \gg R$ 时，电感和电容的端电压就大大超过外加电压。两者的比值 Q 称为谐振电路的品质因数，它表示在谐振时电感和电容的端电压是外加电压的 Q 倍。Q 值一般可达几十至几百，因此串联谐振又称为电压谐振。

4.5.2 并联谐振

谐振也可以发生在并联电路中，下面以电感线圈与电容器并联的电路为例进行说明。

（1）并联谐振的条件 如将一电感线圈与电容器相并联，当电路参数选取适当时，可使总电流 $\dot{I}$ 与外加电压 $\dot{U}$ 同相位，就称这个电路发生了谐振。由于电感线圈总是有电阻的，所以实际电路可看成是 R、L 串联后与 C 的并联，如图 4-28 所示。

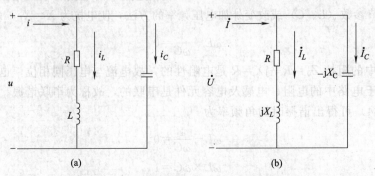

图 4-28 电感线圈与电容器相并联电路

在一般情况下，线圈的电阻 R 很小，线圈的感抗 $\omega L \gg R$，故

$$\omega C = \frac{1}{\omega L}$$

由此，可得谐振角频率

$$\omega^2 CL = 1$$

$$\omega_0 = \frac{1}{\sqrt{CL}} \tag{4-38}$$

故谐振频率为

$$\omega_0 = \frac{1}{\sqrt{CL}} = 2\pi f_0 = \frac{1}{2\pi} \frac{1}{\sqrt{CL}} \tag{4-39}$$

这就是说，当电感线圈的感抗 $\omega L \gg R$ 时，并联谐振的条件与串联谐振的条件基本相同。即相同的电感和电容当它们接成并联或串联时，谐振频率几乎相等。

（2）并联谐振的特征

① 电流与电压同相位，电路呈电阻性。

② 阻抗最大，电流最小。

③ 电感电流与电容电流几乎相等，相位相反。

④ 电感和电容支路电流是总电流的 Q 倍，$Q = \dfrac{\omega_0 L}{R}$。

习　题　4

一、选择题

1. 正弦交流电 1s 内重复变化的次数称为（　　）。

　　A　频率　　　　　　　　B　角频率　　　　　　　　C　初相角

2. 当 $t=0$ 时的相位角 φ_i 称为（　　），又称初相位。

　　A　频率　　　　　　　　B　角频率　　　　　　　　C　初相角

3. 交流电流 i 和直流电流 I 分别流过阻值相同的电阻，如果在交流电流的一个周期内它们所产生的热量相等，即其热效应相等，就称该直流电流的数值是交流电流的（　　）。

　　A　最大值　　　　　　　B　平均值　　　　　　　　C　有效值

4. 正弦量瞬时值中 I_m 称为（　　）。

　　A　最大值　　　　　　　B　平均值　　　　　　　　C　有效值

5. 电感元件的交流电路的电压与电流的关系是（　　）。

　　A　同相位　　　　　　　B　电流 i 滞后电压 u 90°　　　C　电压 u 滞后电流 i 90°

6. 电容元件的交流电路的电压与电流的关系是（　　）。

　　A　同相位　　　　　　　B　电流 i 滞后电压 u 90°　　　C　电压 u 滞后电流 i 90°

二、判断题

1. 正弦交流电在单位时间内变化的电角度（用来描述正弦交流电变化规律的角度）称为角频率。用 ω 表示，计量单位为 rad/s（弧度/秒）。（　　）

2. 正弦交流电循环变化一周所需要的时间称为频率。（　　）

3. 相位之差就是初相角。（　　）

4. 从物理概念分析，电流的频率越高，电容充电和放电就越频繁，单位时间内电荷的迁移量就越大，所以流过电容的电流就越大。（　　）

5. 当电感 L 一定时，感抗 X_L 只与频率 f 有关。f 越高，X_L 越大。（　　）

6. 对于直流电流，因 $f=0$，其感抗 $X_L=0$，所以在直流稳态时，电感元件相当于短路。 （　　）

7. RLC 串联电路串联谐振的特征是电感端电压与电容端电压大小相等，相位相反。 （　　）

8. RLC 串联电路串联谐振的特征是电感和电容的端电压有可能大大超过外加电压。 （　　）

9. RLC 并联电路并联谐振的特征是电感电流与电容电流几乎相等，相位相反。 （　　）

三、计算题

1. 三个正弦电压 $u_A=311\sin 314t$ V；$u_B=311\sin(314t-\pi/3)$ V；$u_C=311\sin(314t+\pi/3)$ V。若以 u_B 为参考正弦量，写出三个正弦量的解析式。

2. 一个正弦电流的初相角为 $60°$，在 $t=T/4$ 时的电流值为 5A，试求该电流的有效值。

3. 画出下列各电流的相量图：$i_1=5\sin(314t+60°)$，$i_2=10\sin(314t-30°)$。

4. 纯电阻电路中，$R=100\Omega$，$u=311\sin(314t+30°)$ V，求电流 i 和平均功率 P。

5. 一电感元件，电感量 $L=19.1\text{mH}$，接在电压 $u=220\sqrt{2}\sin(314t+30°)$ V 的电源上。试求电感元件的感抗、电流是多少？

6. 有一个电容元件，电容 $C=10\mu\text{F}$，接在 $f=50\text{Hz}$、$U=220\text{V}$ 的正弦交流电源上。求容抗 X_C、电流 I 和无功功率 Q_C。

第 5 章　半导体电路

【学习目标】

1. 了解半导体的特性、PN 结的单向导电性、二极管的主要参数、三极管的电流放大工作原理、三极管的特性曲线和主要参数、晶体管整流电路、滤波电路、硅稳压管稳压电路、放大电路的主要技术指标和反馈等基本概念。

2. 熟练掌握放大电路的静态工作点的近似估算、图解分析法和微变等效电路分析法。

3. 会用上述方法熟练地对共发射极电路、共集电极电路和共基极放大电路进行计算与分析。

5.1　半导体器件

5.1.1　半导体的特性

（1）自然界物质的分类

① 导体：电阻率小于 $10^{-2}\Omega\cdot m$ 的物质称为导体。

② 绝缘体：电阻率大于 $10^{11}\Omega\cdot m$ 的物质称为绝缘体。

③ 半导体：导电能力介于导体和绝缘体之间，一般为 4 价元素的物质，例如硅和锗。

（2）本征半导体　纯净的、不含其他杂质的半导体称为本征半导体，在 $t=0K$（相当于 $-273℃$）时半导体不导电，如同绝缘体一样。如果温度升高，将有少数价电子获得足够的能量，以克服共价键的束缚而成为自由电子。此时，本征半导体具有一定的导电能力，但因为自由电子的数量很少，所以导电能力很弱。

（3）杂质半导体　本征半导体中虽然存在着两种载流子（带负电的自由电子和带正电的空穴），但因本征半导体载流子的浓度很低，所以总的来说导电能力很差。但是在本征半导体中掺入某种特定的杂质，成为杂质半导体后，其导电性能将发生质的变化。

① N 型半导体：在 4 价硅或锗的晶体中掺入少量的 6 价杂质元素，如磷、锑和砷等。因主要依靠电子导电，故称为电子型半导体或 N 型半导体。

② P 型半导体：在 4 价硅或锗的晶体中掺入少量的 3 价杂质元素，如硼、锡和铟等。因主要依靠空穴导电，故称为空穴型半导体或 P 型半导体。

③ 杂质半导体的简化表示法，如图 5-1 所示。

5.1.2　半导体二极管

（1）PN 结的单向导电性　正向接法时，外电场的方向与 PN 结中内电场的方向相反，因而削弱了内电场。此时，在外电场的作用下，P 区中的空穴向右移动，与空间电荷区内的一部分负离子中和。N 区中的电子向左移动，与空间电荷区内的一部分正离子中和。结果，使空间电荷区的宽度变窄，有利于载流子的扩散运动。

反向接法时，外电场的方向与 PN 结中内电场的方向一致，因而增强了内电场的作用。

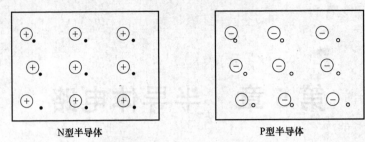

图 5-1 杂质半导体的简化表示

此时，外电场使 P 区中的空穴和 N 区中的电子各自向着远离耗尽层的方向移动，从而使空间电荷区变宽，其结果不利于载流子的扩散运动，如图 5-2 所示。

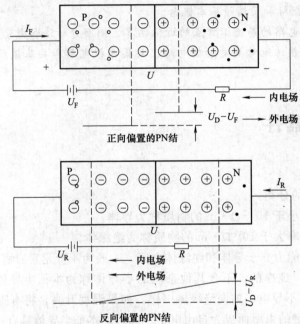

图 5-2 PN 结正、反向接法外电场的方向与 PN 结中内电场的关系

（2）二极管的伏安特性

① 正向特性如图 5-3 所示。

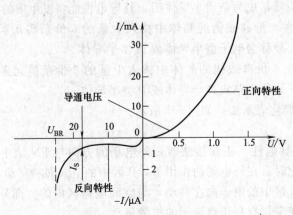

图 5-3 二极管的伏安特性

当二极管上的正向电压比较小时，由于外电场不足以克服内电场对载流子扩散造成的阻力，所以正向电流很小，几乎等于零。只有当加在二极管两端的正向电压超过"导通电压"或称"死区电压"（该电压硅二极管为 $0.5\sim0.8\text{V}$，锗二极管为 $0.1\sim0.3\text{V}$）后，随着电压的升高，正向电流将迅速增大。其电压与电流的关系基本上是一条指数曲线。

② 反向特性　当二极管上加反向电压时，反向电流值很小。而当反向电压超过零点几伏以后，反向电流不再随着反向电压而增大，即达到了饱和，这个电流称为反向饱和电流，用符号 I_S 来表示。如果使反向电压继续升高，当超过 U_{BR} 以后，反向电流将急剧增大。这种现象称为击穿，U_{BR} 称为反向击穿电压，如图 5-3 所示。

二极管击穿以后，不再具有单向导电性。

（3）二极管的主要参数

① 最大整流电流 I_F　I_F 是指二极管长期运行时，允许通过管子的最大正向平均电流。I_F 的数值由二极管允许的温升所限定。使用时，管子的平均电流不能超过此值，否则可能使二极管过热而损坏。

② 最高反向工作电压 U_R　工作时加在二极管的反向电压不得超过此值，否则二极管可能击穿。为了留有余地，通常将击穿电压 U_{BR} 的一半定为 U_R。

③ 反向电流 I_R　I_R 指在室温条件下，在二极管两端加上规定的反向电压时，流过管子的反向电流。通常希望 I_R 愈小愈好。反向电流 I_R 愈小，说明二极管的单向导电性愈好。此外，由于反向电流由少数载流子形成，所以 I_R 受温度的影响很大。

④ 最高工作频率 f_M　f_M 值主要决定于 PN 结的结电容大小。结电容愈大，则二极管允许的最高工作频率愈低。

（4）特殊二极管

① 稳压二极管　稳压二极管工作在反向击穿区，则当反向电流的变化量 ΔI 较大时，管子两端相应的电压变化量 ΔU 很小，说明具有稳压特性。

a. 稳压二极管的主要参数

ⓐ 稳定电压 U_Z　是稳压管工作在反向击穿区时的稳定工作电压。稳压二极管伏安特性如图 5-4 所示。

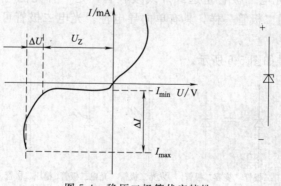

图 5-4　稳压二极管伏安特性

ⓑ 稳定电流 I_Z　是使稳压管工作时的参考电流。若工作电流低于 I_Z 时，则管子的稳压性能变差，如果工作时高于 I_Z，只要不超过额定功耗，稳压管可以正常工作。一般情况下，工作电流较大时稳压性能较好。

ⓒ 动态内阻 r_Z　r_Z 指稳压管两端电压和电流的变化量之比，即 $r_Z=\dfrac{\Delta U}{\Delta I}$。稳压管的 r_Z

愈小愈好。

ⓓ 电压的温度系数 a_U　　a_U 表示稳压管的电流保持不变时，环境温度每变化1℃能引起的稳定电压变化的百分比。一般来说，稳定电压大于 7V 的稳压管，其 a_U 为正值；稳定电压小于 4V 的稳压管，其 a_U 为负值。稳定电压在 4～7V 之间的稳压管，其 a_U 值比较小，所以性能比较稳定。

ⓔ 额定功耗 P_Z　　由于稳压管两端加有电压 U_Z，而管子中又有电流流过，因此要消耗一定的功率。这部分功耗转化为热能，使稳压管发热。额定功耗 P_Z 决定于稳压管允许的温升。

b. 稳压管使用时应注意的问题

ⓐ 应使外加电压的正极经电阻 R 接管子的 N 区，负极接 P 区，确保稳压管工作在反向击穿区。

ⓑ 稳压管与负载电阻 R_L 并联，如图 5-5 所示，由于稳压管的端电压变化很小，因而使输出电压比较稳定。

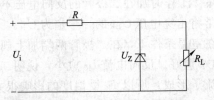

图 5-5　稳压管与负载电阻 R_L 并联电路

ⓒ 必须限制流过稳压管的电流 I_Z，使其不超过规定值，以免过热而烧坏管子。

② 变容二极管　结的电容随外加电压的变化而变化，反向电压越大，结电容越小。变容二极管可用于电子调频、调相、调谐和频率的自动控制等电路中。

③ 发光二极管　发光二极管也具有单向导电性，只有当外加正向电压使得正向电流足够大时，发光二极管才发出光来。光的颜色（光谱的波长）由制成发光二极管的材料决定。发光二极管通常用作显示器件，工作电流一般在几毫安至几十毫安之间。

④ 光电二极管　光电二极管是远红外线接收管，是一种光能与电能进行转换的器件。在无光照时，它与普通二极管一样，具有单向导电性。光电二极管可用来测量光照的强度，也可以制成光电池。

各种二极管的符号如图 5-6 所示。

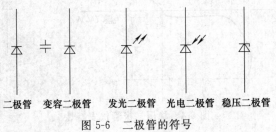

二极管　变容二极管　发光二极管　光电二极管　稳压二极管

图 5-6　二极管的符号

5.1.3　半导体三极管

(1) 晶体三极管的结构和符号

三极管符号及结构如图 5-7 所示。

(2) 三极管的电流放大工作原理

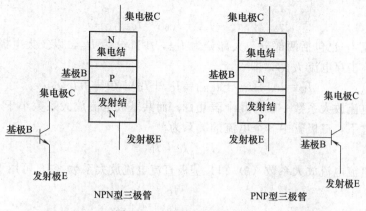

图 5-7　三极管符号及结构

① 三极管电流放大作用的内部条件

a. 发射区进行高掺杂，多数载流子浓度很高。

b. 基区做得很薄，掺杂少，则基区中多子浓度很低。

② 三极管电流放大作用的外部条件

a. 发射结必须正向偏置。

b. 集电结必须反向偏置。

共发射极电路如图 5-8 所示。

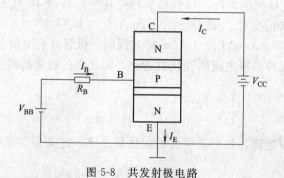

图 5-8　共发射极电路

③ 晶体管内部载流子的运动过程

a. 发射：发射区发射大量的电子越过发射结到达基区，形成电子流，而基区的多子空穴向发射区扩散形成空穴电流，两者之和为发射极电流 I_E，电子流远大于空穴电流，所以 I_E 主要由发射区发射的电子电流所产生。

b. 复合与扩散：电子到达基区后，电子与空穴产生复合运动而形成基极电流 I_{Bn}，基极被复合掉的空穴由外电流不断进行补充。大多数电子在基区中继续扩散，到达靠近集电结的一侧。

c. 收集：由于集电结反偏，外电场将阻止集电区中的多子电子向基区运动，但是却有利于将基区扩散过来的多子收集到集电极形成集电极电流 I_{Cn}。

以上分析了三极管中载流子运动的主要过程。此外，因为集电结反向偏置，所以集电区中的少子空穴和基区少子电子在外电场的作用下，还将进行漂移运动而形成反向电流，这个电流称为反向饱和电流，用 I_{CBO} 表示。可见，集电极电流 I_C 由两部分组成：发射区发射的电子被集电极收集后形成的 I_{Cn}，以及集电区与基区的电子进行漂移运动而产生的反向饱和

电流 I_{CBO}，即

$$I_C = I_{Cn} + I_{CBO} \approx I_{Cn}$$

发射极电流 I_E 也包括两部分，大部分为 I_{Cn}，少部分为 I_{Bn}，以及集电极-发射极间的反向饱和电流或称击穿电流 I_{CEO}，即

$$I_E = I_{Cn} + I_{Bn} + I_{CEO} = I_{Cn} + I_{Bn} + (1 + \beta)I_{CBO}$$

共发射极电流放大系数一般为几十至几百；而共基极电流放大系数小于 1。在忽略反向饱和电流的条件下，三极管中 3 个电流的关系为

$$I_E = I_C + I_B$$

共发射极直流电流放大系数（$\bar{\beta}$）和共基极直流电流放大系数（$\bar{\alpha}$）可用下式计算

$$\bar{\beta} = \frac{I_C}{I_B}$$

$$\bar{\alpha} = \frac{I_C}{I_E}$$

三极管中的电流分配关系的典型数据如表 5-1 所示。

表 5-1　三极管中电流分配关系

I_B/mA	−0.001	0	0.01	0.02	0.03	0.04	0.05
I_C/mA	0.001	0.01	0.56	1.14	1.74	2.23	2.91
I_E/mA	0.000	0.01	0.57	1.16	1.77	2.37	2.96

从表 5-1 可得出：$I_E = I_B + I_C$，$I_B < I_C < I_E$，$I_C \approx I_E$；当 I_B 有一个微小的变化时，相应的集电极将发生较大的变化。如 I_B 从 0.02mA 变为 0.04mA（$\Delta I_B = 0.02$mA），相应地 I_C 由 1.14mA 变为 2.33mA（$\Delta I_C = 1.19$mA），说明三极管具有电流放大作用。

通常将集电极电流与基极电流的变化量之比，定义为三极管的共发射极交流电流放大系数，用 β 表示

$$\beta = \frac{\Delta I_C}{\Delta I_B}$$

相应地，将集电极电流与发射极电流的变化量之比，定义为共基极交流放大系数，用 α 表示

$$\alpha = \frac{\Delta I_C}{\Delta I_E}$$

电流放大系数有直流和交流之分，直流电流放大系数的定义为某一时刻两个电流之比。

（3）三极管的特性曲线和主要参数

① 输入特性曲线　当三极管接成共发射极状态时，以 U_{CE} 为参变量，表示输入电流 I_B 和输入电压 U_{BE} 之间关系的曲线，称为三极管的输入特性，可表示为

$$I_C = f(U_{CE}) \mid I_B = 常数$$

如图 5-9 所示，当 $U_{CE} = 0$ 时，从三极管的输入回路看，基极和发射极之间相当于两个 PN 结（发射结和集电结）并联，所以当 B、E 之间加上正向电压时，三极管的输入特性应为两个二极管并联后的正向伏安特性。

当 $U_{CE} > 0$ 时，这个电压的极性将有利于发射区扩散到基区的电子收集到集电极。如果当 $U_{CE} > U_{BE}$ 时，则三极管处于放大状态，所以与 $U_{CE} = 0$ 相比，在同样的 U_{BE} 之下，基极电流 I_B 将大大减小，结果输入特性将右移。当 U_{CE} 继续增大时，曲线重叠在一起。

② 输出特性曲线　以 I_B 为参变量，表示输出电流 I_C 和输出电压 U_{CE} 之间关系的曲线，

称为三极管的输出特性，如图 5-10 所示。

$$I_C = f(U_{CE}) \,|\, I_B = 常数$$

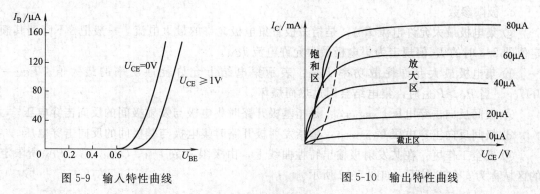

图 5-9　输入特性曲线　　　　　　　　　图 5-10　输出特性曲线

a. 截止区　一般将输出特性曲线 $I_B \leqslant 0$ 以下的区域，称为截止区。

特点是：$I_B = 0$，$I_C \approx 0$，$U_{CE} = V_{CC}$。对于硅管，当 $U_{BE} < 0.5V$ 时，已开始截止，但为了截止可靠，常使 $U_{BE} < 0V$ 即发射结零偏或反偏。截止时，集电结也反向偏置 $U_{BC} < 0$。即发射结、集电结均处于反向偏置状态。

b. 放大区　输出特性曲线近似水平的部分是放大器。

特点是：发射结正向偏置 $U_{BE} > 0$，集电结反向偏置 $U_{BC} < 0$，I_C 大小受 I_B 控制，且 $\Delta I_C \gg \Delta I_B$，$\Delta I_C = \beta \Delta I_B$，表明了三极管的电流放大作用；各条曲线近似水平，$I_C$ 与 U_{CE} 的变化基本无关，是近似的恒流特性。表明三极管相当于一受控恒电流源，具有较大的动态电阻。

由于在放大区特性曲线平坦，间隔均匀，ΔI_C 与 ΔI_B 成正比，所以放大区也称为线性区。这时 $U_{BE} = 0.6 \sim 0.7V$（NPN 管），$U_{CE} = V_{CC} - I_C R_C$。

c. 饱和区　输出特性曲线的直线上升和弯曲线部分是饱和区。

其特点：I_C 不受 I_B 控制，失去放大作用，发射结正向偏置 $U_{BE} > 0$，集电极正向偏置 $U_{BC} > 0$。临界饱和时 $U_{CE} = U_{BE}$，过饱和时，$U_{CE} < U_{BE}$。

模拟电路中，三极管主要工作在放大状态。数字电路中，三极管主要工作在截止和饱和状态。3 种工作状态如表 5-2 所示。

表 5-2　三极管的 3 种工作状态（硅 NPN 管）

项　目	截 止 状 态	放 大 状 态	饱 和 状 态
偏置	发射结零偏或反偏 集电结反偏	发射结正偏 集电结反偏	发射结正偏 集电结反偏
特点	$U_{BE} > 0$ $U_{CE} = V_{CC}$ $I_C = I_{CEO} \approx 0$ $I_B = 0$	$U_{BE} = 0.5 \sim 0.7V$ $U_{CE} = V_{CC} - I_C R_C$ $I_C = \beta I_B$ $I_B = I_C / \beta$	$U_{BE} = 0.7 \sim 0.8V$ $U_{CE} = 0.3V \leqslant U_{BE}$ $I_C = I_{CS} \approx V_{CC}/R_C$ $I_B = I_C/\beta$

③ 三极管的主要参数

a. 电流放大系数　交流状态共发射极电流放大系数定义为集电极电流与基极电流的变化量之比。直流状态共发射极电流放大系数定义为某一时刻集电极电流与基极电流之比。

b. 极间反向电流（图 5-11）

ⓐ 集电极和基极之间的反向饱和电流 I_{CBO}：表示当发射极 E 开路时，集电极 C 和基极 B 之间的反向电流。该值越小越好，越小受温度影响越小，管子工作越稳定。

　　ⓑ 集电极和基极之间的穿透电流 I_{CEO}：表示当基极 B 开路时，集电极 C 和发射极 E 之间的电流。$I_{CEO}=(1+\beta)I_{CBO}$。该值越小越好，越小受温度影响越小，管子工作越稳定。

　　c. 极限参数

　　ⓐ 集电极最大允许电流 I_{CM}：是指三极管集电极允许的最大电流。一般把 β 下降到其额定值的 2/3 时的 I_C 值规定为集电极最大允许电流 I_{CM}。

　　ⓑ 集电极最大允许耗散功率 P_{CM}：表示集电结上允许耗散功率的最大值。$P_{CM}=I_CU_{CE}$。当 $P_C>P_{CM}$ 时，集电结会因过热而烧坏。

　　ⓒ 极间反向击穿电压 $U_{(BR)CEO}$：是指基极开路时集电极与发射极间的反向击穿电压。

　　ⓓ 极间反向击穿电压 $U_{(BR)CBO}$：是指发射极开路时集电极与基极间的反向击穿电压。

　　ⓔ 安全工作区：在共发射极输出特性曲线上，由极限参数 I_{CM}、$U_{(BR)CEO}$、P_{CM} 所限定的区域称为安全工作区，如图 5-12 所示。

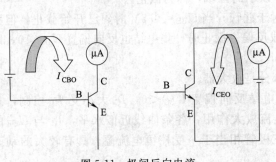
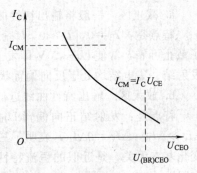

图 5-11　极间反向电流　　　　　　　　　图 5-12　安全工作区

5.2　晶体管整流电路

5.2.1　单相半波整流电路

　　单相半波整流电路由电源 e_1、变压器 T、整流元件 V 和负载电阻 R_L 组成，如图 5-13 所示。

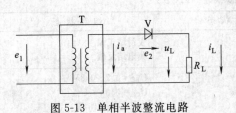

图 5-13　单相半波整流电路

电源 $e_1=\sqrt{2}E_1\sin\omega t$ 是一个按正弦规律变化的电压，其中 e_1 是电源电压的有效值；$\sqrt{2}E_1$ 是电源电压的最大值；$\sin\omega t$ 是按正弦规律变化的符号。变压器将交流电压 e_1 变换成负载电阻 R_L 所要求的电压数值。整流元件 V 将交流电压 e_2 变换成单项的脉动电压 u_L。负载电阻 R_L 相当于需要用直流电源的电气设备。变压器次级电压 e_2 规律与初级电压 e_1 是一致的，在数值上根据负载电阻 R_L 的需要确定。

　　从图 5-14 可以看出，$e_2=\sqrt{2}E_2\sin\omega t$ 是一个按正弦规律变化的电压，其电路工作原理如下。

　　① 在 $0\sim\pi$ 时间内，变压器的次级电压使整流二极管 V 加正向电压，则 V 导通，负载电压 u_L 与电源电压 e_2 几乎一样，负载电流 i_L 的大小由负载电阻决定。

② 在 $\pi \sim 2\pi$ 时间内，整流二极管 V 加反向电压，则 V 不导通，因此负载电阻上没有电压 $u_L = 0$，电源电压 e_2 全部加在整流二极管 V 上。

③ 在 $2\pi \sim 3\pi$ 时间内与在 $0 \sim \pi$ 时间内相同，而在 $3\pi \sim 4\pi$ 时间内与在 $\pi \sim 2\pi$ 时间内相同，这样重复地工作下去，在负载电阻上就可以得到单方向的半波电压，实现了将交流电压转换成直流电压的目的。

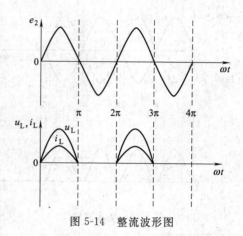

图 5-14　整流波形图

从图 5-14 可以看出加在负载电阻 R_L 上的电压只有电源电压 e_2 的半个波，在单向流动的半波电流中就有直流成分，此直流电压的数值即为半波电压在整个周期内的平均值，用 U_L 表示，即

$$U_L = \frac{\sqrt{2}}{\pi} E_2 = 0.45 E_2 \tag{5-1}$$

式中　U_L——负载电阻电压，V；

　　　E_2——电源（变压器的次级）电压有效值，V；

　　0.45——整流效率系数。

在实际工作中，往往根据负载电阻电压 U_L 的大小来计算变压器的次级电压 E_2，得

$$E_2 = \frac{1}{0.45} U_L = 2.22 U_L \tag{5-2}$$

流过负载电阻的直流电流为

$$I_L = \frac{U_L}{R_L} = 0.45 \frac{E_2}{R_L} \tag{5-3}$$

流过整流元件 V 的平均电流 I_a 与流过负载电阻的直流电流 I_L 相等。整流元件 V 承受的最大反向电压 U_{am} 就是 e_2 的最大，即

$$U_{am} = \sqrt{2} E_2 \tag{5-4}$$

可以根据 I_a 和 I_L 选择整流元件 V。

5.2.2　单相全波整流电路

单相全波整流电路是由两个单相全波整流电路合起来组成的，如图 5-15 所示。在变压器次级引出大小相等但方向相反的两个电压 e_{21} 和 e_{22}，其 $e_{21} = -e_{22} = \sqrt{2} E_2 \sin\omega t$ 是按正弦规律变化的电压，其电路工作原理如下。

① 在 $0 \sim \pi$ 时间内，e_{21} 为上正下负，使整流二极管 V_1 加正向电压，则 V_1 导通，经负载电阻回到变压器的中心抽头而构成回路。e_{22} 为上负下正，使整流二极管 V_2 加反向电压，则 V_2 不导通。负载电压 u_L 与电源电压 e_{21} 几乎一样，负载电流 i_L 的大小由负载电阻决定，其波形如图 5-16 所示。

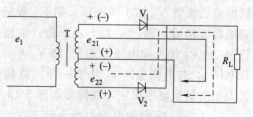

图 5-15　单相全波整流电路

② 在 $\pi \sim 2\pi$ 时间内，e_{21} 为上负下正，使整流二极管 V_1 加反向电压，则 V_1 不导通。e_{22} 为上正下负，使整流二极管 V_2 加正向电压，则 V_2 导通，经负载电阻回到变压器的中心抽头而构成回路。负载电压 u_L 与电源电压 e_{22} 几乎一样，负载电流 i_L 的大小由负载电阻决定，

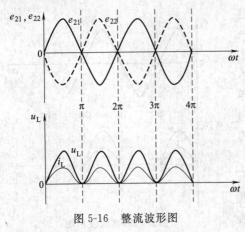

图 5-16　整流波形图

其波形如图 5-16 所示。

③ 在 $2\pi \sim 3\pi$ 时间内与在 $0 \sim \pi$ 时间内相同，而在 $3\pi \sim 4\pi$ 时间内与在 $\pi \sim 2\pi$ 时间内相同，这样重复地工作下去，在负载电阻上就可以得到单方向的全波电压，实现了将交流电压转换成直流电压的目的。

由此可见，由两个整流元件构成的全波整流电路，两个整流元件轮流导电，从而使负载电阻上得到了单方向的流动电流。其负载电阻上的电压比半波整流电路大一倍，即

$$U_L = 0.9 E_2 \tag{5-5}$$

所以负载电流为

$$I_L = \frac{U_L}{R_L} = 0.9 \frac{E_2}{R_L} \tag{5-6}$$

全波整流电路，两个整流元件轮流导电，流过每个整流元件的平均电流只是负载电流的一半，即

$$I_a = \frac{1}{2} I_L = 0.45 \frac{E_2}{R_L} \tag{5-7}$$

在 $0 \sim \pi$ 时间内，e_{21} 为正，整流二极管 V_1 导通，V_1 上的压降很小，相当于短路，从电路中可以看出，e_{21} 和 e_{22} 的电压全部加在整流二极管 V_2 的两端，说明整流二极管 V_2 承受 $2\sqrt{2}E_2$ 的反向电压。同样在 $\pi \sim 2\pi$ 时间内，e_{22} 为正，整流二极管 V_2 导通，V_2 上的压降很小，相当于短路，从电路中可以看出，e_{21} 和 e_{22} 的电压全部加在整流二极管 V_1 的两端，说明整流二极管 V_1 承受 $2\sqrt{2}E_2$ 的反向电压。可见全波整流电路，两个整流元件所承受的最大反向电压是变压器次级电压最大值的 2 倍，即

$$U_{am} = 2\sqrt{2}E_2 \tag{5-8}$$

5.2.3　单相桥式整流电路

由 4 个整流二极管接成一个电桥式的电路，称为桥式整流电路，如图 5-17 所示。

① 工作原理分析

a. 在 $0 \sim \pi$ 时间内，e_2 为上正下负，使整流二极管 V_1 加正向电压，则 V_1 导通，经负载电阻到整流二极管 V_3 加正向电压，则 V_3 导通，回到变压器而构成回路。e_2 为上正下负，使整流二极管 V_2 和 V_4 加反向电压，则 V_2 和 V_4 不导通。负载电压 u_L 与电源电压 e_2 几乎一样，负载电流 i_L 的大小由负载电阻决定，其波形如图 5-18 所示。

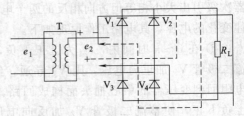

图 5-17　单相桥式整流电路

b. 在 $\pi \sim 2\pi$ 时间内，e_2 为上负下正，使整流二极管 V_2 加正向电压，则 V_2 导通，经负载电阻到整流二极管 V_4 加正向电压，则 V_4 导通，回到变压器而构成回路。e_2 为上负下正，使整流二极管 V_1 和 V_3 加反向电压，则 V_1 和 V_3 不导通。负载电压 u_L 与电源电压 e_2 几乎一样，负载电流 i_L 的大小由负载电阻决定，其波形如图 5-18 所示。

c. 在 $2\pi \sim 3\pi$ 时间内与在 $0 \sim \pi$ 时间内相同，而在 $3\pi \sim 4\pi$ 时间内与在 $\pi \sim 2\pi$ 时间内相

同，这样重复地工作下去，在负载电阻上就可以得到单方向的全波电压，实现了将交流电压转换成直流电压的目的。

② 负载上直流电压和电流的计算与全波整流电路相同。

③ 通过整流元件的平均电流与全波整流电路相同。

④ 整流元件所承受的反向电压最大值与全波整流电路不同，在 $0 \sim \pi$ 时间内，e_2 为上正下负，整流二极管 V_1、V_3 导通，V_1、V_3 上的压降很小，相当于短路，从电路中可以看出，e_2 的电压全部加在整流二极管 V_2、V_4 的两端，说明整流二极管

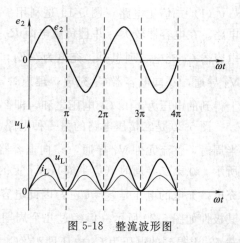

图 5-18　整流波形图

V_2、V_4 承受 $2\sqrt{2}E_2$ 的反向电压，所以每一整流二极管的反向电压为 $\sqrt{2}E_2$。在 $\pi \sim 2\pi$ 时间内，e_2 为上负下正，整流二极管 V_2、V_4 导通，V_2、V_4 上的压降很小，相当于短路，从电路中可以看出，e_2 的电压全部加在整流二极管 V_1、V_3 的两端，说明整流二极管 V_1、V_3 承受 $2\sqrt{2}E_2$ 的反向电压，所以每一整流二极管的反向电压为 $\sqrt{2}E_2$。即

$$U_{am} = \sqrt{2}E_2 \tag{5-9}$$

桥式整流电路与全波整流电路相比，变压器次级线圈无中心抽头，利用率高，这样变压器体积可以小些，但是整流元件的数量比全波整流电路多一倍，而且整流元件的反向电压最大值比全波整流电路降低一半。

以上 3 种整流方式的平均负载电压 U_L、电流 I_L、脉动系数 S（即输出电压的基波最大值与平均值之比）、纹波系数 I_L（即负载上交流分量总有效值与负载上的直流分量之比）、整流元件承受的最大反向电压 U_{am}、整流元件的平均电流 I_a 等输出特性的比较如表 5-3 所示。

表 5-3　3 种整流方式输出特性表

参数 \ 电路方式	半波整流	全波整流	桥式整流
U_L	$0.45E_2$	$0.9E_2$	$0.9E_2$
I_L	$0.45\dfrac{E_2}{R_L}$	$0.9\dfrac{E_2}{R_L}$	$0.9\dfrac{E_2}{R_L}$
U_{am}	$\sqrt{2}E_2$	$2\sqrt{2}E_2$	$\sqrt{2}E_2$
I_a	$0.45\dfrac{E_2}{R_L}$	$0.45\dfrac{E_2}{R_L}$	$0.45\dfrac{E_2}{R_L}$
S	157%	67%	67%
r	1.21	0.48	0.48
应用场所	小功率，要求稳定度低时	输出电流较大，稳定性要求高时	输出电流较大，稳定性要求高时

5.2.4　倍压整流电路

倍压整流通常用在直流高电压、小电流的情况下，其电路由二极管和电容组成。实现倍压整流的途径是利用二极管的整流和导通作用，将较低的直流电压分别存在多个电容上，然后将它们按照相同的极性串联起来，因电容充放电，从而得到较高的直流电压输出而实现倍压的目的。电路的种类很多，可以按电压输出是输入电压的倍数分成二倍压电路、三倍压电路和多倍压电路。

（1）二倍压电路　图 5-19 是利用一组线圈和两个整流元件及两个电容器组成的二倍压电路。在电容器较大，并且负载电阻 R_L 很大时，当 e_2 正半周时，整流元件 V_1 导通，e_2 向电容器 C_1 充电，理想时，充电为 $\sqrt{2}E_2$，其极性如图 5-19 所示。当 e_2 负半周时，整流元件 V_2 导通，e_2 向电容器 C_2 充电，理想时，充电为 $\sqrt{2}E_2$，其极性如图 5-19 所示。可见负载 R_L 上得到的电压为 C_1、C_2 电压之和，即 $2\sqrt{2}E_2$ 的电压，实现了二倍压的目的。

图 5-20 是二倍压电路的另一种电路。如果整流电路的负载电阻 R_L 比较大时，当 e_2 正半周时，整流元件 V_1 导通，e_2 向电容器 C_1 充电，理想时，充电为 $\sqrt{2}E_2$，其极性如图 5-20 所示。在第二半周时（负半周），C_1 上的电压 U_{C1} 与 e_2 相加，经过整流元件 V_2 向电容器 C_2 充电，充电的电压是 e_2+U_{C1}，因此电容器 C_2 充到的最大电压接近于 $\sqrt{2}E_2+\sqrt{2}E_2=2\sqrt{2}E_2$，其极性如图 5-20 所示。但经过几个周期以后 C_2 上的电压渐渐稳定在 $2\sqrt{2}E_2$ 左右，可见负载 R_L 上得到的电压为 C_2 电压即 $2\sqrt{2}E_2$ 的电压，这是二倍压整流的原理。

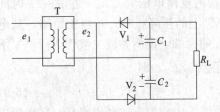

图 5-19　用得最多的二倍压电路

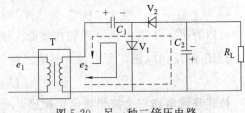

图 5-20　另一种二倍压电路

这种电路，每个整流元件所承受的反向电压是 $2\sqrt{2}E_2$，应按该数据选择整流元件。

（2）三倍压电路　图 5-21 是三倍压电路。当第一半周整流元件 V_1 导通，e_2 向电容器 C_1 充电，理想时，充电为 $\sqrt{2}E_2$，其极性如图 5-21 所示。在第二半周时（负半周），C_1 上的电压 U_{C1} 与 e_2 相加，经过整流元件 V_2 向电容器 C_2 充电，充电的电压是 e_2+U_{C1}，因此电容器 C_2 充到的最大电压接近于 $\sqrt{2}E_2+\sqrt{2}E_2=2\sqrt{2}E_2$，其极性如图 5-21 所示。在第三半周时，$C_2$ 上的电压 U_{C2} 与 e_2 相加，经过整流元件 V_3 向电容器 C_3 充电，充电的电压是 e_2+U_{C2}，因此电容器 C_3 充到的最大电压接近于 $\sqrt{2}E_2+2\sqrt{2}E_2=3\sqrt{2}E_2$，其极性如图 5-21 所示。但经过几个周期以后 C_3 上的电压渐渐稳定在 $3\sqrt{2}E_2$ 左右，可见负载 R_L 上得到的电压为 C_3 电压，即 $3\sqrt{2}E_2$ 的电压，这是三倍压整流的原理。

这种电路，每个整流元件所承受的反向电压是 $2\sqrt{2}E_2$，应按该数据选择整流元件。电容器 C_1、C_2、C_3 上所承受的电压是 $\sqrt{2}E_2$、$2\sqrt{2}E_2$、$3\sqrt{2}E_2$。

（3）多倍压电路　根据图 5-21 三倍压电路的相同的道理，可以做成 n 倍压电路，在理论上 C_n 两端的电压是 $n\sqrt{2}E_2$，这样当 n 很多时，其电容上所承受的电压就越高，选择电容就非常困难，因此图 5-21 的倍压电路方式是不可取的。多倍压电路一般采用图 5-22 的倍压电路方式。

这种电路的特点是：

① 每个整流元件所承受的电压都是 $2\sqrt{2}E_2$，便于选择整流元件；

② 每个电容器所承受的电压都是 $2\sqrt{2}E_2$，便于选择电容器；

③ 负载上的电压为 $U_L=n\sqrt{2}E_2$。

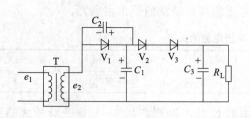

图 5-21　三倍压电路

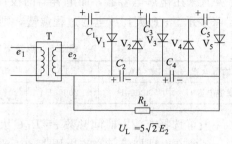

$U_L = 5\sqrt{2}E_2$

图 5-22　多倍压电路

5.2.5　滤波电路

整流电路可以使交流电转换成直流电，但是经整流出来的电压还不是平稳的直流电，在某些电子仪器仪表中是无法使用的。为了达到输出平稳的直流电，就必须在整流电路之后加滤波电路，使脉动的直流电变换成平稳的直流电。为了达到该目的，希望在电路中直流分量能够顺利通过，而交流分量不容易通过，因此利用电感的直流电阻很小，交流阻抗很大；直流不能通过电容器，而交流能通过电容器的原理，并把它们适当地组合起来，就是滤波器。常用的滤波器有电容滤波器、电感滤波器、RC-π 型滤波器、L 型滤波器、LC-π 型滤波器。

（1）电容滤波器　电容是滤波器的最基本元件，在一般的整流电路后面，如图 5-23所示。

电容器 C 接在整流电路后面，由于整流后的电压对电容器进行充电，使输出到负载电阻 R_L 上电压的波形就与没有加电容器 C 时所得到的电压波形大不一样了，如图 5-24 所示。

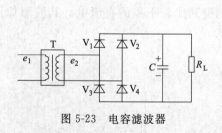

图 5-23　电容滤波器

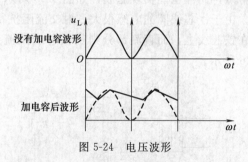

图 5-24　电压波形

从波形图可以看出电容滤波器的作用了。电容滤波是通过其充放电特性来实现的。当 R_L 很大时，输出直流电压接近 $\sqrt{2}E_2$，因为充好了电以后刚放掉一点，下次充电又来了，如此继续下去，在输出端就得到比较平稳的直流电了。其与变压器次级电压的关系如表 5-4所示。

表 5-4　输出电压与输入电压的关系

整流电路	输入电压(有效值)	负载开路电压	带负载输出电压	整流反向峰值电压
半波	E_2		E_2	$2\sqrt{2}E_2$
全波	$E_2 + E_2$	$\sqrt{2}E_2$	$1.2E_2$	
桥式	E_2		$1.2E_2$	$\sqrt{2}E_2$

带负载时输出电压随着整流电路内阻、负载电阻 R_L 以及滤波电容 C 大小不同而变化，整流电路内阻愈小、负载电阻 R_L 愈大及滤波电容 C 愈大，则输出电压的直流分量愈大，反之愈小。滤波电容 C 与输出电流的关系如表 5-5 所示。其滤波电容 C 的耐压应大于输出电

压,并且采用电解电容器,而电容器的极性不可接反。其电路的充放电时间常数通常用 $\tau=R_LC$ 来表示。τ 愈大,放电的过程愈慢,则输出电压愈高,滤波的效果也愈好。

表 5-5 滤波电容 C 与输出电流的关系

输出电流	2A	1A	0.5~1A	0.5~1A	≤100mA	≤50mA
滤波电容 C	4000μF	2000μF	1000μF	500μF	200~500μF	200μF

一般可选择充放电时间常数 $\tau=R_LC$ 大小为电容 C 的充电周期的 3～5 倍。对桥式整流来说,C 的充电周期等于交流电周期的一半,即

$$R_LC=(3\sim5)\frac{T}{2} \tag{5-10}$$

式中　T——交流电周期;

　　R_L——负载电阻;

　　C——电容器。

按式（5-10）可以求出 C 值为

$$C=\frac{(3\sim5)\dfrac{T}{2}}{R_L} \tag{5-11}$$

（2）电感滤波器　在电容滤波器中是利用电容有通高频阻低频的特性而将其接入电路中实现滤波,而电感有通低频阻高频的作用,如果将其串接入电路中,利用它能阻止电流变化的特点,同样也能实现滤波,如图 5-25 所示。

由于铁芯线圈的电感很大,对交流阻抗很大,而对直流阻抗很小,这时交流成分大部分降在铁芯线上,而直流部分则从铁芯线圈流到负载上得到比较平稳的直流电。其波形如图5-26 所示。

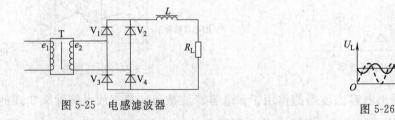

图 5-25　电感滤波器　　　　图 5-26　波形图

电感大,输出电压波动就小,滤波效果好。但电感大了,增加线圈的匝数,导致直流电阻也增加,从而引起直流能量损失。

电感滤波电路当负载电阻 R_L 变动时,输出电压变动较小,这种情况叫做外特性平值情况较好,比电容滤波电路的外特性平值情况（当负载电阻 R_L 变动时,输出电压也改变,这种情况叫做外特性平值情况较差）好,但是电感滤波电路体积大,而且笨重,成本高,一般用在负载电流比较大的场合。

（3）L 型滤波器　L 型滤波器由一只电容和一只电感组成,如图 5-27 所示。

它比单个的 L、C 滤波器的效果更好,但在 L 型滤波电路中,如果电感 L 太小或负载电阻 R_L 太大,都将呈现电容滤波器的特性,反之,则将呈现电感滤波器的特性。为了保证整流管的导电角仍为 180°,在选择元件时,其参数要配合恰当,一般近似条件为

$$R_L=3\omega L \tag{5-12}$$

式中　ω——交流电网的角频率。

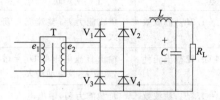

图 5-27　L 型滤波器

L 型滤波电路能抑制整流管的冲击电流，非常适用于老式的充气管整流电路，也适用于晶闸管整流电路，且对负载的适应性比较强。但如果与电容滤波器相比，其输出平均电压较低，但体积和重量都相应大大增加。

（4）RC-π 型滤波器　RC-π 型滤波器是电容输入式滤波，由两只电容和一只电阻组成，如图 5-28 所示。它们的输出平均电压比 L 型滤波电路要大，但它前面的整流管的反向耐压值必须大于 $2\sqrt{2}E_2$，而且还会出现浪涌电流。RC-π 型滤波器在电子管电源中得到广泛应用。

由于滤波器的效果，而且电压和功率损耗较大等不足，其 RC 部分用三极管代替，即组成有源滤波器，如图 5-29 所示。

滤波元件 R、C_2 接在 V_1 的 b、c 极回路，而负载电阻接在 V_1 的 b、e 极回路。流过 R 的电流显然比 R_L 电流减小了（$1+\beta$）倍，因该电路为射极跟随器，所以 R_L 两端电压几乎与电容 C_2 两端电压相等。如果 R、C_2 选择适当，则 C_2 两端脉动电压减小，输出电压的脉动成分也减小。

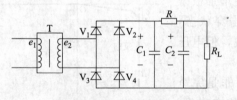

图 5-28　RC-π 型滤波器

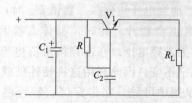

图 5-29　有源滤波器

（5）LC-π 型滤波器　LC-π 型滤波器是在 L 型滤波电路前面加上一个并联电容，如图 5-30 所示。

在 L 型滤波电路前面加上一个并联电容后，该电路就变成了电容输入式的滤波器，其输出端的电压则比 L 型滤波电路高，但是整流管的冲击电流增大，反向耐压要求增高。这种滤波电路在电子管电路中广泛用到，为了提高效果，只能采用多级串联的方法。

上面讨论了 5 种滤波电路，每个电路都具有不同的特点，归纳如表 5-6 所示。

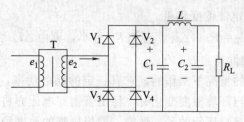

图 5-30　LC-π 型滤波器

表 5-6　各种滤波电路的特点

滤波形式	优　点	缺　点	使用场合
电容滤波	输出直流电压高 $U_L = 1.2E_2$；滤波效果好	负载能力差；整流元件所受冲击电流大	负载电流要求小
电感滤波	负载能力好，适应性强；无整流元件所受冲击电流	输出直流电压低 $U_L = 0.9E_2$；体积大，重量大，反电动势大	负载电流要求大
RC-π	输出直流电压高 $U_L = 1.2E_2$；滤波效果好	负载能力弱，输出电流小；整流元件所受冲击电流大	负载电流要求较小
L 型	负载能力强，滤波效果好；整流元件所受冲击电流小	输出直流电压低 $U_L = 0.9E_2$；体积大，重量大，反电动势大	适应性强
LC-π	输出直流电压高 $U_L = 1.2E_2$；滤波效果好；整流元件所受冲击电流小	负载能力弱，输出电流小；整流元件所受冲击电流大	负载电流要求较小

5.3　直流稳压电路

5.3.1　硅稳压管稳压电路

（1）硅稳压管的特性　硅稳压管实际上就是硅晶体二极管，它的伏安特性如图 5-31 所示。

从图中可以看出，其正向部分和一般晶体二极管没有什么区别，但反向部分就不同了，当加于二极管的反向电压从零值开始上升时，起初电流极小，基本上不导电，然而当电压达到某一数值 U_Z 时，电压即使增加极微小电流也会猛升。此时，晶体二极管就进入击穿状态，U_Z 称为击穿电压。在击穿区反向电流增加很快，但电压 U_Z 几乎不变，因此利用这一特性做成稳压管。

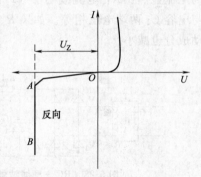

图 5-31　硅稳压管伏安特性

从图中可见，在击穿区，特性曲线 AB 并非是完全垂直于电压轴的直线，因此通过稳压管的电流如有变化，它的端电压 U_Z 也会引起微小的变化。很明显，线段 AB 愈垂直，则同样的电流变化，稳压管的端电压变化愈小，即稳压管的稳压性能愈好。一般用稳压管的动态电阻 R_Z 来表示稳压管的稳压性能，即

$$R_Z = \frac{\Delta U_Z}{\Delta I_Z} \tag{5-13}$$

式中　R_Z——稳压管的动态电阻；

　　ΔU_Z——稳压管两端电压的变化量；

　　ΔI_Z——稳压管两端电流的变化量。

从式（5-13）可得 $\Delta U_Z = R_Z \times \Delta I_Z$，可知 R_Z 愈小，则由 ΔI_Z 引起的 U_Z 变化 ΔU_Z 愈小。因此，R_Z 愈小，稳压管的性能愈好。

稳压管是在反向击穿的情况下工作的，它有一定的耗散功率，因此，PN 结的温度也有一定程度的升高。另外，当环境温度变化时，稳压管击穿电压亦将产生变化，它们都会引起输出电压的不稳定。这就是稳压管的另一性能，即稳压管的温度稳定性。为了提高稳压管的

温度稳定性,在稳压管中反向串联一只二极管而组成具有温度补偿的稳压管,例如 2DW7 系列稳压管,其参数如表 5-7 所示。

表 5-7　具有温度补偿的稳压管的参数

型　　号	U_Z/V	I_{Zmin}/mA	$I_Z=10mA$ R_Z/Ω	$25\sim25℃$ %/℃	耗散功率 /mW
2DW7A	5.8~6.6	10	≤25	0.005	200
2DW7B	5.8~6.6	10	≤15	0.005	200
2DW7C	6.1~6.5	10	≤10	0.0005	200

（2）稳压电路工作原理　图 5-32 是最简单的稳压电路,图中的 R 为串联电阻,R_L 为负载电阻。

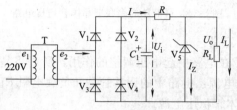

图 5-32　稳压电路

由整流滤波电路输出的直流电压 U_i 加到稳压电路的输入端,因此将 U_i 叫做稳压电路的输入电压。稳压后的输出电压 U_o 从稳压管两端取出,输出电压 $U_o=U_i-IR$,并等于稳压管的击穿电压 U_Z。

这个电路的稳压原理是,当输入电压 U_i 升高引起输出电压 U_o 变大时,由稳压管的特性曲线可知,U_o（U_Z）的增加将使稳压管 V_5 的工作电流 I_Z 增加,于是通过串联电阻的电流 I 也将增加,即 R 上的电压降要增加,从而保持了 U_o 的稳定。反之,当输入电压 U_i 减小引起输出电压 U_o 变小时,U_o（U_Z）的减小将使稳压管 V_5 的工作电流 I_Z 减小,于是通过串联电阻的电流 I 也将减小,即 R 上的电压降要减小,从而保持了 U_o 的稳定。

同样,当负载电流 I_L 改变时,比如 I_L 增加,U_o 有减小的趋势,但 U_o 减小使 I_Z 减小,这样 I_L 增加由稳压管的电流来补偿,使得通过 R 上的电流 I 基本保持不变,因此保持输出电压基本不变。因此可见,在这种稳压电路中,稳压管起着电流的控制作用,使输出电压的很小变化产生 I_Z 较大的变化,并通过串联电阻 R 调压的作用达到稳压的目的。

5.3.2　串联型晶体管稳压电路

（1）串联型晶体管稳压电路基本原理　从图 5-33 的输出电压调整电路可看出,当输入电压 U_i 增加时,可以增加可变电阻 R_W 的阻值,即增加电阻 R_W 两端的电压降,使输入电压 U_i 增加量全部降在电阻 R_W 两端,从而可维持输出电压 U_o 不变;当输入电压 U_i 不变而负载电流 I_L 增加时,由于流过电阻 R_W 电流增加,可以减小可变电阻 R_W 的阻值,使电阻 R_W 两端的电压不变,从而可维持输出电压 U_o 不变。可知,当输入电压变化时,可以调整串联电阻 R_W 的大小,以保证输出电压基本不变,这就是串联型晶体管稳压电路基本原理。

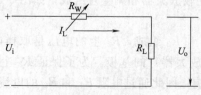

图 5-33　输出电压调整电路

　　现在需要解决的问题是使电阻 R_W 的大小根据电压 U_i 或负载电流 I_L 的变化自动调整，其最适用的办法是用三极管代替串联电阻 R_W，利用负反馈的原理，以输出电压 U_o 的变化量去控制三极管的集电极和发射极之间的电阻，或者说去控制三极管的集电极-发射极电压 U_{ce}（即管压降），这样就组成了最简单的串联型晶体管稳压电路，如图 5-34 所示。

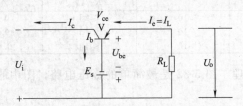

图 5-34　最简单的串联型晶体管稳压电路

从图 5-34 可得出下列定义。

① 调整管：晶体管 V 在电路中起电压调整的作用，所以将晶体管 V 叫调整管。

② 串联型晶体管稳压电源：电路中的调整管是和负载电阻 R_L 相串联的，所以将该组成的稳压电源叫做串联型晶体管稳压电源。

③ 基准电压：电池 E_s 供给晶体管 V 一个固定不变的电位，将这电压叫做基准电压。

（2）串联型晶体管稳压电路的稳压过程分析　从图 5-34 可见，输出电压 $U_o = U_i - U_{ce}$。稳压电路的稳压过程如下。

① 当负载不变（R_L 固定不变），输入电压 U_i 变化时的稳压过程是：如输入电压 U_i 增加，输出电压 U_o 有增加的趋势，由于 V 的基极电位固定不变（等于基准电压 E_s），故 U_o 的增加将使 V 的基极-发射极的正向电压减小（即 $|-U_{be}|$ 减小），从而使它的基极电流 I_b 减小，于是调整管 V 的集电极-发射极电阻增加，管压降 U_{ce} 增大，使 U_o 基本上保持不变。稳压过程表示如下：

$$U_i \uparrow \rightarrow U_o \uparrow \rightarrow |-U_{be}| \downarrow \rightarrow I_b \downarrow \rightarrow U_{ce} \uparrow$$
$$U_o \downarrow \leftarrow$$

② 当输入电压 U_i 不变，而负载电流变化时的稳压过程是：如负载电流 I_L 增加而造成输出电压 U_o 下降的趋势，则电路将产生下列调整过程：

$$I_L \uparrow \rightarrow U_{ce} \uparrow \rightarrow U_o \downarrow \rightarrow |-U_{be}| \uparrow \rightarrow I_b \uparrow U_{ce} \downarrow$$
$$U_0 \uparrow \leftarrow$$

调整的结果使调整管的管压降基本保持不变，从而使 U_o 基本上保持不变。

从上述简单稳压电路的讨论可知，调整管 V 所以能起调压作用，关键在于用输出电压的变动量返回去控制调整管的基极电流。把输出电压的变动量应用直流放大器先加以放大，然后再去控制电压调整管。

（3）带有直流放大器的串联型晶体管稳压电路　带有直流放大器的串联型晶体管稳压电路由取样电路、基准电压、比较放大器和调整管组成，如图 5-35 所示。

① 电路结构分析

a. 取样电路：由电阻 R_1 和 R_2 组成，R_2 上的电压是取样电压，这个电压是 U_o 电压变化的一部分，加到 V_1（直流放大器）的基极。为了保证 R_2 上的电压只反映 U_o 电压变化，而不受 V_2 基极电流 I_{b2} 的影响，因此通过电阻 R_1 和 R_2 的电流 I_1 应 $\gg I_{b2}$。

b. 基准电压电路：由电阻 R_3 和 V_3 稳压管组成，用来提供基准电压 U_Z。

c. 比较放大器电路：由电阻 R_4 和 V_2 晶体管组成，R_4 是集电极电阻。

d. 调整管电路：由 V_1 晶体三极管组成。

② 稳压过程分析　当负载不变，输入电压 U_i 变化时，如 U_i 增加，则由于负载电流 I_L 有增加的趋势而使 U_o 增加，取样电压应增加，即 V_2 晶体三极管的基极电位（对地）U_{b2} 下降，因为基准电压 U_Z 使 V_2 晶体三极管的发射极电位保持不变，故 V_2 晶体三极管的基极-发射极的正向电压增加

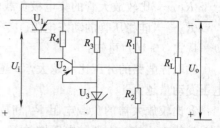

图 5-35　带有直流放大器的串联型晶体管稳压电路

（$|-U_{be2}|\uparrow$），经 V_2 放大使 V_2 晶体三极管的集电极电位 U_{e2} 升高，即调整管 V_1 的基极-发射极的正向电压减小，于是基极电流 I_{b1} 减小，结果调整管 V_1 的集电极-发射极的电阻增加，管压降 U_{ce1} 增加，从而使输出电压 U_o 在已定的负载电流下基本上保持不变。用过程简化表示为：

$$U_i\uparrow \rightarrow I_L\uparrow \rightarrow U_o\uparrow \rightarrow|-U_{be2}|\uparrow\rightarrow|-U_{be1}|\downarrow$$

$$\rightarrow I_L\downarrow \rightarrow U_o\downarrow$$

同样道理，当 U_i 减小时，通过反馈作用又会使 U_o 上升，使 U_o 在已定的负载电流下基本上保持不变。

③ 定量分析

a. 输出电压 U_o：

$$U_o=\frac{R_1+R_2}{R_2}(U_Z+U_{be2}) \tag{5-14}$$

式中　U_Z——基准电压，等于稳压管的稳定电压；

$\quad U_{be2}$——V_2 晶体管基极-发射极电压，$U_{be2}=U_{b2}-U_Z$；

$\quad U_{b2}$——V_2 晶体管基极电压，串联型晶体管稳压电路的输出电压 U_o 与比较放大器中取得基准电压的稳压管的连接位置有关，该电路当 $I_{b2}\ll I_1$（流过取样电路的电流）时得：$U_{b2}=\dfrac{R_2}{R_1+R_2}U_o$。

当 $U_Z\gg U_{be2}$ 时，可近似计算输出电压 U_o

$$U_o=\frac{R_1+R_2}{R_2}U_Z \tag{5-15}$$

式（5-15）说明，当基准电压 U_Z 选定后，稳压电路的输出电压 U_o 决定于取样电路的分压比。适当改变 R_1 的阻值就可以实现输出电压 U_o 的目的。$R_2/(R_1+R_2)$ 大小应保证 $U_{b2}>U_Z$，但是 U_{b2} 不大到使比较放大管 V_2 进入饱和。因此，$R_2/(R_1+R_2)$ 只能在保证比较放大管 V_2 在线性放大范围内变化。

b. 输出电压稳定度：

$$S=\frac{nG_{m2}R_4}{1+G_{m2}R_Z}\times\frac{U_o}{U_i} \tag{5-16}$$

式中　n——取样电路的分压比，$n=\dfrac{R_2}{R_1+R_2}$；

$\quad G_{m2}$——比较放大管的互导，$G_{m2}=\dfrac{\Delta I_{c2}}{\Delta U_{be}}$；

R_4——比较放大管的集电极负载电阻；

R_Z——硅稳压管的动态电阻。

从式（5-16）可知：

ⓐ取样电路的分压比 n 越大，S 越大，这是因为 n 越大，加在比较放大器的那部分输出电压变动量越大；

ⓑ比较放大器的负载电阻 R_4 和放大管的互导 G_{m2} 越大，S 越大，因为 $R_4 G_{m2}$ 的乘积实际上就等于比较放大器的电压增益 K_2，K_2 越大，负反馈越强，输出电压必然稳定；

ⓒ取得基准电压的硅稳压管的动态电阻 R_Z 越小，S 越大，因为 R_Z 小基准电压的稳定度高，从式（5-15）可知，U_o 与 U_Z 直接有关，U_Z 越稳定，U_o 也就越稳定。

c. 输出电阻 R_o：稳压电源的输出电阻 R_o 是表明负载电流变化时，引起输出电压 U_o 变化的程度。当输入电压 U_i 不变时，由于负载电流变化 ΔI_L，引起输出电压变化 ΔU_o，R_o 等于

$$R_o = \frac{\Delta U_o}{\Delta I_L} \mid U_{i=\text{常数}} \tag{5-17}$$

显然 R_o 愈小，则负载电流变化对输出电压的影响愈小。

经分析，串联型晶体管稳压电路的输出电阻 R_o 为：

$$R_o \approx \frac{1 + G_{m2} R_Z}{n G_{m2} R_4} \left(\frac{1}{G_{m1}} + \frac{R_4}{h_{fe1}} \right) \tag{5-18}$$

式中　h_{fe1}——调整管的电流放大系数；

　　　G_{m1}——调整管的互导。

式（5-18）说明，提高调整管的电流放大系数，对降低 R_o 起决定作用，因此利用复合管作调整管对降低 R_o 是有利的。

（4）串联型晶体管稳压电源的要求和提高性能的措施

① 串联型晶体管稳压电源的基本要求

a. 当输入电压在规定范围内变化时，输出电压的变化应很小，即稳定系数 S 要大。

b. 当负载变化时（如从空载到满载），输出电压应基本保持不变，即输出电阻要小。

c. 当环境温度在规定范围内变化时，输出电压应稳定，即电压温度系数要小。

d. 输出稳波电压要小。

② 提高串联型晶体管稳压电源稳定性能的措施

a. 利用辅助的管稳压电源为比较放大管提供稳定的工作电源，提高输出电压的稳定系数 S。

b. 利用恒流源负载（由一个稳压管和一个晶体三极管及两个电阻组成）代替比较放大管 V_3 的负载电阻 R_4，提高输出电压的稳定系数 S。

③ 提高串联型晶体管稳压电源温度性能的措施

a. 温度性能影响因素的关系是

$$\Delta U_o = \frac{1}{n} (\Delta U_Z + \Delta U_{be2}) \tag{5-19}$$

式中　ΔU_o——输出电压的变化量；

　　　ΔU_Z——基准电压的变化量；

　　　ΔU_{be2}——比较放大管 V_3 基极-发射极电压的变化量。

b. 利用正温度系数的硅稳压管的温度特性来补偿比较放大管 V_3 基极-发射极电压的负

温度系数，提高串联型晶体管稳压电源温度性能。

c. 利用差分放大器代替比较放大管 V_3，提高串联型晶体管稳压电源温度性能。

d. 利用具有温度补偿的硅稳压管作为基准电压源的稳压管（如 2DW7C），提高串联型晶体管稳压电源温度性能。

④ 减小输出纹波电压措施

a. 纹波电压降低比定义

$$纹波电压降低比 = \frac{nG_{m2}R_4}{1+G_{m2}R_Z} \tag{5-20}$$

b. 在取样电阻 R_1 两端并联一只旁路电容，将输出纹波电压全部加到比较放大管的基极，相当于 $n=1$，是减小输出纹波电压的有效措施。

c. 改进整流电路后的滤波电路，也可以减小输出纹波电压。

通过上面的讨论，具有高性能的串联型晶体管稳压电路如图 5-36 所示。

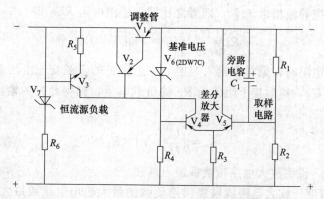

图 5-36　具有高性能的串联型晶体管稳压电路

5.4　基本放大电路

5.4.1　放大电路的主要技术指标

（1）放大电路的主要技术指标测试示意图　如图 5-37 所示。

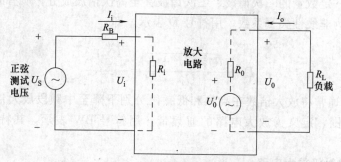

图 5-37　放大电路的主要技术指标测试示意图

（2）主要技术指标

① 电压放大倍数　定义为输出电压正弦有效值与输入电压正弦有效值的变化量之比：

$$A_0 = \frac{U_o}{U_i} \tag{5-21}$$

② 电流放大倍数　定义为输出电流的正弦有效值 I_o 与输入电流的正弦有效值 I_i 的变化量之比：

$$A_i = \frac{I_o}{I_i} \tag{5-22}$$

③ 输入电阻　从放大电路的输入端看进去的等效电阻称为放大电路的输入电阻。其电阻 R_i 的大小等于外加正弦输入电压与相应的输入电流之比，即

$$R_i = \frac{U_i}{I_i} \tag{5-23}$$

该值可根据输入信号是电压应越大越好，而输入信号是电流应越小越好。

④ 输出电阻　从放大电路输出端看进去的等效电阻。其定义是当输入端信号源短路（即 $U_S = 0$，但保留 R_S），输出端负载开路（即 $R_L = \infty$）时，外加一个有效值为 U_o 的正弦输出电压，得到相应的输出电流 I_o，两者之比即是输出电阻 R_o，即

$$R_o = \frac{U_o}{I_o} \bigg|(R_L = \infty, U_S = 0) \tag{5-24}$$

实际测试输出电阻时，通常在输入端加上一个固定的正弦交流电压 U_S，首先测得负载开路时的输出电压 U_o'，然后接上阻值为 R_L 的负载电阻，测得此时的输出电压 U_o，按下式计算输出电阻 R_o。

$$R_o = \left(\frac{U_o'}{U_o} - 1\right) \times R_L \tag{5-25}$$

该值越小越好，说明放大电路带负载能力越强。

⑤ 最大输出幅度　放大电路能够提供给负载的最大输出电压或最大输出电流。一般指电压的有效值，用 U_{max} 表示，也可以用峰-峰值表示。

⑥ 最大输出功率　是指放大电路在输出处不产生明显失真的前提下，能够向负载提供的最大输出功率，用 P_{max} 表示。

⑦ 最大输出效率　定义为最大输出功率 P_{max} 与直流电源消耗的功率 P_V 之比，即

$$\eta = \frac{P_{max}}{P_V} \tag{5-26}$$

⑧ 非线性失真系数　当输入单一频率的正弦波处时，放大电路的输出波形中除基波成分外，还将含有一定数量的二次谐波、三次谐波甚至高次谐波成分。所有的谐波总量与基波成分之比，定义为非线性失真系数，用符号 D 表示，即

$$D = \frac{\sqrt{U_2^2 + U_3^2 + \cdots}}{U_1} = \frac{\sqrt{\sum_{i=2}^{n} U_i^2}}{U_1} \tag{5-27}$$

⑨ 通频带　通常将放大倍数在高频和低频段分别下降至中频段放大倍数的 0.707 倍时所包括的频率范围，定义为放大电路的通频带，用符号 BW 表示，其特性曲线如图 5-38 所示。

5.4.2　单管共发射极放大电路

(1) 单管共发射极放大电路的组成　图 5-39 是一个单管共发射极的放大电路的电路图。电路中只有一个三极管作为放大器件，而输入回路与输出回路的公共端是三极管的发射极，因此称为单管共发射极的放大电路。在电路中三极管 VT 是放大电路的关键元件，担负

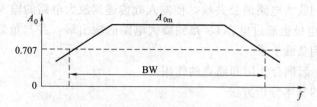

图 5-38　放大电路的通频带特性曲线

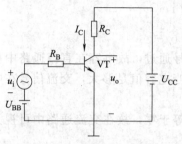

图 5-39　单管共发射极
的放大电路

着放大作用。基极直流电源 U_{BB} 和基极电阻 R_B 使三极管的发射结处于正向偏置，并提供合适的静态基极电流。U_{BB} 和 R_B 共同决定了当输入处等于零时放大电路的基极电流，这个电流便是静态基极电流。这个基极电流的大小对三极管能否工作在放大区，以及放大电路的性能具有重要的影响。这一点，将在以后作具体分析。集电极直流电源 U_{CC} 除了为输出信号提供能量外，还保证三极管的集电结处于反向偏置，从而使三极管具有放大作用。集电极负载电阻 R_C 将集电极电流的变化转换为集电极电压的变化，然后再传送到放大电路的输出端。

要使一个三极管工作在放大区，应将其发射结正向偏置，集电结反向偏置。因此，U_{BB}、R_B、U_{CC} 和 R_C 的数值必须与所用三极管的输入、输出特性很好地配合起来。

（2）单管共发射极放大电路的放大原理

① 前提条件　电路中的各参数及三极管的输入、输出特性能保证三极管工作在放大区。

② 工作原理　如果在放大电路输入端加上一个微小的输入电压变化量 Δu_i，则三极管基极与发射极之间的电压 u_{BE} 也随之发生变化，产生 Δu_{BE}。根据三极管的输入特性，当发射结电压 u_{BE} 发生变化时，将引起基极电流 i_B 产生相应的变化，产生 Δi_B。由于三极管工作在放大区，具有放大的特性，因此基极的变化量 Δi_B 将导致集电极电流发生更大的变化，且 Δi_C 等于 Δi_B 的 β 倍。而 Δi_C 将导致集电极电压 u_{CE} 也存在一个变化量 Δu_{CE}。集电极电压 u_{CE} 的变化量 Δu_{CE} 就是放大器输出的变化量 Δu_o，即 $\Delta u_o = \Delta u_{CE}$。

其过程为：$\Delta u_i \rightarrow \Delta u_{BE} \rightarrow \Delta i_B \rightarrow \Delta i_C \rightarrow \Delta u_{CE} \rightarrow \Delta u_o$。

上述过程说明，当在放大电路的输入端加上一个微小的电压变化量 Δu_i 时，在输出端将得到一个放大了的变化量 Δu_o，从而实现了放大的作用。

③ 组成放大电路必须遵循的原则

a. 工作点合适，即确保三极管工作在放大区。

b. 能输入，即输入处传递到放大电路的输入端，并且要求传递过程中的损耗小。

c. 能输出，放大后的信号能送到负载上去。

d. 不失真，要求放大过程中信号不发生失真。

④ 实用电路　将图 5-39 的电路做如下变动后就形成实用电路。

a. 将基极直流电源 U_{BB} 省去。

b. 将基极电阻 R_B 接在 U_{CC} 上，三极管的发射结处于正向偏置。

c. 将输入电压 u_i 的一端通过电容 C_1 接到三极管

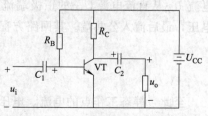

图 5-40　单管共发射极的实用电路

的基极，另一端接到放大电路的公共端，使输入处传递到放大电路的输入端。

d. 三极管的集电极也通过电容 C_2 接到放大电路的输出端，并与负载电阻 R_L 连接，使放大后的信号能送到负载上去。

e. 电容 C_1、C_2 起耦合作用和隔直的作用。

（3）放大电路的基本分析方法

① 直流通路与交流通路

a. 直流通路的作用是进行放大电路的静态分析。

b. 交流通路的作用是进行放大电路的动态分析。

c. 电子元件的处理：

ⓐ 电容对直流信号的阻抗是无穷大的，不允许直流信号通过，故电容在直流通路中相当于开路；但电容对交流信号而言，容抗的大小为 $1/\omega C$，当电容值足够大，交流信号在电容上的压降可以忽略时，可视为短路。

ⓑ 理想电压源，由于电压恒定不变，其电压的变化量等于零，故在交流通路中可视为短路。

② 静态工作点的近似估算

a. 静态工作点：直流电压在三极管的输入、输出特性曲线上分别对应一个点，反映的是同一个放大电路在静态时的工作状态，故称为静态工作点，简称为 Q 点。

b. 静态工作点对应的参数：

ⓐ 基极电流 I_{BQ}；

ⓑ 发射结电压 U_{BEQ}；

ⓒ 集电极电流 I_{CQ}；

ⓓ 集电极与发射极之间的电压 U_{CEQ}。

c. 画直流通路，如图 5-41 所示，并计算工作点。

ⓐ 基极电流 I_{BQ}：从图中可以看出，在三极管的基极回路中，静态基极电流 I_{BQ} 从直流电源 U_{CC} 的正极端流出，经基极电阻 R_B、三极管的发射结，最后流入公共端。其回路方程为

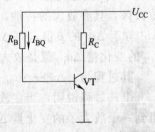

$$I_{BQ}R_B + U_{BEQ} = U_{CC}$$

$$I_{BQ} = \frac{U_{CC} - U_{BEQ}}{R_B}$$

ⓑ 发射结电压 U_{BEQ}：为三极管发射结电压，硅管为 $0.6\sim$

图 5-41　直流通路

$0.8V$，锗管为 $0.1\sim0.3V$。

ⓒ 集电极电流：根据三极管基极与集电极电流之间的关系，可求出静态集电极电流为

$$I_{CQ} \approx \beta I_{BQ}$$

ⓓ 集电极与发射极的电压：从图中可以看出，在三极管的集电极回路中，静态集电极电流 I_{CQ} 从直流电源 U_{CC} 的正极端流出，经集电极电阻 R_C、三极管集电极与发射极之间的电压，最后流入公共端。其回路方程为

$$I_{CQ}R_C + U_{CEQ} = U_{CC}$$

$$U_{CEQ} = U_{CC} - I_{CQ}R_C$$

至此，静态工作点的电流、电压都已估算出来。

【例 5-1】　求图 5-41 电路的静态工作点，已知 $U_{CC}=12V$，$R_B=300k\Omega$，$R_C=4k\Omega$，$\beta=37.5$。

解

$$I_{BQ}=\frac{U_{CC}-U_{BEQ}}{R_{B}}=\frac{12V-0.7V}{300k\Omega}=0.04mA=40\mu A$$

$$I_{CQ}=\beta\times I_{BQ}=37.5\times0.04mA=1.5mA$$

$$U_{CEQ}=U_{CC}-I_{CQ}R_{C}=12V-1.5mA\times4k\Omega=6V$$

d. 交流通路如图 5-42 所示。C_1、C_2 对交流相当于短路，U_{CC} 电源也相当于短路。

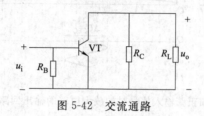

图 5-42　交流通路

③ 图解分析法

a. 在三极管的输入、输出特性曲线上，直接用作图的方法求解放大电路的工作情况。

b. 图解法的过程

ⓐ 用图解法分析静态：用作图的方法确定放大电路的静态工作点，求出 I_{BQ}、U_{BEQ}、I_{CQ}、U_{CEQ}。原则上输入回路的 I_{BQ}、U_{BEQ} 可在输入特性曲线上作图求得，但是，由于器件手册不给出三极管的输入特性曲线，而输入特性也不易准确测得，因此一般采用近似估算法求出 I_{BQ}、U_{BEQ}。其作图法主要是分析输出回路，如图 5-43 所示。

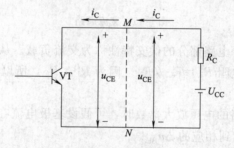

图 5-43　输出回路

在图 5-43 中从 M 和 N 两端向左看，这是三极管的集电极回路，其 i_C 与 u_{CE} 的关系由三极管的输出特性曲线确定，如图 5-44 所示。

在图 5-43 中从 M 和 N 两端向右看，这是放大电路的外电路部分，由集电极负载电阻 R_C 和集电极直流电源 U_{CC} 串联而成，其 i_C 与 u_{CE} 的关系由电压方程确定

$$u_{CE}=U_{CC}-i_{C}R_{C}$$

为了画出直线，只需要确定两点，即令 $i_C=0$，$u_{CE}=U_{CC}$，此点为直线与横坐标的交点；又令 $u_{CE}=0$，$i_C=U_{CC}/R_C$，此点为直线与纵坐标的交点；连接这两点即为一直线。将该线称为直流负载线。

在同一个输出回路中的 i_C、u_{CE} 只有一个，因此 i_C、u_{CE} 既要满足输出特性又要满足直流负载特性，所以电路的直流工作状态必然是这两者的交点，就是说，直流负载线与 $i_B=I_{BQ}$ 的那条输出特性曲线的交点就是静态工作点（Q 点），Q 点坐标所对应的电压、电流值便是 U_{CEQ}、I_{CQ}，具体如图 5-44 所示。

ⓑ 用图解法分析动态：直流负载线只是用于确定静态工作点，不能表示动态时 i_C 与

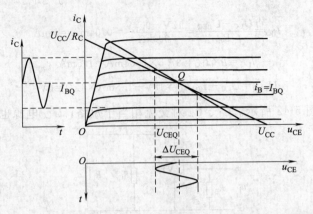

图 5-44　外加正弦输入信号时的放大电路的输出回路工作情况图

u_{CE} 的关系。分析电路的动态情况必须根据电路的交流通路，如图 5-45 所示。

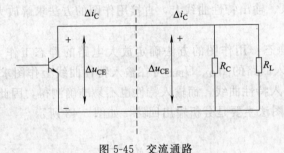

图 5-45　交流通路

　　动态时集电极回路的外电路部分的伏安特性称为交流负载。从图中可以看出，此时，电路的集电极等效交流负载电阻 $R_L' = R_C /\!/ R_L$。因为 $R_L' < R_C$，所以交流负载线比直流负载线更陡。

　　利用图解法求放大电路的电压放大倍数时，可假设基极电流在静态值 I_{CQ} 附近有一个变化量 Δi_C，在输入特性上找到相应的 Δu_{BE}。

　　再根据 Δi_B，在输出特性上找到相应的 Δu_{CE}，如图 5-46 所示，则电压放大倍数为

$$A_u = \frac{\Delta u_o}{\Delta u_i} = \frac{\Delta u_{CE}}{\Delta u_{BE}} \tag{5-28}$$

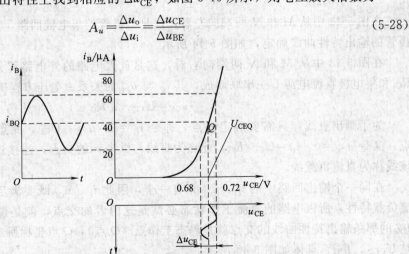

图 5-46　外加正弦输入信号时的放大电路的输入回路工作情况图

当放大电路加上正弦输入电压 u_i 时，放大电路的工作点将沿着交流负载线运动。三极管的 u_{BE}、i_B、i_C、u_{CE} 都将围绕着自己的静态值基本上按正弦规律变化，相应的波形如图 5-47 所示。

ⓒ图解法的一般步骤

Ⅰ. 在三极管的输出特性曲线上画出直线负载线，即令 $i_C = 0$，$u_{CE} = U_{CC}$，此点为直线与横坐标的交点；又令 $u_{CE} = 0$，$i_C = U_{CC}/R_C$，此点为直线与纵坐标的交点；连接这两点即为一直线。

Ⅱ. 用近似估算法确定静态基极电流 I_{BQ}。$I_B = I_{BQ}$ 的一条输出特性曲线与直线负载线的交点即为静态工作点 Q。由 Q 点的位置可从输出特性曲线上得到 I_{CQ}、U_{CEQ}。

Ⅲ. 根据放大电路的交流通路求出集电极等效交流负载电阻 $R'_L = R_L /\!/ R_C$，然后在输出特性上通过 Q 点作一条斜率为 $-1/R_L'$ 的直线，即交流负载线。

Ⅳ. 如欲求电压放大倍数 A_u，可在输出特性曲线上，在 Q 点附近取一个适当的 Δi_B 值，从交流负载线上查出相应的 Δu_{CE} 值，然后在输入特性曲线上根据所取的 Δi_B 值查出 Δu_{BE} 值，两者之比就是电压放大倍数 A_u，即 $A_u = \Delta u_{CE}/\Delta u_{BE}$。

ⓓ 图解法的主要优缺点

Ⅰ. 优点：

——利用图解法既能分析放大电路的静态工作情况，又能分析动态工作情况；

——图解的结果比较直观、形象，可以在输出特性曲线上直接看出静态工作点的位置是否合适，分析波形是否失真，大致估算放大电路的最大不失真输出幅度，定性分析电路参数变化对静态工作点位置的影响等；

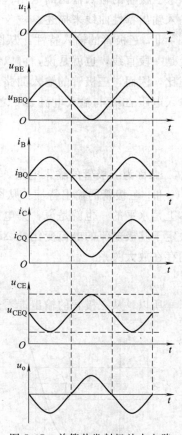

图 5-47 单管共发射极放大电路的电压波形图

——尤其适用于分析放大电路工作在大信号情况下的工作状态，例如分析功率放大电路等。

Ⅱ. 缺点：

——作图的过程比较烦琐，而且容易产生作图误差；

——利用图解法不易得到准确的定量结果；

——图解法的使用具有一定的局限性，例如对于某些放大电路，比如发射极接地电阻 R_E 的电路，无法利用图解法直接求得电压放大倍数。

④ 微变等效电路分析法　微变等效电路法是解决放大元件特性非线性问题的另一个常用的方法。可用于放大电路在小信号情况下的动态工作情况的分析。它的实质是在信号变化范围很小（微变）的前提下，认为三极管电压、电流之间的关系基本上是线性的。也就是说，在一个很小的范围内，可将三极管的输入、输出特性曲线近似地看作直线，这样，就可以用一个线性等效电路来代替非线性的三极管。其相应的电路称为三极管的微变等效电路。用微变等效电路代替三极管后，含有非线性元件的放大电路也就转化为线性电路。然后就可

以用线性方法来处理、分析放大电路了。

a. 三极管的微变等效电路

Ⅰ. 等效：就是从线性等效电路的输入端和输出端往里看，其电压、电流之间的关系与原来三极管的输入输出的电压、电流关系相同。而三极管的输入输出的电压、电流关系用其输入输出特性曲线来描述。

Ⅱ. 三极管的输入特性：从图 5-48 可以看出，在 Q 点附近的小范围内，输入特性基本上是一段直线，也就是说，可以认为基极电流的变化量 Δi_B 与发射结电压的变化量 Δu_{BE} 成正比，因而，三极管的输入回路即基极 B、发射极 E 之间可用一个等效电阻来代替。这表示输入电压 Δu_{BE} 与输入电流 Δi_B 之间存在关系

$$r_{be} = \frac{\Delta u_{BE}}{\Delta i_B} \tag{5-29}$$

r_{be} 称为三极管的输入电阻。

Ⅲ. 三极管的输出特性：从图 5-49 中可以看出，在 Q 点附近的小范围内，输出曲线基本上是水平的。也就是说，集电极电流的变化量 Δi_C 与集电电压的变化量 Δu_{CE} 无关，而只决定于基极电流的电流变化量 Δi_B。而且，由于三极管的电流放大作用，$\Delta i_C > \Delta i_B$，两者之间存在放大关系

$$\Delta i_C = \beta \Delta i_B \tag{5-30}$$

所以，从三极管的输出端看进去，可以用一个大小为 $\beta \Delta i_B$ 的电流源来等效。

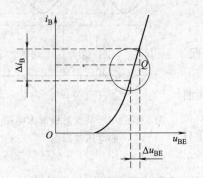

图 5-48　三极管的输入特性

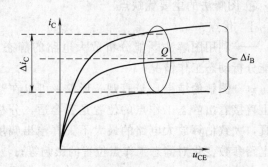

图 5-49　三极管的输出特性

Ⅳ. 通过上面的分析，得到图 5-50 所示的微变等效电路。

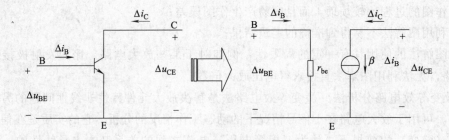

图 5-50　三极管微变等效电路

在这个等效电路中，忽略了 u_{CE} 对 i_C、i_B 的影响，所以称为简化的 h 参数微变等效电路。

在实际工作中，忽略 u_{CE} 对 i_C、i_B 的影响所造成的误差比较小，因此，在大多数情况下，采用简化的微变电路能够满足工程计算要求。

b. 放大电路的微变等效电路 由三极管微变等效电路和放大电路的交流通路可得出放大电路微变等效电路，如图 5-51 所示。

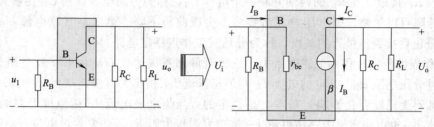

图 5-51 放大电路微变等效电路

Ⅰ. 放大电路的电压放大倍数 A_u 的计算：计算放大电路的电压放大倍数 A_u、输入电阻 R_i 和输出电阻 R_o 时，可假设在输入端加上一个中频正弦交流电压，则图中的电压和电流的数值大小都可用相应的有效值表示，即 U_i、R_i、R_o、U_o。

从放大电路微变等效电路可得

$$U_i = I_B r_{be} \tag{5-31}$$

$$U_o = -I_C R'_L = -I_C \times \frac{R_C \times R_L}{R_C + R_L} = -\beta I_B \times \frac{R_C \times R_L}{R_C + R_L} \tag{5-32}$$

$$A_u = \frac{U_o}{U_i} = -\frac{\beta I_B \times \dfrac{R_C R_L}{R_C + R_L}}{I_B r_{be}} = -\frac{\beta R'_L}{r_{be}} \tag{5-33}$$

Ⅱ. 输入电阻 R_i 的计算：从输入端往里看，其等效电阻为 R_B 与 r_{be} 这两个电阻的并联，即

$$R_i = \frac{R_B \times r_{be}}{R_B + r_{be}} = \frac{R_B \times \dfrac{r'_{bb} + (1+\beta) 26\,\mathrm{mV}}{I_{EQ}}}{R_B + \dfrac{r'_{bb} + (1+\beta) 26\,\mathrm{mV}}{I_{EQ}}} = \frac{R_B \times \dfrac{300\,\Omega \times (1+\beta) 26\,\mathrm{mV}}{I_{EQ}}}{R_B + \dfrac{300\,\Omega \times 26(1+\beta)\,\mathrm{mV}}{I_{EQ}}} \tag{5-34}$$

Ⅲ. 输出电阻 R_o 的计算：当输入信号源短路、输出开路时，从放大电路的输出端看进去的等效电阻，由图可知

$$R_o = R_C \tag{5-35}$$

c. 微变等效电路法的步骤

Ⅰ. 利用近似估算法确定放大电路的静态工作点。

Ⅱ. 求出三极管输入等效电阻 r_{be}。

Ⅲ. 画出放大电路的微变等效电路。

Ⅳ. 根据微变等效电路列出相应方程，求解得到 A_u、R_i、R_o 等各项技术指标。

d. 微变等效电路法的主要优缺点

Ⅰ. 优点：微变等效电路法既能分析简单的单管共发射极放大电路，也能分析较为复杂的有发射极电阻 R_E 的电路；分析过程比较简单、方便，可以利用大家比较熟悉的有关线性电路的各种方法、定理求解；不需要烦琐的作图。

Ⅱ. 缺点：由于微变等效电路研究的对象是变化量，因此只能用以分析放大电路的动态工作情况，不能用微变等效电路法确定静态工作点；不如作图法形象、直观，不能用微变等

效电路法分析输出波形的非线性失真和最大输出幅度等。

（4）单管共发射极静态工作点稳定电路

① 电路的组成　图 5-52 是最常用的静态工作点稳定的电路。

a. 各元件的作用　跟以前的单管放大电路相比其差别有二。第一是三极管的发射极通过一个电阻 R_E 接地，在 R_E 的两端并联一个电容 C_E，称为旁路电容。当 C_E 足够大，R_E 两端的交流压降可以忽略，则电压放大倍数将不会因此而下降。第二是直流电源 U_{CC} 经电阻 R_{B1}、R_{B2} 分压后接到三极管的基极，称为分压式工作点稳定电路。

b. 工作点的稳定过程　上述电路中，三极管静态基极电位 U_{BQ} 由 U_{CC} 经电阻分压后得到。当流过分压电阻 R_{B1}、R_{B2} 的电流 I_R 与静态基流 I_{BQ} 相比大得多 $[I_R=(5\sim10)I_{BQ}]$ 时，可以认为其不受温度变化影响，基本上是稳定的。当集电极电流 I_C 随温度升高而增加时，发射极电流 I_{EQ} 也将相应增大，该电流 I_{EQ} 流过发射极电阻 R_E，使发射极电位 U_{EQ} 升高，则三极管静态发射结电压 $U_{BEQ}=U_{BQ}-U_{EQ}$ 将下降，因而使静态基极电流 I_{BQ} 减小，静态集电极电流 I_C 随之减小，结果使静态工作点基本稳定，其过程简述如下：

$$t(℃)\ \uparrow\rightarrow I_{CQ}\uparrow\rightarrow I_{EQ}\uparrow\rightarrow(U_{RE}\uparrow)\rightarrow U_{BQ}\uparrow\rightarrow U_{BEQ}\downarrow\rightarrow I_{EQ}\downarrow\rightarrow I_{CQ}\downarrow$$

通过上面分析可知，稳定静态工作点 Q 的关键在于利用发射极电阻 R_E 两端的电压来反映集电极电流的变化情况，并控制集电极电流 I_{CQ} 的变化，从而达到工作点稳定的目的。

② 静态分析　静态工作点的直流通路如图 5-53 所示，估算工作点的步骤如下。

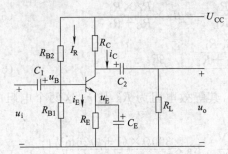

图 5-52　常用的静态工作点稳定的电路

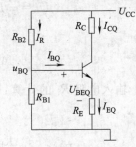

图 5-53　静态工作点的直流通路

a. 估算 U_{BQ}　由于 $I_R\gg I_{BQ}$，可得基极电位

$$U_{BQ}=\frac{R_{B1}}{R_{B1}+R_{B2}}\times U_{CC}$$

b. 计算发射极电流 I_{EQ}

$$I_{EQ}=\frac{U_{EQ}}{R_E}=\frac{U_{BQ}-U_{BEQ}}{R_E}=\frac{\dfrac{R_{B1}\times U_{CC}}{R_{B1}+R_{B2}}-U_{BEQ}}{R_E}$$

c. 计算集电极电流 I_{CQ}

$$I_{CQ}\approx I_{EQ}=\frac{U_{BQ}-U_{BEQ}}{R_E}$$

d. 计算三极管集电极与发射极之间电压 U_{CEQ}

$$U_{CEQ}=U_{CC}-I_{CQ}R_C-I_{EQ}R_E\approx U_{CC}-(R_C+R_E)I_{CQ}$$

e. 计算三极管静态基极电流 I_{BQ}

$$I_{BQ}=\frac{I_{CQ}}{\beta}$$

③ 动态分析　在工作点稳定的电路中，当电容 C_1、C_2、C_E 足够大时，对交流相当于短路，其电路的交流通路如图 5-54 所示。

根据电路的交流通路画出微变等效电路，如图 5-55 所示。

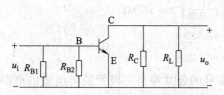

图 5-54　工作点稳定电路的交流通路　　　　图 5-55　微变等效电路

由微变等效电路的输入回路和输出回路可得：

a. 计算输入电压 U_i

$$U_i = I_B r_{be}$$

b. 计算输出电压 U_o

$$U_o = -I_C R_L' = -\beta I_B \times \frac{R_C R_L}{R_C + R_L}$$

c. 计算电路的电压放大倍数 A_u

$$A_u = \frac{U_o}{U_i} = -\frac{\beta \dfrac{R_C R_L}{R_C + R_L}}{r_{be}}$$

d. 计算电路的输入电阻 R_i

$$R_i = R_{B1} /\!/ R_{B2} /\!/ r_{be}$$

e. 计算电路的输出电阻 R_o

$$R_o = R_C$$

【例 5-2】　按图 5-56 给出的参数计算：

（1）估算 Q 点；

（2）计算 A_u、R_i、R_o。

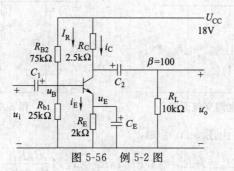

图 5-56　例 5-2 图

解　（1）估算 Q 点

$$U_{BQ} = \frac{R_{B1}}{R_{B1} + R_{B2}} \times U_{CC} = \frac{25 \times 18}{25 + 75} = 4.5\text{V}$$

$$I_{EQ} = \frac{U_{BQ} - U_{BEQ}}{R_E} = \frac{4.5\text{V} - 0.7\text{V}}{2\text{k}\Omega} = 1.9\text{mA}$$

$$I_{CQ} = I_{EQ} = 1.9\text{mA} \qquad I_{BQ} = \frac{I_{CQ}}{\beta} = \frac{1.9\text{mA}}{100} = 19\mu\text{A}$$

$$U_{CEQ} = U_{CC} - I_{CQ}(R_C + R_L) = 18\text{V} - 1.9\text{mA}(2.5\text{k}\Omega + 2\text{k}\Omega) = 9.5\text{V}$$

（2）计算 A_u、R_i、R_o。

$$r_{be} = r'_{bb}(1+\beta)26/I_{EQ} = \frac{300\Omega + (1+100)\times 26\text{mV}}{1.9\text{mA}} = 1.7\text{k}\Omega$$

$$R'_L = \frac{R_C R_L}{R_C + R_L} = \frac{2.5\times 10}{2.5+10} = 2\text{k}\Omega \qquad A_u = -\frac{\beta R'_L}{r_{be}} = -\frac{100\times 2\text{k}\Omega}{1.7\text{k}\Omega} = -117.6$$

$$R_i = R_{B1}//R_{B2}//r_{be} = \left(\frac{1}{2.5\text{k}\Omega} + \frac{1}{75\text{k}\Omega} + \frac{1}{1.7\text{k}\Omega}\right)^{-1} = 1.7\text{k}\Omega$$

$$R_o = R_C = 2.5\text{k}\Omega$$

5.4.3　单管共集电极放大电路

（1）共集电极放大电路的概念　输入信号与输出信号的公共端是三极管的集电极的电路称为共集电极放大电路，如图 5-57 所示。

（2）静态分析　绘出共集电极放大电路的直流通路，如图 5-58 所示，并求出静态工作点。

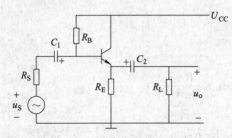

图 5-57　共集电极放大电路

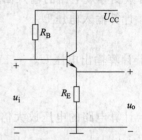

图 5-58　共集电极放大电路直流通路

$$I_{BQ} = \frac{U_{CC} - U_{BEQ}}{R_B + (1+\beta)R_E} \tag{5-36}$$

$$I_{CQ} \approx \beta I_{BQ} \tag{5-37}$$

$$U_{CEQ} = U_{CC} - I_{EQ}R_E = V_{CC} - I_{CQ}R_E \tag{5-38}$$

（3）动态分析　绘出共集电极放大电路的交流通路和微变等效电路，如图 5-59 和图 5-60 所示。

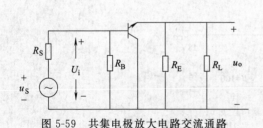

图 5-59　共集电极放大电路交流通路

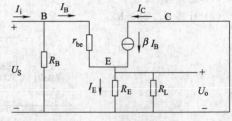

图 5-60　微变等效电路

① 电压放大倍数 A_u：由图 5-60 可知：

$$U_o = I_E R'_E = (1+\beta)I_B R'_E = I_E \times \frac{R_E R_L}{R_E + R_L} \tag{5-39}$$

$$U_i = I_B r_{be} + I_E R'_E = I_B r_{be} + (1+\beta)I_B R'_L \tag{5-40}$$

$$A_u = \frac{U_o}{U_i} = \frac{(1+\beta)I_B R'_E}{r_{be}I_B + (1+\beta)I_B R'_E} = \frac{(1+\beta)R'_E}{r_{be} + (1+\beta)R'_E} \approx 1 \tag{5-41}$$

从上式可以看出，分母总是大于分子，说明电压的放大倍数恒小于 1；由于 $(1+\beta)R'_E \gg r_{be}$，因此，电压的放大倍数近似等于 1；并且值为 +，说明 U_o 与 U_i 同相，即输出电压将跟随输入电压变化，所以又称为射极输出器或射极跟随器。

② 输入电阻 R_i：由于 $U_i = I_B r_{be} + I_E R'_E = I_B r_{be} + (1+\beta) I_B R'_L$，若不考虑基极电阻 R_B 的作用，则共集电极电路的输入电流 I_i 就是基极电流 I_B，则放大电路的输入电阻为

$$R_i = \frac{U_i}{I_i} = \frac{I_B r_{be} + (1+\beta) I_B R'_E}{I_B} = r_{be} + (1+\beta) R'_E \tag{5-42}$$

若考虑基极电阻 R_B 的作用，则共集电极电路的电阻为

$$R_i = R_B // [r_{be} + (1+\beta) R'_E] \tag{5-43}$$

③ 输出电阻 R_o：当输入信号源短路、输出端负载开路时，在输出端加上一个电压 U_o，可得图 5-61 所示等效电路。

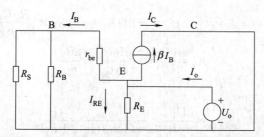

图 5-61　输入信号源短路、输出端负载开路的等效电路

由图 5-61 可见

$$U_o = -I_E (r_{be} + R'_S) = I_B \left(r_{be} + \frac{R_S R_B}{R_S + R_B} \right) \tag{5-44}$$

$$I_o = I_B + I_C + I_{RE} = (1+\beta) I_B + I_{RE} \tag{5-45}$$

$$R_o = \frac{U_o}{I_o} = \frac{(r_{be} + R'_S) I_B}{(1+\beta) I_B + I_{RE}} = \frac{r_{be} + R'_S}{1+\beta} // R_E = \frac{R_E \times \dfrac{r_{be} + R'_S}{1+\beta}}{R_E + \dfrac{r_{be} + R'_S}{1+\beta}} \tag{5-46}$$

由此可见，电路的输出电阻比较低，带负载能力强。

5.4.4　单管共基极放大电路

从图 5-62 可以看出，输入电压加在三极管的发射极与基极之间，而输出电压从集电极与基极之间得到，因此输入信号与输出信号的公共端是基极，所以称为共基极放大电路。

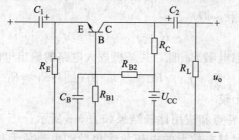

图 5-62　共基极放大电路

（1）静态分析　静态时基极电流很小，相对于 R_{B1}，R_{B2} 分压回路中的电流可以忽略不计，则由发射极回路可得

$$I_{EQ} R_E = U_{BQ} - U_{BEQ} = \frac{R_{B1} U_{CC}}{R_{B1} + R_{B2}} - U_{BEQ} \tag{5-47}$$

所以

$$I_{EQ}=\frac{U_{BQ}-U_{BEQ}}{R_E}=\frac{\dfrac{R_{B1}U_{CC}}{R_{B1}+R_{B2}}-U_{BEQ}}{R_E}\approx I_{CQ}$$

$$I_{BQ}=\frac{I_{EQ}}{1+\beta}$$

$$U_{CEQ}=U_{CC}-I_{CQ}R_C-I_{EQ}R_E\approx U_{CC}-I_{CQ}(R_C+R_E)$$

（2）动态分析　依据电路图画出共基极电路的交流通路和微变等效电路图，如图 5-63、图 5-64 所示。

① 电压放大倍数

$$U_i=-I_Br_{be} \qquad U_o=-\beta I_BR_L'=-\beta R_B\times\frac{R_CR_L}{R_C+R_L}$$

$$A_u=\frac{U_o}{U_i}=\frac{-\beta I_BR_L'}{-I_Br_{be}}=\frac{\beta R_L'}{r_{be}} \tag{5-48}$$

② 输入电阻

$$r_{be}=\frac{U_i}{-I_E}=\frac{-I_Br_{be}}{-(1+\beta)I_B}=\frac{r_{be}}{1+\beta} \tag{5-49}$$

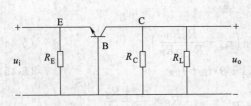

图 5-63　共基极电路的交流通路

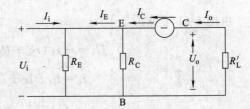

图 5-64　微变等效电路图

$$R_i=\frac{r_{be}}{1+\beta}//R_E=\frac{\dfrac{r_{be}}{1+\beta}\times R_E}{\dfrac{r_{be}}{1+\beta}+R_E} \tag{5-50}$$

可见，与共发射极放大电路相比，共基极放大电路的输入电阻较低。

③ 输出电阻　在图 5-64 中，在不考虑电阻 R_C 时，共基极放大电路的输出电阻等于三极管 C、B 之间的等效电阻，即

$$R_o=r_{cb}\approx(1+\beta)r_{ce}$$

在图 5-64 中，在考虑电阻 R_C 时，共基极放大电路的输出电阻为

$$R_o=r_{cb}//R_C=[(1+\beta)r_{ce}]//R_C\approx R_C \tag{5-51}$$

5.4.5　3 种基本组态的比较

3 种基本组态的主要特点和应用比较结果如表 5-8 所示。

① 共发射极电路同时具有较大的电压放大倍数和电流放大倍数，输入电阻和输出电阻值比较适中，所以，一般只要对输入电阻、输出电阻和频率响应没有特殊要求的地方，均可考虑采用共发射极电路。因此，共发射极电路被广泛地用作低频电压放大电路的输入级、中间级和输出级，是应用最广泛的放大电路。

② 共集电极电路的特点是电压跟随，即电压放大倍数接近于 1 而小于 1。虽然共集电极电路无电压放大作用，但具有较好的电流放大作用。另外共集电极电路输入电阻很高、输出电阻很低。由于具有这些特点，常被用作多级放大电路的输入级、输出级或作为隔离用的中

间级。

③ 共基极放大电路具有输入电阻低的特点，使三极管结电容的影响削弱，因而具有较好的频率响应，常用于宽频放大电路中。另外，由于输出电阻高，还可以作为恒流源。

表 5-8　3 种基本组态比较

项目名称	共发射极电路	共集电极电路	共基极电路
电压放大倍数 A_u	$A_u = -\dfrac{\beta R'_L}{r_{be}}$	$A_u = \dfrac{(1+\beta)R'_E}{r_{be}+(1+\beta)R'_E}$	$A_u = \dfrac{\beta R'_L}{r_{be}}$
输入电阻 R_i	$R_i = R_{B1} // R_{B2} // R_{be}$	$R_i = R_B // [r_{be}+(1+\beta)R'_E]$	$R_i = R_E // \dfrac{r_{be}}{1+\beta}$
输出电阻 R_o	$R_o = R_C$	$R_o = \dfrac{r_{be}+R'_S}{1+\beta} // R_E$	$R_o = R_C$
附注		$R'_L = R_L // R_C = \dfrac{R_L R_C}{R_L + R_C}$ $R'_E = R_E // R_L = \dfrac{R_E R_L}{R_E + R_L}$ $R'_S = R_S // R_B = \dfrac{R_S R_B}{R_E + R_B}$ $r_{be} = r'_{bb} + \dfrac{(1+\beta)26\,mV}{I_{EQ}\,mA} = 300\Omega + \dfrac{(1+\beta)\times 26\,mV}{I_{EQ}\,mA}$		

5.5　反馈放大电路知识

5.5.1　反馈的概念

所谓反馈，就是将放大电路输出信号（电压或电流）的一部分或全部送回到输入回路，并与输入信号（电压或电流）相合成的过程。

（1）按反馈的性质分

① 负反馈：如果送回到输入回路的信号有削弱原来输入信号的作用，使放大器的净输入信号减小，导致放大电路的放大倍数减小，将其称为负反馈。

② 正反馈：如果送回到输入回路的信号起加强原来输入信号的作用，使放大器的净输入信号增大，将其称为正反馈。正反馈一般用于振荡电路中。

（2）按信号的变化分

① 直流反馈：对直流量起反馈作用的叫直流反馈。

② 交流反馈：对交流量起反馈作用的叫交流反馈。

（3）按反馈信号从放大器的输出端取出方式的不同分

① 电压反馈：如果反馈信号从放大器的输出端取出的是电压，则称为电压反馈。电压反馈的取样环节与放大器输出并联，如图 5-65 所示。

② 电流反馈：如果反馈信号从放大器的输出端取出的是电流，则称为电流反馈。电流反馈的取样环节与放大器输出串联，如图 5-66 所示。

（4）按反馈信号在放大器输入端与输入信号连接方式的不同分

① 串联反馈：反馈信号在输入端以电压形式出现，且与输入电压串联起来加到放大器输入端，称为串联反馈，如图 5-67 所示。

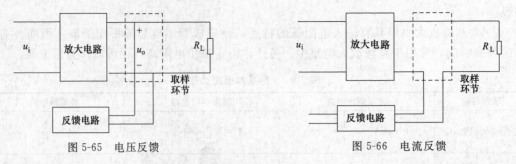

图 5-65　电压反馈　　　　　　　　　　　　　图 5-66　电流反馈

② 并联反馈：反馈信号在输入端以电流形式出现，且与输入电流并联作用于放大器输入端，称为并联反馈，如图 5-68 所示。

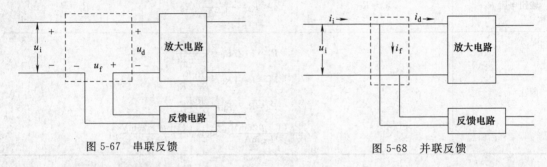

图 5-67　串联反馈　　　　　　　　　　　　　图 5-68　并联反馈

5.5.2　反馈判断的基本方法

① 根据电路中是否存在沟通输出回路与输入回路的中间环节，来确定放大电路中有无反馈，即有中间环节则有反馈，否则没有反馈。

② 根据信号的来源区别电压和电流反馈，其方法如下。

a. 电压反馈：电压反馈的反馈网络在输出回路与负载并联，反馈信号取自输出电压。具体方法是，如将放大电路的输出端短路，反馈信号变零则为电压反馈。

b. 电流反馈：电流反馈的反馈网络在输出回路与负载串联，反馈信号取自输出电流。具体方法是，如将放大电路的输出端开路，反馈信号变零则为电流反馈。

电压反馈（或电流反馈）不应理解为反馈到放大器输入端的信号就是以电压（或电流）的形式出现。反馈信号在输入端以电压形式还是以电流形式反映出来，是与输入的反馈方式互相联系着的。

③ 串联反馈与并联反馈的方法如下。

a. 串联反馈：不管输出是电压反馈还是电流反馈，反馈信号在输入端都是以电压出现的为串联反馈。可假想把放大电路的信号输入端短路，若此时反馈信号仍能加到基本放大电路输入端，则为串联反馈。

b. 并联反馈：不管输出是电压反馈还是电流反馈，反馈信号在输入端都是以电流出现的为并联反馈。

④ 采用瞬时极性法来判断是正反馈，还是负反馈。其方法是：假定反馈放大电路的输入端的输入电压对地极性为"＋"，然后根据三极管各电极电压瞬时极性和电流瞬时流向的关系，确定反馈信号的极性，从而判断是正反馈，还是负反馈。

5.5.3　负反馈的基本形式和判断方法

（1）串联电压负反馈　电路如图 5-69 所示。

从图 5-69 可以看出，将放大器的输出端短路，则 $u_o = 0$，而 $u_f = 0$，所以是电压反馈。

反馈信号是以反馈电压 u_f 的形式与信号电压 u_i 相串联而加到输入电路的，因此叫做串联电压反馈。

从 V_2 输出经 R_1 和 R_2 组成的反馈电路，反馈电压 u_f 串联在 V_1 的输入电路中，而且极性是抵消输入信号 u_i 的，故为负反馈。

如果放大器的输入电阻 $R_i \gg R_2$ 时，反馈电压等于

$$u_f = \frac{R_2}{R_1 + R_2} u_o = B u_o \tag{5-52}$$

上式说明：

① 反馈电压 u_f 正比于输出电压 u_o，所以叫电压反馈；

② $B = R_2/(R_1 + R_2)$，叫做反馈系数，实际上就是反馈电压的分压比。

（2）串联电流负反馈　电路如图 5-70 所示。

从图 5-70 可以看出，反馈电压 $u_f = i_2 R$，即反馈电压正比于输出电流 i_2，所以是电流反馈。当将放大器的输出端（负载）开路时，即 $i_2 = 0$，$u_f = 0$，则叫做电流反馈。从反馈信号加到输入的形式可知，反馈信号以电压 u_f 的形式串联在输入电路中。

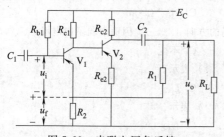

图 5-69　串联电压负反馈

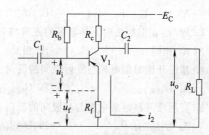

图 5-70　串联电流负反馈

应该指出，从输出取得反馈的方法虽然是电流反馈，但由于输入是串联反馈，因此实质上反馈信号仍以电压形式加到输入，所以反馈系数 B 的求法还是用分压比来表示，即

$$B = \frac{u_f}{u_o} = \frac{i_2 R_f}{i_2 R_L} = \frac{R_f}{R_L} \tag{5-53}$$

（3）电压并联负反馈　电路如图 5-71 所示。

从图 5-71 可以看出，输出电压 u_o 通过反馈电路（即反馈电阻 R_f）反馈到输入。在输入端实质上是以电流的形式（即反馈电流 i_f 通过电阻 R_f）表现出来的，反馈电流 i_f 在输入端是与信号电流 i_S 并联注入放大器的输入端，故叫做输入并联反馈。

根据瞬时极性法，假设输入电压的瞬时极性为（＋），则集电极的瞬时极性为（－），所以反馈信号的瞬时极性为（－），它反馈到输入端时和输入电压的极性相反，故称为负反馈。因为反馈信号是加到晶体管基极的，所以是并联反馈。

（4）电流并联负反馈　电路如图 5-72 所示。

从图 5-72 可以看出，V_2 的输出电流 i_2 在电阻 R_{f2} 上产生的压降 u_f 正比于输出电流 i_2，反馈信号通过 R_{f1} 以电流 i_f 的方式注入到 V_1 的基极（输入端），故叫做输入并联反馈。

根据瞬时极性法，假设输入电压的瞬时极性为（＋），则 V_1 集电极的瞬时极性为（－），V_2 的基极瞬时极性为（－），V_2 的发射极瞬时极性为（－），所以反馈信号的瞬时极性为（－），它反馈到输入端时和输入电压的极性相反，故称为负反馈。

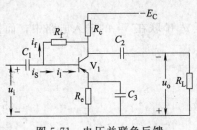

图 5-71　电压并联负反馈

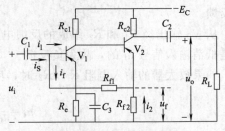

图 5-72　电流并联负反馈

习　题　5

一、选择题

1. 电阻率小于（　　）的物质称为导体。
   A. $10^{-2}\,\Omega\cdot\mathrm{m}$　　　　　　B. $10^{-11}\,\Omega\cdot\mathrm{m}$　　　　　　C. $10^{-8}\,\Omega\cdot\mathrm{m}$

2. 电阻率大于（　　）的物质称为绝缘体。
   A. $10^{-2}\,\Omega\cdot\mathrm{m}$　　　　　　B. $10^{-11}\,\Omega\cdot\mathrm{m}$　　　　　　C. $10^{-8}\,\Omega\cdot\mathrm{m}$

3. PN 结正向接法时，外电场的方向与 PN 结中内电场的方向（　　），因而削弱了内电场。
   A. 相同　　　　　　　　　B. 相反　　　　　　　　　C. 不变

4. 基极开路时集电极与发射极间的反向击穿电压用（　　）表示。
   A. $U_{(BR)CBO}$　　　　　　B. $U_{(BR)CEO}$　　　　　　C. U_{CB}

5. 发射极开路时集电极与基极间的反向击穿电压用（　　）表示。
   A. $U_{(BR)CBO}$　　　　　　B. $U_{(BR)CEO}$　　　　　　C. U_{CB}

6. 硅二极管两端的正向电压超过“导通电压”或称“死区电压”（　　）后，随着电压的升高，正向电流将迅速增大。
   A. $0.5\sim0.8\mathrm{V}$　　　　　　B. $0.1\sim0.3\mathrm{V}$　　　　　　C. $0.8\sim0.9\mathrm{V}$

7. 半波整流 U_L 为（　　）。
   A. $0.45E_2$　　　　　　　B. $0.9E_2$　　　　　　　C. $0.2E_2$

8. 全波整流 U_L 为（　　）。
   A. $0.45E_2$　　　　　　　B. $0.9E_2$　　　　　　　C. $0.2E_2$

9. 半波整流 U_{am} 为（　　）。
   A. $\sqrt{2}E_2$　　　　　　　B. $2\sqrt{2}E_2$　　　　　　C. $3\sqrt{2}E_2$

10. 全波整流 U_{am} 为（　　）。
    A. $\sqrt{2}E_2$　　　　　　　B. $2\sqrt{2}E_2$　　　　　　C. $3\sqrt{2}E_2$

11. 电容滤波使用场合是（　　）。
    A. 负载电流要求小　　　B. 负载电流要求大　　　C. 较小

12. 电感滤波使用场合是（　　）。
    A. 负载电流要求小　　　B. 负载电流要求大　　　C. 较小

13. LC 滤波使用场合是（　　）。
    A. 负载电流要求小　　　B. 负载电流要求大　　　C. 适应性强

14. 如果送回到输入回路的信号有削弱原来输入信号的作用，使放大器的净输入信号减小，导致放大电路的放大倍数减小，将其称为（　　）。
    A. 负反馈　　　　　　　B. 正反馈　　　　　　　C. 无反馈

15. 如果送回到输入回路的信号起加强原来输入信号的作用，使放大器的净输入信号增大，将其称为（　　）。

二、判断题

1. 半导体的导电能力介于导体和绝缘体之间，一般为 4 价元素的物质，例如硅和锗。（　　）

2. 当二极管上加反向电压时，反向电流值很小。而当反向电压超过零点几伏以后，反向电流不再随着反向电压而增大，即达到了饱和，这个电流称为反向不饱和电流，用符号 I_S 来表示。（　　）

3. 发光二极管也具有单向导电性，只有当外加正向电压使得正向电流足够大时，发光二极管才发出光来。光的颜色（光谱的波长）由制成发光二极管的材料决定。发光二极管通常用做显示器件，工作电流一般在几毫安至几十毫安之间。（　　）

4. 整流电路内阻愈小、负载电阻 R_L 愈大及滤波电容 C 愈大，则输出电压的直流分量愈小，反之愈大。（　　）

5. 滤波电容 C 的耐压应大于输出电压，并且采用电解电容器，而连接时不考虑电容器的极性。（　　）

6. L 型滤波电路能抑制整流管的冲击电流。（　　）

7. 输入信号与输出信号的公共端是三极管的集电极的电路称为共基极放大电路。（　　）

8. 输入电压加在三极管的发射极与基极之间，而输出电压从集电极与基极之间得到，因此输入信号与输出信号的公共端是基极，所以称为共基极放大电路。（　　）

9. 共集电极电路的特点是电压跟随，即电压放大倍数接近于 1 而小于 1。（　　）

10. 如果送回到输入回路的信号有削弱原来输入信号的作用，使放大器的净输入信号减小，导致放大电路的放大倍数减小，将其称为负反馈。（　　）

三、计算题

1. 如图 5-73 所示单管共发射极放大电路中，已知 $U_{CC}=12V$，$R_B=300k\Omega$，$R_C=4k\Omega$，$R_L=4k\Omega$，$\beta=37.5$，$I_{CQ}=1.5mA$。试求电压放大倍数 A_u、输入电阻 R_i、输出电阻 R_o。

2. 图 5-74 参数 $\beta=100$，$r'_{bb}=200\Omega$，求 A_u、R_i、R_o。

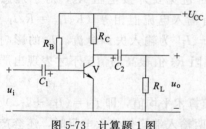

图 5-73　计算题 1 图

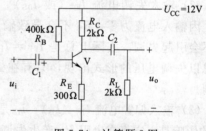

图 5-74　计算题 2 图

3. 已知，$r'_{bb}=300\Omega$，$\beta=100$，计算图 5-75 电路的电压放大倍数 A_u，输入、输出电阻。

4. 在图 5-76 中，$\beta=50$，$r'_{bb}=300\Omega$，估算电路的静态工作点、电压放大倍数、输入电阻、输出电阻。

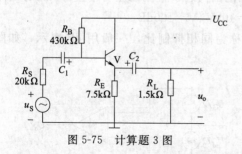

图 5-75　计算题 3 图

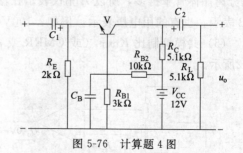

图 5-76　计算题 4 图

第6章 模拟集成电路

【学习目标】

1. 了解和理解输入失调电压 U_{ID}（或 U_{0S}）、输入失调电流 I_{I0}（或 I_{0S}）、输入偏置电流 I_{IB}（I_B）、开环电压增益 A_{UD}（或 G_0 或 G_{0L}）、共模抑制比 K_{CMR}（或 CMRR 或 ρ）、最大输出电压 U_{oPP}（或 U_{oM}）等参数基本概念。

2. 熟练掌握集成运算放大器的应用知识。

6.1 模拟集成电路基础知识

6.1.1 模拟集成电路的主要性能参数

（1）输入失调电压 U_{ID}（或 U_{0S}）　这是在集成运算放大器输出电压为 0V 条件下输入端要求加入的补偿电压值，理想运放该电压为 0V。用图 6-1 来定义，就是在近似开环状态下，使输出 $U_o \approx 0V$ 时所需输入电压 U_{I0}。

（2）输入失调电流 I_{I0}（或 I_{0S}）　运放输入端不可避免要外接电阻 R_S，对于理想运放，因输入电流为零，R_S 不会导致输出失调。如果有输入电流但相等（$R_S I_{I+} = R_S I_{I-}$），也不会引起失调。实际上总是 $I_{I+} \neq I_{I-}$，称 $I_{I0} = I_{I+} - I_{I-}$ 为输入失调电流。I_{I0} 的影响结果总以失调电压的形式出现，只有在 I_{I0} 很大、输入电阻 R_S 值很高的情况下才表现出严重失调。

（3）输入偏置电流 I_{IB}（I_B）　I_{IB} 是运放输入端电流算术平均值，即 $I_{IB} = (I_{I+} + I_{I-})/2$，$I_{IB}$ 的影响是，它将在电阻 R_S 产生失调电压 $R_S I_{IB}$。当两输入端均外接大电阻时，还会产生共模输入电压。因此，在高阻输入应用时要特别注意。

（4）开环电压增益 A_{UD}（或 G_0 或 G_{0L}）　由于运放的 3dB 带宽通常仅有 10Hz～1MHz，比分离晶体管窄得多，所以 A_{UD} 仅表示在输出线性范围内近于直流的差动增益。A_{UD} 有的用 dB 表示，也有的用电压表示，例如：100V/1mV = 10^5 V/V = 100dB。

（5）共模抑制比 K_{CMR}（或 CMRR 或 ρ）　也称为同相抑制比，一般用 dB 表示，如图 6-2 所示。

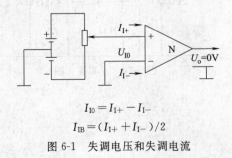

$$I_{I0} = I_{I+} - I_{I-}$$
$$I_{IB} = (I_{I+} + I_{I-})/2$$

图 6-1　失调电压和失调电流

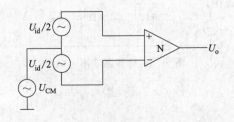

图 6-2　共模抑制比

$$K_{CMR} = \frac{G_{0L}}{G_{CM}}$$

$$K_{CMR} = G_{0L} - G_{CM} \tag{6-1}$$

式中，G_{CM} 是共模（同相）电压增益。理想运放 $G_{0L} = \infty$、$G_{CM} = 0$，或用 dB 表示为 $G_{0L} = \infty dB$、$G_{CM} = -\infty dB$。表示共模与差模输入电压的关系如下：

$$G_{0L} = U_o / U_{id}$$

$$G_{CM} = U_o / U_{CM} \tag{6-2}$$

$$K_{CMR} = \frac{U_o}{U_{id}} \times \frac{U_{CM}}{U_o} = \frac{U_{CM}}{U_{id}} \tag{6-3}$$

由此可见，K_{CMR} 就相当于共模输入电压 U_{CM} 折算成差模等效电压 U_{id} 的"折算比"或"等效比"。

（6）最大输出电压 U_{oPP}（或 U_{oM}）　是指在线性范围内的最大输出电压，超出它就逐渐进入完全饱和状态而呈非线性。多数运放由线性区到明显饱和的过度电压不大，约 1V。

（7）共模输入电压范围 U_{ICM}（或 U_{IB}）　是能够保证所提供参数的输入电压范围，也就是保证运放在线性工作状态的允许输入电压的界限。由于极限值不同，这仅是器件不损坏界限而并非器件正常工作界限。

（8）最大共模输入电压 U_{iDM}　集成运算放大器两输入端所允许加的最大电压差。

（9）开环带宽 BW　集成运算放大器的开环电压增益值从直流下降到 3dB 时所对应的信号频率。

（10）差模输入阻抗 Z_{iD}　当集成运算放大器工作在线性区时，两输入端的电压变化量与对应的输入端电流变化量之比，在低频时表现为输入电阻 R_i。

（11）输出阻抗 Z_o　当集成运算放大器工作在线性区时，输出端信号电压变化量与对应的电流变化量之比，在低频时表现为输出电阻 R_o。

（12）静态功耗 P_D　集成运算放大器输入端无信号输入，输出端不接负载时，集成运算放大器所消耗的电源功率。

（13）电源电压范围 U_{SR}　供电电源电压范围。

6.1.2　模拟集成电路的分类

（1）按工作特性划分

① 线性集成电路　基本上工作在线性状态，即输入输出之间呈线性关系，它包括差分放大器（DA）、运算放大器（OP）、音响电视用集成电路、线性调制解调器、宽带放大器、电压调整器（稳压器）等。

② 非线性集成电路　即"接口电路"是模数之间的过渡电路，是部分工作在线性状态，而另一部分工作在开关状态的电路，大致包括电压比较器、函数发生器、F/U 转换器、A/D 转换器、D/A 转换器、直流电源变换器、驱动器、变换器、模拟开关、多路调制/解调器、接收/发送器、取样/保持电路。

（2）按类型划分　可分为低增益通用型、中增益通用型、高增益通用型、低功耗型、高速型、高增益低漂移型、斩波型和高输入阻抗型等。

6.2　集成运算放大器的应用知识

6.2.1　集成运算放大器的表示方法

① 国家标准 GB/T 4728—1999《电气设备简图用图形符号》的表示方法如图 6-3 所示。

运算放大器的一般符号为 f，可用适当的限定符号：∑——求和；$\int$——积分；$\dfrac{\mathrm{d}}{\mathrm{d}t}$——对时间微分；exp——指数；log——对数（以 10 为底）；SH——采样-保持。

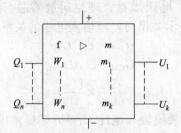

图 6-3　国家标准规定符号

② 在电路图中的表示方法如图 6-4 所示。

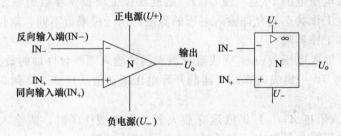

图 6-4　电路图中的表示方法

6.2.2　产品使用说明书的作用

为了更好地应用集成运算放大器，对产品使用说明书的内容了解是非常重要的。产品使用说明书叙述了下列内容。

① 集成运算放大器用途的概念。

② 集成运算放大器的电路形式。

③ 集成运算放大器的简单工作原理。

④ 集成运算放大器主要技术性能指标。

⑤ 集成运算放大器主要参数和极限参数。

⑥ 集成运算放大器主要参数的测试方法。

⑦ 集成运算放大器主要特性曲线。

⑧ 集成运算放大器的外形尺寸和引脚排列。

⑨ 集成运算放大器的使用说明。

在使用说明书中的一系列内容中，第④、⑤、⑦、⑧、⑨五项内容对使用者来说是很主要的项目。例如第⑤项中将指出集成运算放大器主要参数和极限参数，如最大电源电压范围和共模输入电压范围，这两个参数就意味着如果使用时超过这个规定条件，集成运算放大器就会造成不可逆的损坏，也就是说不能恢复原来的电气性能。

另外，在装置印刷板之前就应该事先知道集成运算放大器的外形尺寸及引脚排列，根据这些条件设计印刷板，而且考虑集成运算放大器的温升及散热等问题。

为应用好运算放大器，必须进一步了解运算放大器的技术性能以及特性曲线。运算放大器的技术性能是在环境温度＋25℃时和在规定测试条件基础上表示的标准值（典型值）或最大与最小值。因此采用运算放大器时必须以它作为基础来使用，而特性曲线则表示了运算放大器在不同场合下的各种参数及性能，为使用运算放大器提供了更详细的资料。

除了产品说明书介绍的内容外，还要了解运算放大器的其他性能及它们之间的关系，例如：

① 运算放大器的失调电压、失调电流分别与温度的关系。

② 运算放大器的频率带宽与相位补偿的关系。

③ 基极偏置电流与输入阻抗的关系。

④ 运算放大器的开环增益与稳定性的关系。

⑤ 运算放大器的最大输出电压幅度和负载的关系。

⑥ 运算放大器的噪声、转换速率等。

6.2.3　应用运算放大器注意的事项

（1）安装、设计印刷板注意事项

① 尽量远离可能引起正反馈的连线，不要平行走线。

② 输出线不要靠近输入线和输入部分。

③ 尽量缩短输入端连线，太长时要加隔离屏蔽措施。

④ 输入端和输出端不能交叉，并能与电源屏蔽，电源需加高频滤波及退耦。一般靠近运算放大器的电源端加 $0.1\mu F$ 左右的去耦电容，对于 $10kHz$ 以上的宽频带放大器来说尤为重要。对于印刷板上存在大电流输出电路等情况，为了避免低频干扰的相互耦合，往往还要加 $4.7\sim100\mu F$ 的大电容去耦。

（2）失调的补偿调整（即调零）　调零电路应注意的是：

① 不要使调零电压 U_r 过分受电源波动、温度变化及输入电流变化的影响；

② 不要对输入阻抗和共模抑制比 K_{CMR} 影响太大。

失调的补偿调整方法如图 6-5 所示，其中 $\pm U_T$ 是调零电压补偿范围。

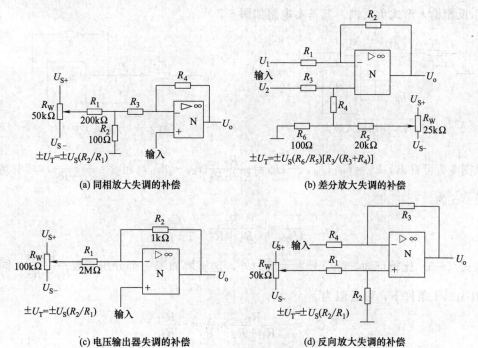

(a) 同相放大失调的补偿　　　　　　　(b) 差分放大失调的补偿

(c) 电压输出器失调的补偿　　　　　　(d) 反向放大失调的补偿

图 6-5　失调的补偿调整方法

（3）保护

① 输入端保护 运算放大器用作电平比较器时，输入端可能出现很大的差动电压。这时，可采用两只硅二极管反向并联在两输入端之间，以防止过压损坏器件。若要求漏电流更小，可将 JFET 的漏源极相连作为二极管使用。

② 输出保护 多数运算放大器内部有输出限流保护，但不一定可靠，因此在实际应用时要根据时间情况决定是否应加输出保护。对于可能出现大电流负载的情况，要在运算放大器的输出端串联保护电阻 $R_P = 100 \sim 4000\Omega$。

6.2.4 运算放大器的低频特性

（1）基本负反馈 运算放大器只有作为比较器使用时才不加负反馈。作为放大器使用时必须要加直流负反馈，才能使它工作在线性区域。分析基本负反馈可按下列方式进行。

① 同相输入形式负反馈 其基本电路如图 6-6 所示。

从图 6-6 可看出，$U_{id} = U_{IN} - \beta U_o$，而 $\beta = R_1/(R_1 + R_2)$，$U_o = G_{0L}U_{id}$，其电路的闭环增益 G_{CL} 为

$$G_{CL} = \frac{U_o}{U_{IN}} = \frac{G_{0L}}{1 + \beta G_{0L}} = \frac{1}{\beta} \times \frac{1}{1 + \dfrac{1}{\beta G_{0L}}} \tag{6-4}$$

如 $\beta G_{0L} \gg 1$，则 $G_{CL} \approx 1/\beta[1 - 1/\beta G_{0L}]$。并可看出，负反馈对增益稳定性和准确度的改善不仅取决于反馈比 β，还与 G_{0L} 有关。而 G_{0L} 与频率 f 有关，随 f 的升高而下降，因此在高频应用时必须注意 G_{0L} 的影响。在低频应用时，完全可以忽略 $1/\beta G_{0L}$ 的因素，则成为完全理想运放，即

$$G_{CL} = \frac{1}{\beta} = 1 + \frac{R_2}{R_1} \tag{6-5}$$

条件 $\beta G_{0L} \gg 1$ 在直流情况下往往可以满足，此时只要 β 不变，则输出仅取决于输入，与运放本身无关。这就是工作点稳定地偏置在线性区的根据。

② 反相输入形式负反馈 其基本电路如图 6-7 所示。

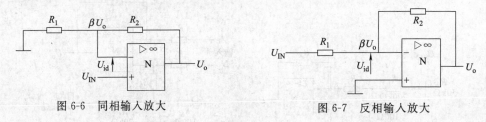

图 6-6 同相输入放大   图 6-7 反相输入放大

从图 6-7 可看出，$U_o = G_{0L}U_{id}$，$-U_{id} = \dfrac{R_2}{R_1 + R_2}U_{IN} - \beta U_o$，而 $\beta = \dfrac{R_1}{R_1 + R_2}$，其电路的闭环增益 G_{CL} 为

$$G_{CL} = \frac{U_o}{U_{IN}} = -\frac{R_2}{R_1 + R_2} \times \frac{G_{0L}}{1 + \beta G_{0L}} \tag{6-6}$$

与式（6-5）比较可知，除负号表示反向外，这里增加了一个分压系数 $\dfrac{R_2}{R_1 + R_2}$。同样在满足 $\beta G_{0L} \gg 1$ 条件下，可近似为

$$G_{CL} \approx -\frac{R_2}{R_1 + R_2} \times \frac{1}{\beta} = -\frac{R_2}{R_1} \tag{6-7}$$

在直流状态，一般 $G_{0L} \approx 10^4$ 以上，因此，相对于 U_{IN} 和 U_o 可以认为 $U_{id} = 0$。这样，

$U_{\text{IN}-}$ 端似接地而非接地，称为"虚地"或"假地"，而把两输入端之间的状态称为"零子"状态。"零子"的概念当然也适用于同相放大式。

（2）负反馈对特性的影响　负反馈的等效电路如图 6-8 所示。

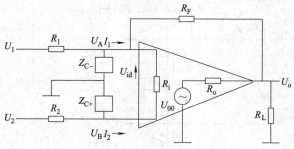

图 6-8　负反馈的等效电路

通过对图 6-8 负反馈的等效电路的分析，得出负反馈影响特性的结果如下。

① 差动放大电路输出电压与输入电压的关系

$$U_{\text{o}} = -\frac{R_{\text{F}}}{R_1}U_1 + \frac{R_{\text{F}}}{R_2}U_2 \tag{6-8}$$

当 $R_1 = R_2$ 时，则式（6-8）可写成

$$U_{\text{o}} = -\frac{R_{\text{F}}}{R_1}(U_1 - U_2) \tag{6-9}$$

② 有效输出阻抗 R_{oe}

$$R_{\text{oe}} = \frac{R_{\text{o}}}{1 + \beta_{\text{e}}G_{0\text{L}}} \tag{6-10}$$

从式（6-10）可见，负反馈使输出阻抗减小到原来的 $\dfrac{1}{1 + \beta G_{0\text{L}}}$。只要 $\beta G_{0\text{L}} \gg 1$，就变成 $R_{\text{oe}} \approx 0$ 状态（所谓"任意子"状态），输出就成为理想电压源。后者说明，若负载引起 U_{o} 下降时，则反馈电压下降就相当于输入电压增加，因 $G_{0\text{L}}$ 很大，结果使输出电压下降很小，等效于输出阻抗很小。

③ 反相输入等效阻抗 $R_{\text{ie}-}$

$$R_{\text{ie}-} = R_{\text{F}} /\!/ \left[\frac{R_{\text{i}}}{1 + G_{\text{e}}R_{\text{i}}/R_{\text{F}}}\right] \tag{6-11}$$

由式（6-11）可见，在反相放大器中，输入阻抗 R_{i} 将等效阻抗 $R_{\text{ie}-}$ 减小 $\dfrac{1}{1 + \dfrac{G_{\text{e}}R_{\text{i}}}{R_{\text{F}}}}$，当 $G_{\text{e}}R_{\text{i}} \gg R_{\text{F}}$ 时，将等效阻抗 $R_{\text{ie}-} \approx R_{\text{F}}/G_{\text{e}}$，而且 G_{e} 足够大，则可认为 $R_{\text{ie}-} \approx 0$，这就是反向输入运用时"虚地"或"零子"的概念。

④ 同相输入等效阻抗 $R_{\text{ie}+}$

$$R_{\text{ie}+} = R_{\text{i}}(1 + \beta G_{0\text{L}}) \tag{6-12}$$

由式（6-12）可见，由于反馈 $R_{\text{ie}+}$ 已比运放本身的输入阻抗 R_{i} 提高了 $\beta G_{0\text{L}}$ 倍。反馈越深，即 $\beta G_{0\text{L}}$ 越大，$R_{\text{ie}+}$ 也越高。从物理概念理解就是，因负反馈使增益降低，要取得同样的输出电压就要增大输入电压，但是对运放本身来说，输出同样电压时的输入电流不变，因此，输入电压升高而电流依旧未变，就等于输入阻抗提高了。

⑤ 失调和漂移　负反馈使放大器的直流失调和漂移也发生变化，从而使直流运算出现误差。直流失调可以用适当调整偏置的办法予以消除。但是输入失调电压与电流会随温度、

电源以及时间等变化而变化。其中最明显的是因温度变化而产生的影响，通常称为"温漂"。运放内部由多级放大器组成，初级产生的误差会经后级放大，因此初级的误差影响最大，现以图 6-9 的直流等效电路来讨论直流误差。

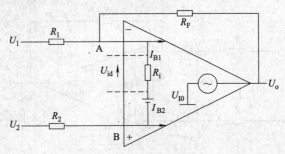

图 6-9　直流等效电路

当 $U_1=U_2=0$V 时，A 和 B 点上存在以下关系

$$-\frac{U_A}{R_1}=I_{B1}+\frac{U_A-U_o}{R_F}+\frac{U_{id}}{R_i}$$

$$\frac{U_{id}}{R_i}=I_{B2}+\frac{U_B}{R_2}$$

$$U_{id}=U_A-U_B-U_{I0}$$

$$U_o=-G_{0L}U_{id}$$

解上面方程式，当 $\beta G_{0L}\gg1$ 时的输出失调电压为

$$U_{00S}\approx\left(1+\frac{R_F}{R_1}\right)U_{I0}+R_F\left[I_{B1}-I_{B2}\frac{R_2}{R_1//R_F}\right] \tag{6-13}$$

由式（6-13）知，输入失调电压 U_{I0} 对输出失调电压 U_{00S} 的影响，就相当于 U_{I0} 电压加在同相输入端时所产生的影响。另外，当 $R_2=R_1//R_F$ 时，只要有 $I_{B1}=I_{B2}$（即 $I_{I0}=0$），则输入偏流 I_{B1}、I_{B2} 对输出就没有影响。即使 $I_{B1}\neq I_{B2}$，即 $I_{I0}\neq0$，只要适当选择 R_2 与 $R_1//R_F$ 的阻值之比，也可以使失调电流 I_{I0} 的静态影响成为零。当然漂移还是不会消除的。

当输入电压 U_1、U_2 都不是零，且 $\beta G_{0L}\gg1$ 时，输出电压为

$$U_o\approx-\frac{R_F}{R_1}U_1+\left(1+\frac{R_F}{R_1}\right)U_2+U_{00S} \tag{6-14}$$

由式（6-14）可见，只要适当选择输入偏置 U_1、U_2，总可以使静态输出电压等于零伏。当用作反相放大器时，运放反相端电压 U_A 将与 U_1 无关，且存在如下关系

$$U_A=U_2+U_{I0}-I_{B2}R_2=U_{I0}-I_{B2}R_2 \tag{6-15}$$

在 $\beta G_{0L}\gg1$ 条件下，运放反相端电压是极其小的失调电压值。把这种情况作为近似理想的"假地"，经常应用于分析运放所构成的各种电路中。

6.3　典型的应用电路

6.3.1　比例放大器

比例放大器是指输出信号和输入信号按一定比例放大的一种放大器。由于一般运算放大器都是差分形式的，所以它又分为反相比例放大器和同相比例放大器。

（1）反相比例放大器　图 6-10 就是一个反相比例放大器的电路图。R_F 是反馈元件，R_1

和 $R_1 /\!/ R_F$ 是放大器输入端的外接电阻。G_{0L} 是运算放大器的开环增益，反馈电压加到反相输入端的那点用 Σ 表示，此点称为相加点，R_{in} 是从 Σ 点向放大器看进去的输入阻抗，R_o 是放大器的输出电阻。

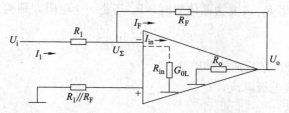

图 6-10　反相比例放大器的电路

从图 6-10 中可以列出下列关系式

$$I_1 = I_{in} + I_F \tag{6-16}$$

$$\frac{U_i - U_\Sigma}{R_1} = \frac{U_\Sigma}{R_{in}} + \frac{U_\Sigma - U_o}{R_F} \tag{6-17}$$

$$U_\Sigma = -\frac{U_o}{G_{0L}} \tag{6-18}$$

将式（6-18）代入式（6-17）可得

$$\frac{U_o}{U_i} = -\frac{R_F}{R_1} \times \frac{G_{0L}}{1 + G_{0L} + R_F\left(\dfrac{1}{R_1} + \dfrac{1}{R_{in}}\right)} \tag{6-19}$$

如果当 $G_{0L} \to \infty$，$R_{in} \to \infty$，$R_o = 0$，输入失调电压 $U_{0S} = 0$，输入失调电流 $I_{0S} = 0$，而且反馈很深时，当输入一正信号 U_i 时，则在 Σ 点有一正信号，这信号经放大在输出端得一很大的负信号，它经反馈回路 R_F 又回到 Σ 点，从而使 Σ 点信号被抵消，因此可以近似地认为 Σ 点信号为零，同时输入放大器的输入端电流也为零，这时可将式（6-19）简化为

$$\frac{U_o}{U_i} = -\frac{R_F}{R_1} \tag{6-20}$$

则

$$U_o = \frac{R_F}{R_1} U_i \tag{6-21}$$

上面的简化结论是假设放大器为理想放大器，从而使 Σ 点的信号近似为零而得出的。由于 Σ 点信号近似为零，因此通常将 Σ 点称为"虚地"点。之所以称为"虚地"，是因为它并非是真正的地，若真正是地，则所有信号全部被短路了。而事实上，这点电压近似为零，输入电流 I_1 并不流入"虚地"而是直接流入 R_F 的，所以信号并没有被短路。

从式（6-21）可知，负反馈放大器的闭环增益与放大器本身参数无关，仅取决于反馈回路。改变反馈回路参数，可以实现各种不同的运算功能。

① 反相器：将 R_F 改变为 $R_F = R_1$，则构成反相器，即

$$U_o = -U_i \tag{6-22}$$

② 加减器：将输入电阻 R_1 改变为多个电阻（即 $R_1, R_2, \cdots, R_n$），并分别加入 U_{i1}，$U_{i2}, \cdots, U_{in}$ 时，则构成加减器，即

$$U_o = -R_F\left(\frac{U_{i1}}{R_1} + \frac{U_{i2}}{R_2} + \cdots + \frac{U_{in}}{R_{in}}\right) \tag{6-23}$$

③ 积分器：将 R_F 改变为电容 C 时，R_1 还是一个电阻，则构成积分器，即

$$U_o = -\frac{1}{RC}\int U_i(t)\,\mathrm{d}t \tag{6-24}$$

④ 微分器：将 R_1 改变为电容 C 时，R_1 还是一个电阻，则构成微分器，即：

$$U_o = -RC \frac{dU_i}{dt} \tag{6-25}$$

⑤ 对数放大器：将 R_F 改变为晶体管时，R_1 还是一个电阻，则构成对数放大器，即

$$U_o = -\frac{KT}{q} \ln \frac{I_C}{I_0} \tag{6-26}$$

式中　I_0——晶体管 PN 结反向饱和电流；

　　　I_C——晶体管集电极电流；

　　　q——电子电荷；

　　　K——玻耳兹曼常数；

　　　T——绝对温度。

⑥ 电压比较器：如果将放大器的"＋"端接一基准电压 U_{ref} 时，则"－"端和"＋"端就有一个电压 U_{iCM}，这时，放大器的输出为

$$U_o = -U_{iCM} \frac{R_F}{R_1} \tag{6-27}$$

反相比例放大器的输入阻抗为

$$R_{in} = R_i \tag{6-28}$$

反相比例放大器的输出阻抗为

$$R_{on} = R_o \frac{1 + \dfrac{R_F}{R_1}}{G_{0L}} \tag{6-29}$$

（2）同相比例放大器　图 6-11 就是一个同相比例放大器的电路图。

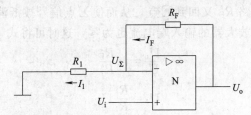

图 6-11　同相比例放大器的电路

从图 6-11 中可以得出

$$U_\Sigma = U_i - \frac{U_o}{G_{0L}} \tag{6-30}$$

因为

$$U_\Sigma = U_o \times \frac{R_1}{R_1 + R_F}$$

所以

$$U_i - U_o/G_{0L} = U_o \times \frac{R_1}{R_1 + R_F}$$

所以

$$\frac{U_o}{U_i} = \frac{1}{\dfrac{R_1}{R_1 + R_F} + \dfrac{1}{G_{0L}}} \tag{6-31}$$

如果放大器为理想放大器，式（6-31）可以简化为 $U_o/U_i = 1 + R_F/R_1$，则有

$$U_o = U_i \left(1 + \frac{R_F}{R_1}\right) \tag{6-32}$$

如果式（6-32）中的反馈电阻 $R_F = 0$，使输出直接反馈到"－"端，则构成了一个电压跟随器，即

$$U_\mathrm{o}=U_\mathrm{i} \tag{6-33}$$

同相比例放大器的输入阻抗为

$$R_\mathrm{in}=\dfrac{R_\mathrm{i}G_\mathrm{0L}}{1+\dfrac{R_\mathrm{F}}{R_1}} \tag{6-34}$$

同相比例放大器的输出阻抗为

$$R_\mathrm{on}=R_\mathrm{o}\dfrac{1+\dfrac{R_\mathrm{F}}{R_1}}{G_\mathrm{0L}} \tag{6-35}$$

从上面的分析可看出，同相比例放大器与反（倒）相比例放大器的不同之处，就是输出信号是与输入信号同相位的，它的增益也与反馈回路有关，而与放大器本身无关。与反（倒）相比例放大器一样改变反馈回路的参数，可以实现各种不同的运算功能。

6.3.2　单电源的应用

单电源的应用与正负双电源应用是相同的，区别仅是"电位参考点"不同。双电源的参考电位取总电源电压的中间值（多数是取中心值，即正负电源电压相等），而单电源应用的参考电位点是运放的负电源端（U_- 端连到地作为 0V），如图 6-12 所示。

同相输入端的偏置电压是由 R_3 和 R_4 提供的，此时输出端的直流电压为

$$U_\mathrm{o}'=\dfrac{R_3}{R_3+R_4}\times U_\mathrm{CC} \tag{6-36}$$

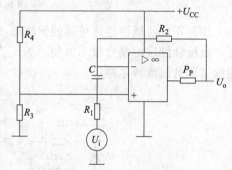

图 6-12　单电源应用电路

信号输出电压 U_o 是以 U_o' 为中心的正负偏离，增益由 $-(R_2/R_1)$ 决定。

单电源直流输出应用中，尤其要注意输入、输出的保护，防止对地（这里是 U_- 端）短路。R_P 的作用是对输出进行保护。

6.3.3　恒流源

（1）输入式恒流源　如图 6-13 所示。

同相端加上基准电压 U_Z 后，反相端对地的电压将与同相端的电压相同，即流过 R_L 和 R_1 的电流将使反相端对地电压等于 E_S，因此只要知道反相输入端到地的电阻 R_1，即可得到输出电流值。

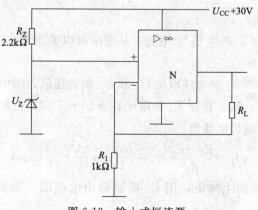

图 6-13　输入式恒流源

$$I_{\text{out}} = \frac{E_{\text{S}}}{R_1} \qquad\qquad (6\text{-}37)$$

式中　E_{S}——同相端的电压。

（2）吸入式恒流源　如图 6-14 所示。为了得到较大的输出，采用 V_1 晶体管，R_1 固定为 30Ω，E_{S} 从 R_{W} 取得。当 R_1 固定为 30Ω，R_{W} 在最大值，$E_{\text{S}} = 6\text{V}$ 时，输出电流值为 $I_{\text{out}} = E_{\text{S}}/R_1 = 6\text{V}/30\Omega = 200\text{mA}$。

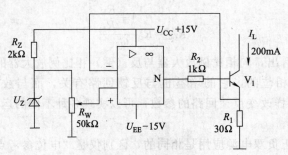

图 6-14　吸入式恒流源

（3）正、负极性连续可调的恒流源　上面所讨论的恒流源都是单极性的，这在连续地作正、负极性测定的场合很不方便。为了克服这一缺点，出现了如图 6-15 所示的正、负极性连续可调的恒流源电路。

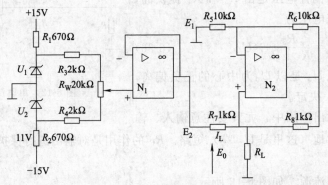

图 6-15　正、负极性连续可调的恒流源

该电路在保证 $\dfrac{R_8}{R_7} = \dfrac{R_6}{R_5}$ 条件下，输出电流与负载无关，其输出电流为

$$I_{\text{L}} = \frac{E_2 - E_1}{R_7} \qquad\qquad (6\text{-}38)$$

图 6-15 中的 N_1 运放是产生 E_2 的电路，从图中可以看出 $E_1 = 0$，所以该电路的输出电流为 $I_{\text{L}} = E_2/R_7$。

从图 6-15 中可以看出 E_2 的电压取决 U_1 和 U_2 的稳压值，图中 U_1 和 U_2 选择 11V 的稳压管，因此调整电阻 R_3、R_4，保证 E_2 的电压在 +10～-10V 之间。根据式（6-38），在电路中选择 $R_7 = 1\text{k}\Omega$ 时的输出电流为

$$I_{\text{L}} = \frac{E_2 - E_1}{R_7} = \frac{(\pm 10\text{V}) - 0\text{V}}{1\text{k}\Omega} = \pm 10\text{mA}$$

用 R_3 调整输出电流的上限值，用 R_4 调整输出电流的下限值，用 R_{W} 调整输出电流范围。

6.3.4　比较器

比较器是电子仪器仪表经常使用的电路，其种类比较多，主要有以下几种。

（1）带有门限电压的比较器　如图 6-16 所示。

该电路可以自由选择门限电压，并能在很大范围内使用。门限电压决定于 R_1 和 R_2 的电阻比，此门限电压为

$$U_{th}=\frac{R_1}{R_2}\times U_{ref} \tag{6-39}$$

式中　U_{th}——门限电压；

　　　U_{ref}——基准电压。

因此 $U_i<1.5V$（U_{th}门限电压）范围内，输出电压向 U_{CC} 方向饱和；$U_i>1.5V$ 时，输出电压向 U_{EE} 方向饱和；当输入在零伏左右时，运算放大器的失调电压会影响比较电压，所以应进行调零。

（2）带有固定基准电压的比较器　如图 6-17 所示。

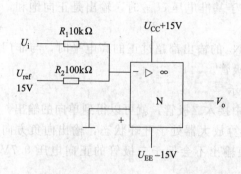

图 6-16　带有门限电压的比较器

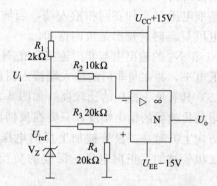

图 6-17　带有固定基准电压的比较器

固定基准电压由稳压管 V_Z 提供，并用 R_3、R_4 电阻分压而得到 U_{th}，即

$$U_{th}=\frac{R_4}{R_3+R_4}U_{ref} \tag{6-40}$$

（3）具有逻辑电平的比较器　如图 6-18 所示。

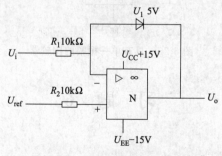

图 6-18　有逻辑电平的比较器

在需要将比较电路和数字电路直接连接的场合，将稳压管接在反馈回路中，就得到需要的逻辑电平，输出向正方向上升，超过齐纳电压时，就进入击穿区域，反馈量增大，电压不再升高。电路中选择的是 5V 稳压管，所以输出不超过+5V。输出向负方向下降时，稳压管为正向工作状态，故输出不低于-0.6V。当输入在零伏左右时，运算放大器的失调电压会影响比较电压，所以应进行调零。

（4）用两个运放组成的逻辑电平的比较器　如图 6-19 所示。

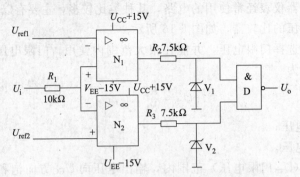

图 6-19　用两个运放组成的逻辑电平的比较器

N_1 是决定下限的比较电路，基准电压 U_{ref1} 加在反相输入端。当输入低于基准电压 U_{ref1} 时，输出是负向饱和，高于基准电压 U_{ref1} 时，输出是正向饱和。N_2 是决定上限的比较电路，基准电压 U_{ref2} 加在同相输入端，当输入低于基准电压 U_{ref2} 时，输出是正向饱和，高于基准电压 U_{ref2} 时，输出是负向饱和。

N_1 和 N_2 的输出由与非门连接，在 N_1 和 N_2 的输出都超过正的高电平时，与非门输出的是低电平，并在与非门的输入端接入钳位二极管。

（5）具有单一振幅的比较器　如图 6-20 所示。

限制比较器的输出幅度，只要在反馈回路中接入二极管，就可以得到单向的输出，输出向正方向上升时，二极管被加上反向电压，运算放大器处于开环状态，输出向负方向下降时，二极管被加上正向电压，深度的负反馈使输出不会低于二极管的正向电压 0.7V（或 0.2V）。

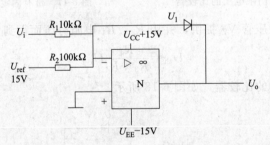

图 6-20　具有单一振幅的比较器

习　题　6

一、选择题

1.（　　）集成电路属于线性集成电路。

　　A. 运算放大器　　　　　　　B. 电压比较器　　　　　　C. 直流电源变换器

2.（　　）集成电路属于线性集成电路。

　　A. 运算放大器　　　　　　　B. 电压比较器　　　　　　C. 差分放大器（DA）

3. 运算放大器一般符号的求和限定符号是（　　）。

　　A. $\sum$　　　　　　　　　　B. 时间微分　　　　　　　C. 积分

4. 运算放大器一般符号的时间微分限定符号是（　　）。

    A. Σ B. 时间微分   C. 积分

5. 运算放大器一般符号的积分限定符号是（   ）。

    A. Σ B. 时间微分   C. 积分

6. 运算放大器一般符号的指数限定符号是（   ）。

    A. exp   B. log   C. SH

7. 运算放大器一般符号的对数限定符号是（   ）。

    A. exp   B. log   C. SH

8. 运算放大器一般符号的采样限定符号是（   ）。

    A. exp   B. log   C. SH

9. 运算放大器输出可能出现大电流负载的情况，要在运算放大器输出端串联保护电阻为（   ）。

    A. $R_P = 100\Omega \sim 4k\Omega$ B. $R_P = 5 \sim 10k\Omega$ C. $R_P = 10 \sim 20k\Omega$

10. 负反馈对增益稳定性和准确度的改善不仅取决于反馈比 β，还与 G_{0L}（   ）。

    A. 无关   B. 有关   C. 都不是

二、判断题

1. 运算放大器只有作为比较器使用时才不加负反馈。   （   ）

2. 运算放大器作为放大器使用时不必须加直流负反馈，才能使它工作在线性区域。   （   ）

3. 负反馈对增益稳定性和准确度的改善不仅取决于反馈比 β，还与 G_{0L} 有关。   （   ）

4. 负反馈使输出阻抗减小到原来的 $1/(1+\beta G_{0L})$。只要 $\beta G_{0L} \gg 1$，就变成 $R_{oe} \approx 0$ 状态（所谓"任意子"状态），输出就成为理想电压源。   （   ）

5. 直流失调可以用适当调整偏置的办法予以消除。   （   ）

第 7 章 数字电路

【学习目标】

　　1. 了解和理解脉冲波形、正逻辑与负逻辑的基本概念。

　　2. 熟练掌握二极管门电路、电阻-晶体管逻辑门电路（RTL）、二极管-晶体管逻辑门电路（DTL）、晶体管-晶体管逻辑门电路（TTL）、发射极耦合逻辑门电路（ECL）、集成注入逻辑（IIL 或 I^2L）、金属-氧化物-半导体逻辑（MOSL）、接口电路的工作原理。

　　3. 熟练掌握逻辑门电路、组合逻辑电路的逻辑电路图形符号。

7.1　脉冲波形的概念

　　在电子仪器仪表中使用的电信号有连续信号和脉冲信号两种。连续信号又称为模拟信号，如前面讨论的正弦波就属于这一种，它们属于模拟电子线路的讨论范畴。脉冲信号是变化快慢不一，作用时间断续的数字信号。

　　由于脉冲波形千变万化，很难用几个参数对它作精确的描述，在工程上为了便于定量分析，通常在幅度和时间两个方面规定几个参数，现以矩形电压波形（如图 7-1 所示）为例介绍简单概念。

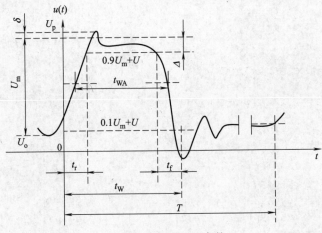

图 7-1　脉冲波形的参数

　　（1）幅度参数

　　U_o——脉冲的起始电位，也称为静态电平，它可正可负，由电路初态而定。

　　U_m——脉冲幅度。

　　U_p——脉冲峰值，可以有正峰和负（反）峰值之分。

　　Δ——平顶下降。

δ——超量，也可有正、反向超量之分。

Δ 和 δ 这两个参数，有时用对幅度 U_m 的百分比表示。

（2）时间参数

t_0——脉冲起始时间，通常以 $0.1U_m$ 电平计，在图 7-1 中 $t_0=0$。

t_r——上升时间，以幅度的 $0.1\sim0.9$ 计。

t_f——下降时间，以幅度的 $0.9\sim0.1$ 计。

t_W——脉冲底部宽度，通常以 $0.1U_m$ 电平计。

t_{WA}——脉冲平均宽度，指 0.5 电平的宽度。

T——周期，其倒数即为频率 f，而将 t_W/T 称为脉冲占空比 β。

从图 7-1 中可以看出，脉冲也有正负之分，脉冲电压自起始电平向上变化的便为"正脉冲"，反之，向下变化的则是"负脉冲"。对正脉冲而言，前沿就是上升沿，后沿则为下降沿；而负脉冲，t_f 为前沿时间，t_r 则成为后沿时间。

7.2　逻辑门电路

7.2.1　二进制逻辑单元符号

（1）二进制逻辑单元符号（图 7-2）

① 图形中的"*"表示输入、输出关系的限定符号。

② 图形外面的数字为器件的引脚号，应按器件的引脚实际标注。

③ 图形的大小根据实际选择。

④ 输入、输出的限定符号为：D——数据；A——地址；R——复位；E——扩展；H——高电平；L——低电平；EN——使能；CP——时钟；RO——读出；WI——写入；BCD——二十进制；BIN——二进制；DEC——十进制；SEL——选择、I/O——输入/输出；GND——地；VDD——主电源。

⑤ 当输入处于内部"1"时，输出就处于内部"1"状态。

（2）二进制逻辑电路的组合表示形式（图 7-3）

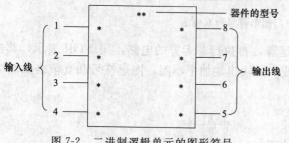

图 7-2　二进制逻辑单元的图形符号

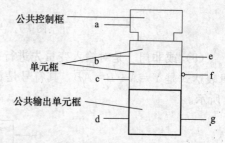

图 7-3　二进制逻辑电路的组合表示形式
a,b,c,d—输入端子；e,f,g—输出端子

7.2.2　逻辑门

（1）与门　能够对输入变量进行与运算的电路，用 AND 表示，其逻辑表达式是 $Y=A \cdot B$，图形符号和真值表如图 7-4 所示。

（2）或门　能够对输入变量进行或运算的电路，用 OR 表示，其逻辑表达式是 $Y=A+B$，图形符号和真值表如图 7-5 所示。

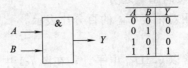

图 7-4　与门图形符号和真值表

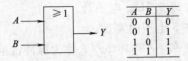

图 7-5　或门图形符号和真值表

（3）非门　能够对输入变量进行非运算的电路，用 NOT 表示，其逻辑表达式是 $A=\bar{Y}$，图形符号和真值表如图 7-6 所示。

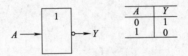

图 7-6　非门图形符号和真值表

关于非门的符号，图中框内总定性记号为"1"，这本是缓冲器的总定性记号，表示唯一的一个输入 A 为 1 时，输出才为 1。在输出端又画了个小圈，这是最终输出应取非（反）的输出说明记号，故实际 $Y=\bar{A}$，这样便构成了非门，在电路中又称反相器。

（4）与非门　是对输入变量先进行与运算，再执行非运算的电路，用 NAND 表示，其逻辑表达式是 $Y=\overline{AB}=\bar{A}+\bar{B}$，其符号是在与门的输出端加个小圈，图形符号和真值表如图 7-7 所示。

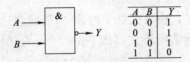

图 7-7　与非门图形符号和真值表

（5）或非门　是对输入变量先进行或运算，再执行非运算的电路，用 NOR 表示，其逻辑表达式是 $Y=\overline{A+B}=\overline{AB}$，其符号是在或门的输出端加个小圈，图形符号和真值表如图 7-8 所示。

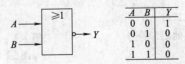

图 7-8　或非门图形符号和真值表

（6）异或门　是对两输入变量比较它们是否相异，简称异门，其符号的总定性记号为"=1"，即两输入中只有一个为 1 时，输出才为 1。异或门又叫做半加器，因为它能完成两个一位数的相加运算，用 EXOR 表示，其逻辑表达式是 $Y=A\oplus B=\overline{A}B+A\overline{B}$，图形符号和真值表如图 7-9 所示。

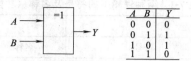

图 7-9　异或门图形符号和真值表

（7）异或非门　也称为同门、符合门，它能检测两输入是否相同，其符号的总定性记号为"＝"，表示两输入端相等，输出为 1，否则为 0，用 EXNOR 表示，其逻辑表达式是：$Y=\overline{A\oplus B}=AB+\overline{AB}$，图形符号和真值表如图 7-10 所示。

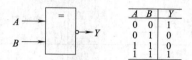

图 7-10　异或非门图形符号和真值表

7.2.3　正逻辑与负逻辑的概念

在实际工作中用电压表征逻辑变量的是多数，通常用电路中的较高电平 U_H 代表逻辑 1，较低电平 U_L 代表逻辑 0，这样符合人们的习惯，便于观察和测试。至于这高、低电平是正是负，具体为何值，这要看使用的集成电路类别，及所用的电源电压而定。

通常，将这种高电平 U_H（简写 H）代表逻辑 1，较低电平 U_L（简写 L）代表逻辑 0 的约定简称"正逻辑"。前面讨论过的与、或、与非、异或及异或非等逻辑门的命名，都是符合正逻辑约定的。

显然，还可以作出相反的约定，即用电路高电平 H 代表逻辑 0，较低电平 L 代表逻辑 1，这样就是负逻辑约定，简称"负逻辑"。

设某个 2 输入门电路的电平真值表如图 7-11（a）所示，用"正逻辑"表示真值表如图 7-11（b）所示，与前面讨论的与非门的真值表相同；用"负逻辑"表示真值表如图 7-11（c）所示，与前面讨论的或非门的真值表相同。即同样的电路用"负逻辑"表示就变成或非门了，由此可看出，通过真值表，"正、负逻辑"是可以相互转换的。不难得出，"正逻辑"的与、或、与非、或非、异或及同或门，若在"负逻辑"场合，便可分别用作或、与、或非、与非、同或及异或门，反之亦然。

U_A	U_B	U_Y	A	B	Y	A	B	Y
L	L	H	0	0	1	1	1	0
L	H	H	0	1	1	1	0	0
H	L	H	1	0	1	0	1	0
H	H	L	1	1	0	0	0	1

(a) 电平真值表　　　　(b) 正逻辑或非门真值表　　　　(c) 负逻辑或非门真值表

图 7-11　真值表

表 7-1 给出了基本门电路在两种逻辑下的符号及名称（功能）。

应该说明的是，在同一张逻辑图上，状态标注法和电平标注法应选择其一，不可混用。还应记住，在涉及逻辑单元框内的功能时，只有逻辑状态的概念，而且总是采用正逻辑约定。只有在讨论单元框之间的输入、输出信号线时，才会有逻辑状态和逻辑电平两种标注法，也才有采用负逻辑概念的可能性。

表 7-1　两种逻辑下的符号及名称（功能）

电路名称	正 逻 辑		负 逻 辑	
	名称	符号	名称	符号
缓冲器	正缓冲器		负缓冲器	
反相器	正非门		负非门	
与门	正与门		负或门	
或门	正或门		负与门	
与非门	正与非门		负或非门	
同或门	正同或门		负异或门	

注：若小圈〇在输入端，强调的是输入逻辑 0 为有效信号，经反相成逻辑 1 作为输出信号；若小圈〇在输出端，强调的是输出逻辑 0 为有效信号，那么要求反相器的输入应为逻辑 1 信号。

7.3　门电路的工作原理

7.3.1　二极管门电路

用二极管和电阻所构成的门电路叫做二极管门电路，图 7-12 就是二极管的与门和或门电路。

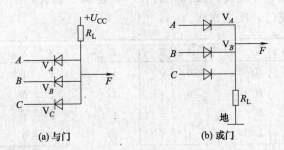

(a) 与门　　　　　(b) 或门

图 7-12　二极管门电路

假设输入信号 A、B、C 的高电平为 U_{CC}，低电平为 0V。

对于图 7-12（a）电路来说，只要有一个输入，例如 A 为 0V，则二极管 V_A 导通，输出 F 变为 0.7V，也称为低电平；只有 3 个输入均为高电平 U_{CC}，输出 F 才等于 U_{CC}，即高电平。显然，对正逻辑而言，图 7-12（a）电路是一个三输入与门电路。

对于图 7-12（b）电路来说，只要有一个输入，例如 A 为高电平 U_{CC}，则二极管 V_A 导通，输出 F 也为高电平，其值为 $U_{CC}-0.7V$，比输入要低一个二极管压降；只有当 3 个输入均为低电平 0V 时，所有二极管不都导通，输出 F 才等于 0V，即低电平。显然，对正逻辑而言，图 7-12（b）电路是一个三输入或门电路。

通过上面的讨论可知，二极管门电路的输入电平确定后，与门的输出低电平要上浮 0.7V，而或门的输出高电平要下移 0.7V，这是简单二极管门电路的缺点，它不利于多级逻辑运算；而且电路的输出驱动能力小，其负载的接入影响输出电平。其改善的方法是在后面接一反向缓冲器或驱动器。这样就形成了新的门电路。

7.3.2 电阻-晶体管逻辑门电路

利用饱和晶体管开关及电阻所构成的逻辑门电路，用 RTL 表示，是早期的实用门电路，如图 7-13 所示。

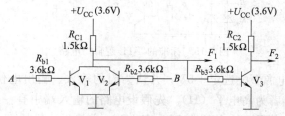

图 7-13 RTL 或/或非门

从图 7-13 中可以看出，输入 A 或 B 中，只要有一个高电位，使相应的晶体管饱和，输出 F_1 就变成低电位。只有在 A、B 均为低电平时，V_1 和 V_2 两管才同时截止，F_1 成高电平，这样便形成了或非门功能，即 $F_1 = \overline{A + B}$。通过后面接反向器 V_3，则输出 $F_2 = \overline{F_1} = A + B$，是或功能。它是一种上拉电阻输出，即输出低电平时为低内阻，输出高电平时为高内阻，因此这类门在输出高电平时，负载能力差，能带动同类门的数目较少，所以在短时间内就被 DTL 门电路所代替。

7.3.3 二极管-晶体管逻辑门电路

主要是用晶体二极管和晶体三极管及电阻而构成的门电路（DTL），如图 7-14 所示。

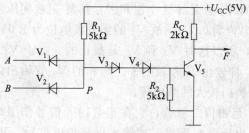

图 7-14 DTL 与非门

从图 7-14 中可以看出，由 V_1 和 V_2 及电阻 R_1 组成与门，而由晶体三极管 V_5 构成反相器，则完成逻辑非的功能。当两个输入 A 和 B 均为高电平时，使 V_1 和 V_2 都截止，P 点就处于高电平，这样，输出管 V_5 的基流是由电源 U_{CC} 通过电阻 R_1 及 V_3 和 V_4 来提供，使 V_5 饱和，输出 F 为低电平，于是便实现了正逻辑的与非运算。

当输出 F 为高电平时，后接的同类 DTL 负载门不对输出 F 高电平造成负担，因为这时负载门的输入二极管是截止的，这就是较 RTL 优越之处。但是 DTL 和 RTL 两种门电路的传输时延 t_{pd} 都比较大，可长达 25ns，这主要是饱和管的消散时间长。这是 DTL 门电路的缺点，所以在短时间内就被 TTL 门电路所代替。

7.3.4　晶体管-晶体管逻辑门电路

（1）标准的 TTL 逻辑门电路　现以 2 输入与非门为代表的电路（图 7-15）说明 TTL 逻辑门电路的工作原理。

图 7-15 中 V_1 为多发射极晶体管，它的两个发射结就起到 DTL 电路中 V_1 和 V_2 的作用，而原来的输出反相器 V_4，现在则由 V_2 分相器及 V_3、V_4 管串联叠成的推拉输出电路组成。

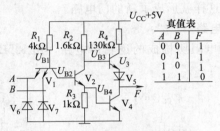

A	B	F
0	0	1
0	1	1
1	0	1
1	1	0

图 7-15　标准的 TTL 逻辑门电路

按规定，TTL 的电源 U_{CC} 选定 +5V，并认为门的输入、输出电位在 0.8V 以下者为低电平（L），而超过 2V 者为高电平（H）。先假设电路的输入端中有一个为低电平，这时 V_1 管相应的发射结导通，使基极电位钳在 $U_{B1} \leqslant 1.4V$，它将无法维持 V_1 集电结和 V_2、V_4 两管发射结的同时导通，因而 V_2、V_4 两管是截止的，V_2 的反向基流就是 V_1 的集流，只是数值很小。这样，流经 R_1 的 V_1 的基流，主要是经导通的发射结流向低电平的输入信号源，成为前级门的灌电流负载。同时，因 V_2 截止，V_3 管将因电阻 R_2 接电源而导通，使输出为高电平。由于 V_3 有射极跟随器的特性，故使输出成低阻抗，仅数十欧，可以提供较大的输出电流，也称为拉电流，能使容性负载迅速充电。当两个输入均为高电平时，门电路内部的工作状态依然如此，只是流经 R_1 的基流，现在要从两个发射结分流到前级门去。

当两个输入均为高电平时，按以上分析，似乎 U_{B1} 要升到 2.7V 以上，这样的话，V_1 集结和 V_2、V_4 两管的发射结都要导通，结果使 U_{B1} 只能钳在 2.1V。因此，使 V_1 的两个发射结均反偏，但集电结是正偏的，V_1 的基流将经过集电结而成为 V_2 的正向基流。可以看出，这时的 V_1 成倒置工作，而 V_2 管是导通于饱和区，其集-射间压降仅为 0.3V。由于 V_2 的射极与 V_4 基极相连，其电位为 0.7V，故 V_2 的集电极电位为 1.0V，这不足以维持 V_3 的发射结和二极管 V_5 的导通，所以这时 V_3 和 V_5 是截止的。由于 V_4 也处于导通与饱和状态，其集电极电位仅为 0.3V，即输出 F 为低电平。饱和的 V_4 管输出内阻也很小，至多一二十欧，故可吸收来自后级同类门较大的灌电流。

图 7-15 中的 V_6、V_7 是钳位二极管，它在正常输入信号作用时是截止的，不影响门的逻辑功能；但当输入信号出现负向反峰，或输入误接负电位后，V_6、V_7 就导通，使 V_1 管的发射极至多为 0.7V，不致因基流过大而使管子损坏，所以对 V_1 管起保护作用，因此称为保护二极管。

综上所述，在标准型 TTL 门电路中，当输入为高（H）或低（L）逻辑电平的各种可能组合时，各节点及输出 F 的电平情况如表 7-2 所示。

表 7-2　电平真值表

A	B	V_1	U_{B1}	U_{B2}	V_2	U_{B3}	U_{B4}	V_3	V_4	F
L	L	导通	≤1.4V	≤1.0V	截止	≥1.0V	≤0.4V	导通	截止	H
L	H	导通	≤1.4V	≤1.0V	截止	≥1.0V	≤0.4V	导通	截止	H
H	L	导通	≤1.4V	≤1.0V	截止	≥1.0V	≤0.4V	导通	截止	H
H	H	截止	2.1V	1.4V	导通	1.0V	0.7V	截止	导通	L

按正逻辑约定，从电平真值表可以看出，只要有一个输入为低电平，输出就是高电平，只有全部输入为高电平时，输出才为低电平。所以该门电路是一个 2 输入与非门，$F=\overline{AB}$。

标准型 TTL 门电路使用不久，就出现各有特色的改进，产生的主要品种如下。

① 快速型 H-TTL 门电路，主要的特点是改善了管子的开关速度；在输出电路中用达林顿对管，使输出高电平时内阻进一步减小，增加了输出拉电流的能力；电路的时延可降到 6ns，但功耗增大了一倍多。

② 低功耗型 L-TTL 门电路，主要的特点是省去了 V_6、V_7 保护二极管。改变了电阻的参数 $R_1=40\text{k}\Omega$、$R_2=20\text{k}\Omega$、$R_3=500\Omega$、$R_4=12\text{k}\Omega$，降低了功耗。结果使电路的功耗降低到 1mW。

③ 肖特基型（S-TTL）门电路，主要的特点是采用了有源泄放电路代替 R_3 电阻，改善了 V_4 的开关特性和电路的转换特性，以提高速度，但增加功耗。其平均时延为 3ns。

④ 低功耗肖特基型（LS-TTL）门电路，在电路中采用了有源泄放电路，为了降低功耗，在不致太降低速度的情况下，适当增加电阻的阻值。并将电路中的多发射极管改成纯肖特基二极管而组成逻辑门电路，同时改进了达林顿对管电路，结果使电路的功耗降低到 2mW，时延为 10ns。

⑤ 先进的肖特基型（AS-TTL）门电路，是在原有的 S-TTL 电路上进行改进，成为新一代数字仪器仪表的掌器件。

⑥ 先进的低功耗肖特基型（ALS-TTL）门电路，是在原有的 LS-TTL 电路上进行改进，成为新一代数字仪器仪表的掌器件。

⑦ 最后则是高速型（F-TTL）门电路，其速度可与 S-TTL 媲美，而功耗仅为 S-TTL 的 1/5，其电路除了保持肖特基型外，在输入、输出处又有新措施添入，其目的是在保持高速度的前提下，降低输入端的电流，也就提高了驱动同类门的功能。

（2）TTL 逻辑门电路外特性与参数

① 电压转换特性：又称为电压传输特性，它是门电路输出电压随输入电压变化的曲线，即 $u_o=f(u_1)$。

② 噪声容限值（U_{NH} 或 U_{NL}）：在实际数字系统中存在多种噪声源，如输入端因感应噪声（干扰或毛刺），超出噪声限而造成输出逻辑出错或误码的情况，因此，规定噪声容限，便于正确选择集成电路，并采取必要的抗干扰措施，保证所设计的系统能正确传送逻辑信号。

③ 传输时延（t_{pd}）：它是用来说明输出波形相对于输入波形延迟的概念，是门电路的一个重要参数。

④ 输入特性：门的输入特性，就是门输入端的电流 i_1 随输入电压 u_1 的变化关系，即 $i_1=f(u_1)$，而不是门的各输入端之间的逻辑关系。在实际应用中不应将多余的输入端悬空，应根据器件的功能给以适当的直流偏置。其将多余的输入端悬空，易造成逻辑功能混乱。

⑤ 输出特性：当前级门输出 u_o 为高电平时，负载电流 i_o 流向后级负载门的输入端，为拉电流，由于输出存在内阻，随着拉电流增大，输出高电平 U_{OH} 呈下降曲线。当前级门输出 u_o 为低电平时，负载电流 i_o 是后级负载门的灌电流，由于输出管内阻较小，所以灌电流负载增加，输出低电平 U_{OL} 略有上升。

⑥ 扇出系数：表示门电路的驱动能力。它表明当门的输出电平能保持在某额定范围内时，一个门的输出端能带动同类门的数目。其计算方法是

$$N_{oL} = \frac{I_{oLmax}}{I_{iLmax}} \quad 和 \quad N_{oH} = \frac{I_{oHmax}}{I_{iHmax}} \tag{7-1}$$

式中　N_{oL}、N_{oH}——输出低电平、高电平时的扇出系数；

　　　　I_{oLmax}——最大允许的灌电流；

　　　　I_{iLmax}——负载门最大低电平输入电流；

　　　　I_{oHmax}——最大允许的拉电流；

　　　　I_{iHmax}——负载门最大高电平输入电流。

7.3.5　发射极耦合逻辑门电路

图 7-16 是典型的发射极耦合逻辑门电路（ECL）的 2 输入或/或非门电路。

电路也是双极型晶体管逻辑电路，与 TTL 不同的是，它是非饱和逻辑电路，内部主要是差放和射随电路，所以晶体管工作在放大和截止两区，不进入饱和区，因而管子就没有存储时间；差分管的工作方式接近共基极电路，与 TTL 中的共射模式不同，使管子的接通和断开时间缩短；较小的集电极负载电阻，也就减小了分布电容的时间常数，并且设计的逻辑摆幅也较小，约 0.85V，所以 ECL 门的转换速度很高，平均传输时延可小于 2ns。

图 7-16 电路右侧的差放电路中，右管 V_3 的基极接有稳定的参考电压 $U_{fB} = -1.29V$，而输入信号 A、B 则分别加在左管 V_1、V_2 的基极。当 A、B 均为低电平 $U_{IL} = -1.75V$ 时，V_1、V_2 均截止，而 V_3 管因基极电位 U_{fB} 高于 U_{IL} 而导通。由于 ECL 电路中 PN 结的阈值 $U_{th} = 0.8V$，故公共射极电位 $U_E = -1.29 - 0.8 = -2.09V$，为低电位，$V_3$ 的导通使其集电极电位降低，从而使输出 F_1 为低电平 $U_{oL} = -1.7V$，而输出端 F_2 则处在高电位 $U_{oH} = -0.9V$。

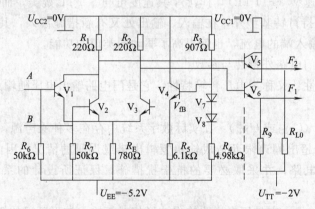

图 7-16　典型的 ECL 的 2 输入或/或非门电路

当输入有一个为高电平 $U_{IH} = -0.9V$ 时，上述两个输出状态将对调。如 B 为 $-0.9V$，则 V_2 导通，使射极电位 $U_E = -0.9 - 0.8 = -1.7V$，升到高电位，迫使 V_3 截止。V_2 的导通，使 F_2 成低电平 U_{oL}，同时 V_3 截止，使 F_1 为高电平 U_{oH}。这样，正逻辑约定的逻辑功能如下：

F_1 表示或功能，即 $F_1 = A + B$；

F_2 表示或非功能，即 $F_2 = \overline{A + B}$。

7.3.6　集成注入逻辑

集成注入逻辑（IIL 或 I^2L）也是一种双极型晶体管逻辑电路，它具有集成度高、功耗低、工艺简单及速度高等优点，因而适宜制作大规模集成电路，如逻辑阵列、位移寄存器及存储器等。

I²L 与 TTL 比较的优点是电路简单，产生同样函数的传输级数少，逻辑摆幅小，分布电容影响小，使每级门的传输时延不足 7ns，故它的功耗时延积在 1pJ 以下，由于工艺与 TTL 是兼容的，故与 TTL 电路接口是很容易的，且接口电路可和 I²L 集成在同一基片上。I²L 的缺点是因逻辑摆幅小，使抗干扰性能差，开关速度也慢，因管子进入饱和状态，使单级传输时延达 20～30ns。

7.3.7　金属-氧化物-半导体逻辑

金属-氧化物-半导体逻辑（MOSL）也是门类广、品种多的一个逻辑族，许多性能指标都达到甚至超过了 TTL 电路，尤其在大规模集成电路领域中，更显出其功耗低、集成度高的优点。

互补 MOS 反相器（CMOS）和静态 CMOS 门电路是该系列电路的典型代表，在使用时应注意，由于 MOS 的输入阻抗很高，可达 $10^{10}\sim10^{12}\Omega$，所以 CMOS 电路的输入端是不允许开路的，否则，微量的感应电荷都会产生明显的甚至是危险的感应电压，会给系统造成功能混乱或器件损坏。

7.4　接口电路的工作原理

7.4.1　TTL 和 CMOS 电路的互换

（1）电源电压相同时的互换　电源电压都是 5V 时的 TTL 和 CMOS 的输入和输出接口电平，如图 7-17 所示。

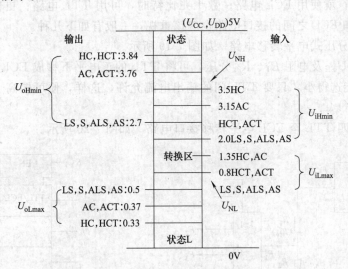

图 7-17　TTL 和 CMOS 的输入和输出接口电平图

从图 7-17 中可见，当用 TTL 驱动 HCT 或 ACT 时，电平接口是适配的，因为高电平噪声容限 $U_{NH}=U_{oHmin}-U_{iHmin}=2.7-2=0.7$（V），而低电平噪声容限 $U_{NL}=U_{iLmax}-U_{oLmax}=0.8-0.5=0.3$（V），均是正值；但用 TTL 驱动 HC 或 AC 时，虽然 $U_{NL}=1.35-0.5=0.85$（V），而 $U_{NH}=2.7-(3.5$ 或 $3.15)=-0.8$（或 -0.45）（V），出现负值，表示无法传输高电平信号。由 HC、HCT、AC 及 ACT 驱动 TTL，从电平接口说，同样是不成问题的。在驱动能力上，由 TTL 驱动 CMOS 时，扇出系数是足够大的；但反过来，由 CMOS 驱动 TTL 时，情况就不一样了，它可以驱动 10 个 74LS 门，而驱动 2 个 74L 门。

（2）电源电压不相同时的互换　如图 7-18 所示。

图 7-18（a）是 TTL 驱动 CMOS 的电路，处于接口处的 TTL 门，可选用 OC 门，利用外接上拉电阻 R_L，使输出 F_1 的高电平提升到接近 U_{DD} 值，便可驱动后级的 CMOS 电路。上拉电阻 R_L 的阻值根据器件的参数选择。

另外，还可以用专用的 TTL 至 CMOS 电平转移接口电路，如 MC14504，将其接在 TTL 与 CMOS 之间即可。

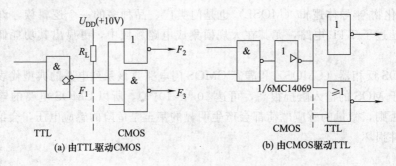

图 7-18　电源电压不相同时的互换

图 7-18（b）是由 CMOS 驱动 TTL 的电路，这时可采用专门的六反相缓冲器或六同相缓冲器 MC14050，由于它们内部加大了末级输出电流，故可满足驱动两个 TTL 门的需要。

7.4.2　TTL 和 ECL 电路的互换

在一个数字系统中，往往根据信号码速的不同，安排不同逻辑族的电路，如码速高达百兆比特或以上时，就使用 ECL 电路；数十兆比特时，可用 TTL 电路；更低则用 CMOS 电路。所以 TTL 和 ECL 之间的接口电路也应该重视，一般有如下几种。

（1）简单的分压式电平转移电路　如图 7-19 所示。

利用负电源 U_{EE} 及电阻 R_1、R_2 分压，可将 TTL 的正电平下移成 ECL 的负电平。电阻 R_1、R_2 应尽可能选得小，只要 TTL 门的输出电流允许，这样，便可提高 ECL 门输入端的抗干扰能力。

（2）专用的四 TTL 至 ECL 电平转移接口电路　如图 7-20 所示。

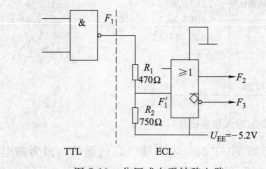

图 7-19　分压式电平转移电路

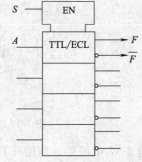

图 7-20　专用电平转移接口
电路 MC10124

当使能信号 S 为 1 时，A 端接 TTL 电平，便能在输出端获得互补的 ECL 电平 F 及 $\overline{F}$；当使能信号 S 为 0 时，则输出呈高阻。

（3）专用的 ECL 至 TTL 电平转移接口电路　如图 7-21 所示。

专用的 ECL 至 TTL 电平转移接口电路 MC10125，它是差分输入，而输出则是图腾柱结构，可驱动 TTL 电路。该接口电路需要将 ECL 和 TTL 两种电源都接入。

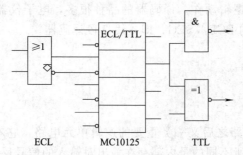

图 7-21　专用的 ECL 至 TTL 电平转移接口电路

7.5　组合逻辑电路

7.5.1　逻辑电路图形符号中的关联记号

在复杂的逻辑电路中，有一些输入或输出变量会对同一电路或单元中其他输入或输出变量产生特定的逻辑制约作用，关联记号就是用来说明这类制约作用的。关联记号是国际逻辑图形符号中的精华，它除了比前面介绍的各种逻辑符号更合理外，还能在不表明复杂的内连情况下，指明输入间、输出间或输入与输出间的相关关系，使系统更紧凑和有意义，从某种意义上说，关联记号所提供的信息，补充了功能记号（总定性记号）说明中的不足。通常，关联记号所涉及的两方，将分别用"影响到……"及"受……的影响"两个术语来描述，表7-3 列出了常用的关联记号及其作用。

表 7-3　常用关联记号及简要说明

关联类型	记号	输入为 1 时的作用	输入为 0 时的作用
地址	A	允许动作（地址可选）	禁止动作（地址不被选择）
控制	C	允许动作	禁止动作
与	G	允许动作	强制在 0 态（置 0）
或	V	强制在 1 态（置 1）	允许动作
非（异或）	N	求补状态	无作用
模式	M	允许动作（模式可选）	禁止动作（模式不被选择）
使能	EN	允许动作（开关接通，门输出状态正常）	禁止动作（开关断开，输出呈高阻）
互连	Z	强制在 1 态（置 1）	强制在 0 态（置 0）
位置	S	受影响的输出被置 1	无作用
复位	R	受影响的输出被置 0	无作用
传输	X	受影响的两端短接	无作用

在图形符号中，若标注关联记号，其后尚需跟一个数字 m，如 Nm 及 Vm 等，这就便于识别，在该单元内标有同样数字的输入或输出将受到 N 或 V 的关联影响；但当 EN、S 及 R 等输入记号后无数字时，表示它们仅是普通的输入记号，而不是关联记号。

7.5.2　译码器

译码是编码的逆过程，它将二进制码或 BCD 码变换成按十进制数排序的输出信息，以驱动对应装置产生合理的逻辑动作。译码器的品种很多，电子仪器仪表最常用的有 2-4 线、3-8 线和专用数码显示用的 BCD/7SEG，即 4 线-7 段译码器。

7.6　触发器

触发器（FF）是门电路之后又一类重要的逻辑单元电路，它本身又是由多个门电路构成的，但与前述组合电路所不同的是内部存在输出对输入的信号反馈，因而触发器具有记忆输入信息的功能。

触发器是存在于电子仪器仪表的数字和逻辑系统中的，可以说凡是涉及数字信号处理的装置，无不采用触发器来暂存数字信息。其产品的种类比较多，按触发原理来分，可以分为基本、主从和边沿等类型，按数据的输入方式来分，则有 RS、D、T 和 JK 等品种。

7.6.1　RS 触发器

RS 触发器，又名复位-置位触发器。它是一种基本触发器。这种触发器可以用与非门，也可以用或非门构成，如图 7-22 所示。

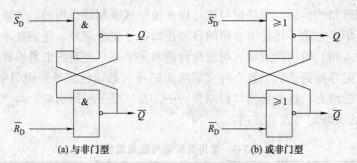

(a) 与非门型　　　　　　　　(b) 或非门型

图 7-22　RS 触发器构成电路图

由图 7-22 可见，这类触发器有两个输出端，即 Q 和 $\overline{Q}$。在正常工作时，Q 和 $\overline{Q}$ 总是互补的，通常就将输出 Q 的状态代表触发器所处的状态，例如 Q 为 1（$\overline{Q}=0$），就称触发器处于 1 状态，反之亦然；电路中还有两个输入端，即 $\overline{S}_D$（或 S_D）和 $\overline{R}_D$（或 R_D），前者称为置位（置 1）端，后者称为复位（复 0 或置 0）端，这里的 $\overline{S}_D$ 及 $\overline{R}_D$，表示与非门型 RS 触发器的置位及复位输入均是低电平有效，而 S_D 及 R_D 则表示或非门型 RS 触发器的置位及复位输入均是高电平有效。这里的下标 D，表示输入 S、R 是对触发器起直接置位、复位作用的。

以图 7-22（a）RS 触发器介绍工作原理。输入 $\overline{S}_D$、$\overline{R}_D$ 有 4 种情况。

（1）输入互补的情况　即 $\overline{S}_D=0$，$\overline{R}_D=1$，则得

$$Q=\overline{\overline{S}_D \cdot \overline{Q}}=\overline{0 \cdot \overline{Q}}=1 \; ; \; \overline{Q}=\overline{\overline{R}_D \cdot Q}=\overline{1 \cdot 1}=0 \tag{7-2}$$

这时触发器被置 1 状态，简称置 1。

（2）当 $\overline{S}_D=1$，$\overline{R}_D=0$ 时　则得 $Q=0$，$\overline{Q}=1$，称为复 0 状态。

（3）当 $\overline{S}_D=\overline{R}_D=1$ 时　则得

$$Q^{n+1}=\overline{\overline{S}_D \cdot \overline{Q}^n}=\overline{1 \cdot \overline{Q}^n}=Q^n \tag{7-3}$$

$$\overline{Q^{n+1}} = \overline{\overline{R}_D \cdot Q^n} = \overline{1 + Q_n} = \overline{Q^n} \tag{7-4}$$

式中 Q^n——触发器的原（现）状态；

Q^{n+1}——新的输入后，触发器即将进入的新（次）状态；

  n——表示上一次，即第 n 次触发器输入后触发器所得到的状态。

（4）当 $\overline{S}_D = \overline{R}_D = 0$ 时 由与非门的特性可知，这时两输出端状态将不成互补关系，而同时为 1，这是一种不正常的强制状态，而且当 $\overline{S}_D$、$\overline{R}_D$ 再一起从 0 变 1 后，Q 和 $\overline{Q}$ 将变得不可预测。这是因为，即使 Q 和 $\overline{Q}$ 能同时从 0 变 1，但两个与非门的传输时延总有差别，还有环境噪声的影响，这些都可导致 Q 和 $\overline{Q}$ 的不确定性。所以与非门型 RS 触发器是禁止工作在这种输入条件下的。

归纳上述的 4 种输入情况，用图 7-23 表示触发器的状态。

$\overline{S}_D$	$\overline{R}_D$	Q	$\overline{Q}$	功能
0	0	(1)	(1)	禁用
0	1	1	0	置 1
1	0	0	1	复 0
1	1	Q^n	$\overline{Q}^n$	保持

$\overline{S}_D$	$\overline{R}_D$	Q^n	Q^{n+1}
0	0	0	—
0	0	1	—
0	1	0	1
0	1	1	1
1	0	0	0
1	0	1	0
1	1	0	0
1	1	1	1

$Q^n \to Q^{n+1}$		S_D	R_D
状态转换		触发输入	
0	0	1	—
0	1	0	1
1	0	1	0
1	1	—	1

(a) 真值表   (b) 状态转换真值表   (c) 状态转换激励表

图 7-23 与非门型 RS 触发器的状态转换特性

$\overline{S}_D + \overline{R}_D = 1$ 是约束条件，表示由与非门构成的基本触发器，其 $\overline{S}_D$ 和 $\overline{R}_D$ 不能同时为 0，否则新状态 Q^{n+1} 将变得不确定。

为了形象地说明与非门型 RS 触发器的操作特性，图 7-24 画出该触发器在各种输入组合下相应的输出波形，图中触发器的起始状态 Q 是任意的，而且忽略了器件时延和波形的边沿时间。

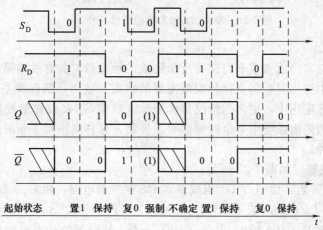

图 7-24 触发器在各种输入组合下的输出波形

在考虑器内部时延和波形边沿时间后的波形图如图 7-25 所示，其中 t_{pLH} 表示置位延迟，t_{pHL} 是复位延迟，而 t_{Wmin} 则是置位 $\overline{S}_D$ 和复位 $\overline{R}_D$ 脉冲最小宽度。若输入触发脉冲宽度小于该值，就不能对触发器进行有效的置位或复位操作。此外，定时参数 t_{Wmin} 也代表 $\overline{S}_D$ 和 $\overline{R}_D$ 信号交替出现时的最小时间间隔。

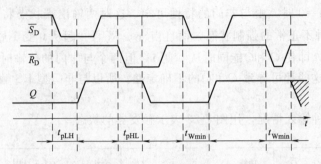

图 7-25　触发器内部时延和波形边沿时间的波形图

图 7-22（b）所示或非门型 RS 触发器的 $S_D \cdot R_D = 0$ 也是约束条件，表示由或非门构成的基本触发器，其输入 S_D 和 R_D 不能同时为 1，否则新状态 Q^{n+1} 将变得不确定。有关其转换特性读者可参照与非门型 RS 触发器的分析方法进行分析。

上述两种基本 RS 触发器的图形符号如图 7-26 所示。

它们之间的区别仅在于图 7-26（a）的外输入带小圈，表示输入逻辑 0 有效，而图 7-26（b）则无小圈，输入逻辑 1 有效。框中内输入记号 S 表示置位，R 表示复位。当输入有效的置位信号 $\overline{S}_D$ 或 S_D 后，使内输入 $S=1$，触发器的内输出因置位为 1，所以外输出 $Q=1$，$\overline{Q}=0$；当输入有效的复位信号 $\overline{R}_D$ 或 R_D 后，使内输入 $R=1$，则触发器的内输出因置位为 0，所以外输出 $Q=0$，$\overline{Q}=1$。显然，若电路的外输入满足约束条件，就是保证逻辑框内的输入 S 和 R 不同时为 1，输出 Q 和 $\overline{Q}$ 总是互成补码的。

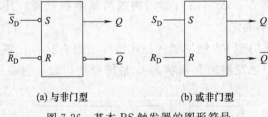

(a) 与非门型　　　　　　　　　(b) 或非门型

图 7-26　基本 RS 触发器的图形符号

7.6.2　锁存器

在前面讨论了由与非门或者或非门交叉反馈构成的触发器，具有线路简单、操作方便等优点。当输入信号发生变化时，将直接影响触发器的状态及输出，所以将基本 RS 触发器称为透明触发器。在实际应用中，更多的情况是希望输入数据 S、R 仅作触发器状态转换的方向指示，而转换的时间则由系统中某个时钟信号来控制，这样就出现了新的触发器，即锁存器，其主要有以下几种。

（1）钟控 RS 触发器　如图 7-27 所示。

从图 7-27（c）可看出，由 G_1、G_2 组成基本 RS 触发器电路，由 G_3、G_4 组成触发导引门电路，则有 $\overline{S}_D = \overline{S \cdot CP}$，$\overline{R}_D = \overline{R \cdot CP}$。当时钟信号 $CP=0$ 时，$\overline{S}_D = \overline{R}_D = 1$，触发器状态 Q 维持不变；当时钟信号 $CP=1$ 时，$\overline{S}_D = \overline{S}$，$\overline{R}_D = \overline{R}$，触发器的状态可能发生转换，其触发器的状态转换方程为

(a) 触发器逻辑符号　　　　(b) 功能真值表　　　(c) 钟控 RS 触发器的电路

图 7-27　钟控 RS 触发器

$$Q^{n+1} = S + \bar{R}Q^n$$
$$SR = 0 \tag{7-5}$$

其中 $SR=0$ 也是约束条件。可见图 7-27 (c) 所示电路的性能与基本 RS 触发器类似。图 7-27 (a) 中，$C1$ 为定时 (控制) 关联记号，表示只有在 CP 为 1 时，C_1 才为 1，内输入 S 或 R 才起置位或复位作用。

图示的钟控 RS 触发器实现了时钟控制，但仍需用双路触发信号 S 及 R 输入，而且受性能与基本 RS 触发器 $SR=0$ 约束条件的限制，甚感不便。为解决该触发器使用的不便而产生了只有一路数据输入，并能自动满足约束条件的钟控 D 触发器。

(2) 钟控 D 触发器　如图 7-28 所示。

从图 7-28 (a) 钟控 D 触发器的原理电路可见，现在作为导引门的输入是 D，不会出现 $D=\bar{D}$ 的状态，自然满足了约束条件。状态的转换仍受时钟 CP 的控制，在 $CP=0$ 时，$\bar{S}_D = \bar{R}_D = 1$，触发器将保持原状态 $Q^{n+1}=Q^n$；在 $CP=1$ 时，$\bar{S}_D=\bar{D}$，$\bar{R}_D=D$，触发器的状态可能发生转换，其 D 触发器的状态转换方程为

$$Q^{n+1} = \bar{\bar{D}} + DQ^n = D \tag{7-6}$$

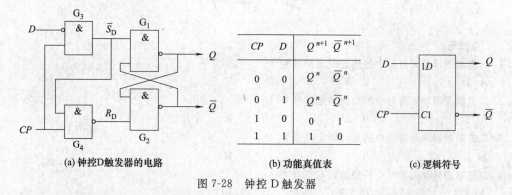

(a) 钟控 D 触发器的电路　　　(b) 功能真值表　　　(c) 逻辑符号

图 7-28　钟控 D 触发器

由此可列出功能真值表，如图 7-28 (b) 所示，其逻辑符号见图 7-28 (c)，框内输入数据 $1D$，表示当时钟 $CP=1$ 时，$C1$ 为 1，外输入数据 D 才成为内输入数据，并使触发器的状态 $Q^{n+1}=D^n$。

钟控 D 触发器又称为 D 锁存器。因为若把输入 D 看作待存入的数据，则在 $CP=0$ 时，D 便保留在触发器内。因为 $Q^{n+1}=D^n$，由于门 G_3 和 G_4 都被 CP 所封闭，所以触发器的状态 Q 已与外输入 D 端隔离，外数据 D 即使变化，也不再能影响状态 Q。欲存入新数据 D 时，需要待 CP 再次跃升到高电平，打通闩锁，才能使触发器转换到相应的新状态。

7.6.3　主从 JK 触发器

上面所介绍的触发器或锁存器，在 $CP=1$ 时，输入仍然会直接影响输出，是透明的。若将两个这样的锁存器级联起来，如图 7-29 所示，就可以解决触发器输入与输出之间透明的问题，这样就形成了主从结构的触发器，将输入端用 JK 来表示，因此称为主从 JK 触发器，是电子仪器仪表经常用的控制器件之一。

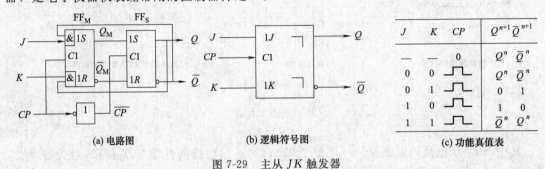

(a) 电路图　　　　　(b) 逻辑符号图　　　　　(c) 功能真值表

图 7-29　主从 JK 触发器

从图 7-29 中可以看出，由于输出 Q 及 $\overline{Q}$ 的互补，所以主触发器的导引门中总有一个是被闭锁的。若 $Q=1$，$\overline{Q}=0$，即使 $J=K=1$，在 CP 为 1 时，也只有内输入 R 为 1，而内输入 S 则为 0，这样便有 $Q_M=0$，$\overline{Q}_M=1$，因而在 CP 为 0 时，$\overline{CP}=1$，从触发器的输出 Q 就变 0，$\overline{Q}=1$。换句话说，当 $JK=11$ 时，这样触发器的状态便发生转换，即 $Q^{n+1}=\overline{Q}_M$；当 $JK=00$ 时，触发器维持原状态，即 $Q^{n+1}=Q^n$；$JK=01$ 时，新状态将复 0，$Q^{n+1}=0$；$JK=10$ 时，新状态将置 1，$Q^{n+1}=1$。主从 JK 触发器的转换方程为

$$Q^{n+1}=J\,\overline{Q}^n+\overline{K}Q^n \tag{7-7}$$

图 7-29（b）是主从 JK 触发器的逻辑符号，框内画有延迟输出记号，表征主从触发器的概念。

习　题　7

一、选择题

1. 二进制逻辑单元符号中的地址限定符号为（　　）。
   A. D　　　　　　　B. A　　　　　　　C. R

2. 二进制逻辑单元符号中的数据限定符号为（　　）。
   A. D　　　　　　　B. A　　　　　　　C. R

3. 二进制逻辑单元符号中的复位限定符号为（　　）。
   A. D　　　　　　　B. A　　　　　　　C. R

4. 二进制逻辑单元符号中的使能限定符号为（　　）。
   A. EN　　　　　　B. CP　　　　　　C. RO

5. 二进制逻辑单元符号中的时钟限定符号为（　　）。
   A. EN　　　　　　B. CP　　　　　　C. RO

6. 二进制逻辑单元符号中的读出限定符号为（　　）。
   A. EN　　　　　　B. CP　　　　　　C. RO

7. 二进制逻辑单元符号中的写入限定符号为（　　）。
   A. WI　　　　　　B. CP　　　　　　C. RO

8. 二进制逻辑单元符号中的二-十进制限定符号为（　　）。
   A. BCD　　　　　B. BIN　　　　　C. DEC

9. 二进制逻辑单元符号中的二进制限定符号为（　　）。

 A. BCD   B. BIN   C. DEC

10. 二进制逻辑单元符号中的十进制限定符号为（　　）。

 A. BCD   B. BIN   C. DEC

11. 二进制逻辑单元符号中的选择限定符号为（　　）。

 A. WI   B. SEL   C. RO

12. 二进制逻辑单元符号中的扩展限定符号为（　　）。

 A. WI   B. SEL   C. E

13. 二进制逻辑单元符号中的高电平限定符号为（　　）。

 A. VDD   B. L   C. H

14. 二进制逻辑单元符号中的低电平限定符号为（　　）。

 A. VDD   B. L   C. H

15. 二进制逻辑单元符号中的主电源限定符号为（　　）。

 A. VDD   B. L   C. H

二、判断题

1. 高电平 V_H（简写 H）代表逻辑 1，较低电平 V_L（简写 L）代表逻辑 0 的约定，简称"负逻辑"。

（　　）

2. 电路高电平 H 代表逻辑 0，较低电平 L 代表逻辑 1，这样就是负逻辑约定，简称"负逻辑"。

（　　）

3. 快速型 H-TTL 门电路主要的特点是改善了管子的开关速度。（　　）

4. 译码是编码的逆过程，它是将二进制码或 BCD 码变换成按十进制数排序的输出信息，以驱动对应装置产生合理的逻辑动作。（　　）

5. 在实际应用中，更多的情况是希望输入数据 S、R 仅作触发器状态转换的方向指示，而转换的时间则由系统中某个时钟信号来控制，这样就出现了新的触发器，即锁存器。（　　）

三、综合题

1. 写出基本逻辑门逻辑表达式、图形符号和真值表。

2. 绘出钟控 SR 触发器的电路图。

3. 画出钟控 D 触发器的逻辑符号图。

4. 写出主从 JK 触发器功能真值表。

第8章 模拟和数字信号转换电路

【学习目标】

1. 了解模拟和数字信号转换电路、A/D 转换、D/A 转换等基本概念。

2. 熟练掌握 D/A 转换器（包括二进制权重网络 DAC、倒 T 形电阻网络 DAC、电流源 DAC、双极性 DAC、树状开关网络 DAC）和 A/D 转换器［包括并行 ADC、串-并行 ADC、权重法 ADC（逐次逼近法）、计数法 ADC］的转换原理及特性。

8.1 模拟和数字信号转换电路的基本概念

在工作中，经常会将温度、压力、速度、位移、浓度等连续变化的模拟量进行测量并记录和处理，但是在处理过程中受到好多限制，在某些条件下很难实现，特别是速度慢而影响处理的质量。而用数字技术进行处理就方便多了，会达到理想的效果。因此就需要用一种将模拟信号与数字信号之间进行转换的电路，从模拟量到数字量的转换，简称 A/D 转换，用 ADC 表示，而从数字量到模拟量的转换，简称 D/A 转换，用 DAC 表示。

8.1.1 A/D 转换的概念

（1）模拟量与数字量的关系　ADC 的作用是使输入模拟量 u_I 转换成与其成正比的数字量 Z，即：

$$Z = \frac{u_I}{U_{LSB}} \tag{8-1}$$

式中　Z——数字量，当 $u_I = U_{LSB}$ 时，$Z = 1$；

　　　u_I——模拟量输入电压；

　U_{LSB}——最小量化电压或电压量化单位。

通常，输入模拟电压 u_I 是随时间而变化的，按式（8-1），ADC 的输出数字也跟着改变。其对应关系如图 8-1 所示。

为了用有限位数的数字 Z 来表示模拟电压，u_I 在幅度上就必须量化成有限个层次（分层）。图 8-1 中是将电压的满量程 U_{Imax} 按 U_{LSB} 为单位分成 8 层，同时在旁边注明了对应的数字量 Z。此外，在时间上也应等间隔地对 u_I 进行取样，图中 T_S 即为取样的周期。例如，第 7 次取样所得的模拟量，就落在幅度的最高一层中，对应的数字码是 111。这样，便可找到每次取样后的模拟量，以及相应的输出数字 Z_0，都标注在图中的正下方。

（2）A/D 转换　通过上面的讨论可得出 ADC 的典型方框图，如图 8-2 所示。

图中，输入模拟电压 $u_I(t)$ 先经等间隔取样，变成栅状信号 u_T，后者的包络取决于 u_I，宽度及间隔则由取样脉冲 u_S 决定。其实，取样过程也就是幅度调制过程，电路也称为乘法器。

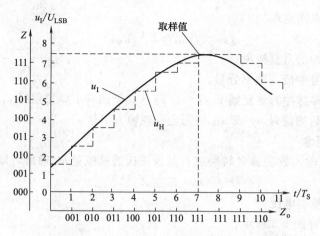

图 8-1　信号的模拟量和数字量的对应关系

接下来就是栅状信号 u_T 经保持电路后，展宽成阶梯信号 u_H，保持电路也称为积分保持电路。

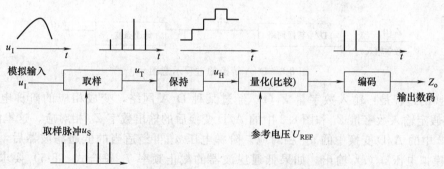

图 8-2　ADC 的典型方框图

随后便是阶梯信号 u_H 与多层量化电压比较。通常多层量化电压是由参考电压 U_{REF} 分压产生的，U_{REF} 电压本身是一个高稳定的电压源，其值往往等于输入满量程 U_{Imax}。所谓比较作用，就是判定所保持的取样电平落在哪一个量化层次内。

电压变换的最后一步便是编码，按取样值所处的层次，输出相应的数码 Z_o。

（3）量化误差与取样间隔的确定　按图 8-2 那样量化，显然处于同一层内的不同取样值最大可相差 $1U_{LBS}$，而输出数码 Z_o 均是相同的，如图 8-1 中第 7、8 和 9 的三次取样，虽然取样值有所不同，但都落在最高层次内，故输出数码 Z_o 均是 111。从量化误差来看，这种量化方法的误差 ε 是只舍不入的，最大舍弃误差 $\varepsilon_{max} = 1U_{LSB}$。为了减少量化误差，采用有舍有入的量化方法，即将图 8-1 的 u_I/U_{LSB} 坐标下移半个层次，即以 $\dfrac{u_I}{U_{LSB}}$ 轴的 $-\dfrac{1}{2} \sim \dfrac{1}{2}$ 为输出 0（000），$\dfrac{1}{2} \sim 1\dfrac{1}{2}$ 为输出 1（001），依次类推。这样的量化方法所产生的量化误差就有正有负，其绝对值为

$$|\varepsilon| \leqslant \frac{1}{2} U_{LSB} \tag{8-2}$$

在讨论量化误差后，很自然地就会想到在时间轴上的取样间隔问题。从图 8-1 的波形可看出：取样愈密，转换失真愈小，但留给电路的转换时间愈短，即要求电路的转换速度愈快，技术难度增大，而取样愈稀，编码容易，但转换误差也增大。为保证转换速度与转换误

差的相互兼容而得出取样定理

$$f_S \geqslant 2f_{Imax} \approx 2.5f_{Imax} \tag{8-3}$$

式中　f_S——取样脉冲的重复频率；

　　　f_{Imax}——模拟信号中最高频率分量。

上式说明，当取样脉冲的重复频率 $f_S = 1/T_S$，高于或等于模拟信号 u_I 中最高频率分量 f_{Imax} 的一倍时，取样后的信号 u_T 或 u_H 将完全重现输入信号。

8.1.2　D/A 转换的概念

DAC 的作用是使输入数字量 Z 转换成与其成正比的模拟量 u_o 输出，即

$$u_o = U_{LSB}Z \tag{8-4}$$

式中　u_o——模拟量输出电压。

D/A 转换的过程如图 8-3 所示。

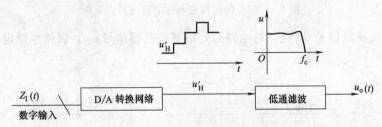

图 8-3　D/A 转换的过程示意图

其转换的过程是：输入数字量 $Z_I(t)$ 经过某种 D/A 网络，变成相应的阶梯电平信号 u_H'。这里假定输入数字量 Z_1 和图 8-2 中的 A/D 变换后的输出数字 Z_o 相对应，这里的 u_H' 也应和图 8-2 中的 A/D 变换中的 u_H 相对应。阶梯电压 u_H' 再经适当的低通滤波器后，便可获得所需的模拟电压 $u_o(t)$ 输出。如果低通滤波器的截止频率 f_c 符合式（8-5）要求，电压 $u_o(t)$ 基本上重现了输入模拟电压 $u_I(t)$。

$$f_{Imax} < f_c < f_S - f_{Imax} \tag{8-5}$$

8.2　D/A 转换器

8.2.1　二进制权重网络 DAC

二进制权重网络 D/A 一般有电阻网络和电容网络两种。

（1）二进制权重电阻网络 DAC　如图 8-4 所示。

U_{REF} 是高稳定的参考电源（也称基准源），它可以外接，也可以是芯片内设置的，为电阻网络提供准确的电源。电路的中间部分是 4 条并行的电阻支路，其阻值是按二进制权重分布的，即为 2^0R、2^1R、2^2R、2^3R。在各支路分别串入一电压模拟开关 S_i，它们受相应权重的输入数字 Z_i 控制，当 Z_i 为 1 时，S_i 便接通，Z_i 为 0 时，S_i 便断开，最后将各支路汇集的电流 i_K 经放大器 N，转换成相应的输出电压 U_o，在各位同时作用时，则有

$$\begin{aligned} U_o &= \frac{U_{REF}R_F}{8R}(8Z_3 + 4Z_2 + 2Z_1 + Z_0) \\ &= -U_{LSB}Z_I \end{aligned} \tag{8-6}$$

式中　U_{LSB}——转换系数，即输出最小台阶，$U_{LSB} = (U_{REF} \times R_F)/8R$。

负号表示输出的极性。

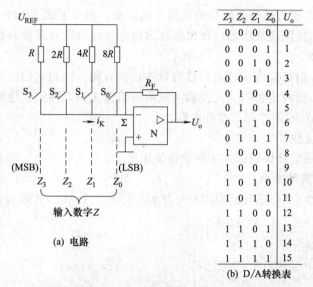

Z_3	Z_2	Z_1	Z_0	U_o
0	0	0	0	0
0	0	0	1	1
0	0	1	0	2
0	0	1	1	3
0	1	0	0	4
0	1	0	1	5
0	1	1	0	6
0	1	1	1	7
1	0	0	0	8
1	0	0	1	9
1	0	1	0	10
1	0	1	1	11
1	1	0	0	12
1	1	0	1	13
1	1	1	0	14
1	1	1	1	15

(b) D/A转换表

图 8-4　二进制权重电阻网络 DAC

式（8-6）表示上述二进制权重电阻网络 DAC 电路的输出电压与输入数字成比例，满足了式（8-4）的要求。如果电路中选择 $R_F = 1.6R$，令 $U_{REF} = 5V$，则输出 U_o 计算方法是将 $R_F = 1.6R$，$U_{REF} = 5V$ 代入式（8-6）得

$$U_o = [(-5 \times 1.6R)/8R] \times Z_I = [-8R/8R] \times Z_I = [-8/8] \times Z_I = -Z_I$$

当 $Z_I = [0001]_{BIN} = [1]_{DEC}$ 时，则 $U_o = [-1] \times [1] = 1V$。利用同样的方法计算当 $Z_I = [0010] \sim [1111]$ 时的 U_o 值，得出如图 8-4（b）所示的转换表。从中很清楚地说明了 D/A 转换的对应关系。

该种电路的优点是电路简单，但输入数字位数不能太多，如扩展到 8 位时，$R = 1.25k\Omega$，则使用低 LSB 的电阻 $8R = 100k\Omega$，高 MSB 的电阻 $R/16 = 0.78125k\Omega$ 的精密电阻就非常困难了。此外，这种单刀单掷的模拟开关，在输入数字变化时，开关的分布电容要引起充、放电，增加了转换噪声。

（2）二进制权重电容网络 DAC　电路的结构与二进制权重电阻网络 DAC 电路类似，如图 8-5 所示。

电路中的网路用电容器代替电阻，其电容按 2 的幂递增，与输入数字的位权相对应。网路在转换开始前，应使所有开关都接地，使各个电容进行充分放电。然后断开开关 S_d，

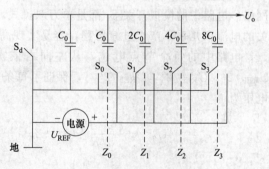

图 8-5　二进制权重电容网络 DAC

再输入数字信号 Z_I，当某个数字 Z_i 为 1 时，该位开关 S_i 便接通 U_{REF}，否则就接地。接通支路的电容与其他电容组成分压器，计算输出电压，当 Z_I 各位同时作用时的输出电压为

$$U_o = \frac{Z_3 8C_0 + Z_2 4C_0 + Z_1 2C_0 + Z_0 C_0}{\sum C}$$

$$= \frac{U_{REF}}{16}(Z_3 \times 2^3 + Z_2 \times 2^2 + Z_1 \times 2^1 + Z_0 \times 2^0)$$

$$= \frac{Z_I}{Z_{Imax} + 1} U_{REF} \tag{8-7}$$

式（8-7）表明，输出模拟电压与输入数字成正比，满足了式（8-4）的要求。

该电路输出尚需接隔离放大器，所以实际输出电压的台阶及转换系数都应进行修正。

该电路的特点如下。

① 输出电压 U_o 的精确度与各电容器容量的比值有关，而与它们的绝对值无关。

② 输出电压 U_o 的稳定值与开关及参考电源内阻都无关，网络在稳态时无直流电流。

③ 适用于用 CMOS 工艺制成单片电路。

④ 电路的转速度快。

⑤ 只有电容的漏电及比例误差才影响转换精度。

8.2.2 倒 T 形电阻网络 DAC

倒 T 形电阻网络 DAC 是目前应用最广泛的一种多位 DAC，其原理如图 8-6 所示。

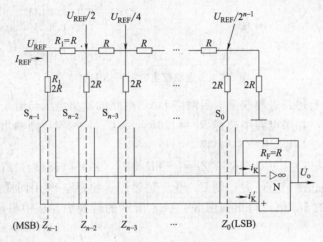

图 8-6 倒 T 形电阻网络 DAC

该电路电阻只有两个品种 R 和 $2R$，并与输入数字的位数无关，因此将该电路称为 R-2R 网络。电路中的模拟开关 S_i 都是单刀双掷式，不论输入数字 Z_i 是 1 或 0，都不影响流经开关的电流，几乎不产生过渡历程，容易实现高速度转换。

电路中的每个节点电位，从左向右依次成二进制权重分布，即为 U_{REF}，$U_{REF}/2^1$，$U_{REF}/2^2$，$U_{REF}/2^3$，$U_{REF}/2^{n-1}$，保证了每条开关支路电流也成二进制权重分布，所以输出电压为

$$U_o = -\frac{U_{REF} R_F}{2^n R}(2^{n-1} Z_{n-1} + 2^{n-2} Z_{n-2} + \cdots + 2^1 Z_1 + 2^0 Z_0)$$

$$= -\frac{U_{REF}}{2^n} \sum_{i=0}^{n-1} Z_i \times 2^i = -U_{REF} \frac{Z_I}{Z_{Imax} + 1} \tag{8-8}$$

式（8-8）表明，输出模拟电压与输入数字成正比，满足了式（8-4）的要求。

用该倒 T 形电阻网络可以方便地组成 DAC。

① 5G7520 就是一种 10 位倒 T 形电阻网络 DAC，如图 8-7 所示。

5G7520 是国产的 10 位倒 T 形电阻 D/A 转换网络，构成 DAC 时，尚需外接参考电源 U_{REF} 和运算放大器 N。在图 8-7 的逻辑符号中的总定性记号除 D/A 外，还有一个字母 Φ，表示其属于复杂电路。其内部功能可另加说明，或用字符直接标注在框内适当位置。如框内输出端已接有集成的 10kΩ 电阻，它可作为运算放大器的反馈电阻，必要时可串联一微调电

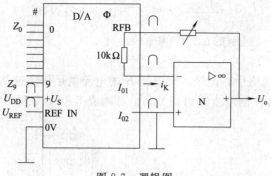

图 8-7　逻辑图

阻，用以调节输出电压的满量程。

电路的 U_{REF} 取 $+10V$ 或 $-10V$，因 R-2R 网路中的 $R=10k\Omega$，所以 $R_F=10k\Omega$，便可用式（8-8）计算输出电压，转换表如表 8-1 所示。

表 8-1　转换表

Z_9	Z_8	Z_7	Z_6	Z_5	Z_4	Z_3	Z_2	Z_1	Z_0	$-U_o$	U_{REF}
1	1	1	1	1	1	1	1	1	1	1023	1024
				⋮						⋮	⋮
1	0	0	0	0	0	0	0	0	1	513	1024
1	0	0	0	0	0	0	0	0	0	512	1024
0	1	1	1	1	1	1	1	1	1	511	1024
				⋮						⋮	⋮
0	0	0	0	0	0	0	0	0	1	1	1024
0	0	0	0	0	0	0	0	0	0	0	

② 图 8-8 是按十进制的原理，利用 T 形网络构成适用多位 BCD 码输入的 D/A 转换网络。

电路中是一个 3 位十进制倒 T 形 DAC，其中每一个十进制单元都是 4 位二进制权重 DAC（图中的虚线内的表示）。其输入 $Z_{iBCD}=D_3D_2D_1D_0$ 是 1 位 8421BCD 码，从节点电位 U_{REF} 输入端看进去的等效电阻 $R_I=8R/15$。这样，在图中上部的 T 形网络中，从每一节点向右看，电阻都为 $9R_I$，使参考电压 U_{REF} 在每级之间按 10：1 分压，这样输出电压为

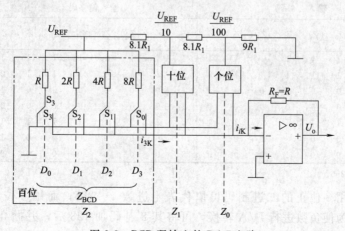

图 8-8　BCD 码输入的 DAC 电路

$$U_o = \frac{-U_{\text{REF}}}{16}(Z_2 + Z_1 \times 10^{-1} + Z_0 \times 10^{-2}) \tag{8-9}$$

式中 Z_2、Z_1、Z_0——十进制的百、十和个位。

8.2.3 电流源 DAC

前面讨论的 R-2R 网络中，流经各臂电阻 R 的电流就是按二进制权重分布的，由此便可想到用输入数字 Z_i 直接控制电流源的开关，也可构成 DAC，如图 8-9 所示。

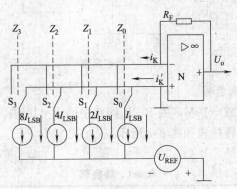

图 8-9　4 位权电流源 DAC

在图 8-9 中，当输入数字 Z_I 为 1 时，就将各位的恒流源接向运放输入总线，否则就改为接地。由于从各位的恒流源馈出的电流与总线电位无关，故总线电流为

$$i_K = I_{\text{LSB}}(8Z_3 + 4Z_2 + 2Z_1 + Z_0)$$

式中 I_{LSB}——最低位恒流源。

所以 DAC 的输出电压为

$$U_o = -i_K R_F = -R_F I_{\text{LSB}} Z_I \tag{8-10}$$

可见 U_o 和 Z_I 成比例，满足了式（8-4）的要求，实现了从数字到模拟的信号转换。

8.2.4 双极性 DAC

前面讨论的 DAC，都是假定输入数字是正的，而转换成的输出电压的正负则取决于电路的结构。当输入数字有正有负时，转换后的输出电压就应是双极性的。在数字电路中，时正时负的数通常用 $2'$ 补码来表示，以字长 8 位为例，如表 8-2 所示。

表 8-2　DAC 中负数的处理方法

十进制 Z_I	输入 $2'$ 补码								输入偏移码								模拟输出	
	Z_7	Z_6	Z_5	Z_4	Z_3	Z_2	Z_1	Z_0	Z_7	Z_6	Z_5	Z_4	Z_3	Z_2	Z_1	Z_0	$\dfrac{U_{o1}}{U_{\text{LSB}}}$	$\dfrac{U_{o2}}{U_{\text{LSB}}}$
127	0	1	1	1	1	1	1	1	1	1	1	1	1	1	1	1	-255	127
126	0	1	1	1	1	1	1	0	1	1	1	1	1	1	1	0	-254	126
1	0	0	0	0	0	0	0	1	1	0	0	0	0	0	0	1	-129	1
0	0	0	0	0	0	0	0	0	1	0	0	0	0	0	0	0	-128	0
-1	1	1	1	1	1	1	1	1	0	1	1	1	1	1	1	1	-127	-1
-127	1	0	0	0	0	0	0	1	0	0	0	0	0	0	0	1	-1	-127
-128	1	0	0	0	0	0	0	0	0	0	0	0	0	0	0	0	-0	-128

注：$U_{\text{LSB}} = U_{\text{REF}}/256$。

可以看出，用 8 位正的二进制码可以代表十进数 0～255；而用 8 位 $2'$ 补码则可表示 -128～$+127$。为使负数进行 D/A 转换，可将其 $2'$ 补码加 128 后，并抛弃进位，使数据上移至 0～$+255$ 范围后，再进行 D/A 转换。应该记住，偏移后的数据中，只有大于 128 才是正数，等于 128 的其实为 0，而小于 128 者，原数是负的。$2'$ 补码加 128 这个操作是很容易实现的，只要将 $2'$ 补码的符号位取反即可，如图 8-10 所示。

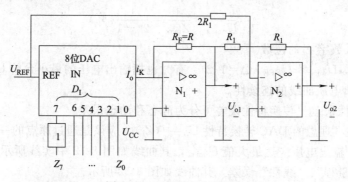

图 8-10 双极性 DAC 电路

电路中，输入数字 $Z_I = Z_7, \cdots, Z_0$ 是原数 $2'$ 补码，Z_7 为符号位，送入 8 位 D/A 转换网络的是表 8-2 所示的偏移码。由此而得出模拟输出 U_{o1}，必须减去 $U_{REF}/2 = 128 U_{LSB}$，才能获得极性和大小都正确的输出电压 U_{o2}。图中，求和放大器 N_2 的作用是修正输出电平，即

$$U_{o2} = -\left(U_{o1} + \frac{U_{REF}}{2}\right) = U_{REF}\frac{Z+128}{256} - \frac{U_{REF}}{2} = U_{REF}\frac{Z}{256}$$

几种典型的 Z 与 U_{o1}、U_{o2} 的关系如表 8-2 所示。

8.2.5 树状开关网路 DAC

利用 MOS 管作开关，便可构成如图 8-11 所示的树状开关网路。

图 8-11 中，当输入数字 Z_i 为 1 时，处于 Z_i 列下的开关都接通，而 $\overline{Z_i}$ 列下的开关都断开；当输入数字 Z_i 为 0 时，则反之，处于 Z_i 列下的开关都断开，而 $\overline{Z_i}$ 列下的开关都接通。由此，可写出

$$U_o = \frac{U_{REF}}{2^3}(Z_2 2^2 + Z_1 2^1 + Z_0 2^0)$$

$$= \frac{U_{REF}}{8}\sum_{i=0}^{2} Z_i 2^i = U_{LSB}Z \quad (8\text{-}11)$$

式中，$U_{LSB} = U_{REF}/2^3$，$Z = Z_2 Z_1 Z_0$。

可见 U_o 和 Z 成比例，满足了式（8-4）的要求，实现了从数字到模拟的信号转换。

如果在这种网络的电阻分压器的上端加

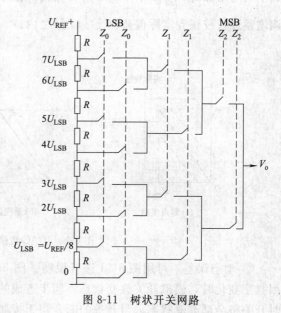

图 8-11 树状开关网路

正极性 U_{REF}，下端加负极性 U_{REF}，便可构成双极性 DAC，也只要将输入数码用 $2'$ 补码来驱动即可。

8.2.6 DAC 的特性

在选用 DAC 时，应注意的外部参数有输入数字位数、输出电压极性及量程、转换速度、以及外接电源的大小和对运放的要求等。实际上，用户应该注意的是 DAC 的分辨率及转换误差这两种参数。

（1）分辨率　就是输出电压的最小台阶 U_{LSB} 与输出满量程 U_{omax} 之比。它也等于输入数字最大值的倒数，用 Δ 表示，即

$$\Delta = \frac{U_{LSB}}{U_{omax}} = \frac{1}{Z_{max}} = \frac{1}{2^n - 1}(\%) \tag{8-12}$$

式中　n——输入数字 Z 的位数。

当 n 较大时，$U_{omax} \approx U_{REF}$，$\Delta = 1/2^n$。有时也把输出电压的最小台阶 U_{LSB} 称作分辨率，它体现 DAC 输出电压曲线的连续性。

（2）转换特性误差　转换特性误差可分为静态和动态误差。

① 静态误差　理想的 DAC 转换特性 $U_o = f(Z_i)$，应该是通过原点的一条直线，当输入最大数 Z_{imax} 时，输出电压应达最大值 U_{omax}，其曲线如图 8-12 中实线所示。其静态误差可分为"零点"、"量程"、"线性"误差，其曲线如图 8-12 所示。

a. 图 8-12（a）是零点误差曲线：它是指输入数字 Z 为零时，输出模拟电压不等于零，即不满足零入零出的要求。有时也将零点误差称为失调误差，主要是由开关断开的漏电及运放的失调而引起的，可通过运放恰当调零来加以补偿。

b. 图 8-12（b）是量程误差曲线：它是指输入数字 Z_{imax} 为最大时，而输出模拟电压是否等于额定满量程。将其称为增益误差。它通常是由开关的导通电阻和反馈电阻 R_F 不精而引起的，可以调整运放的闭环增益来消除。

c. 图 8-12（c）是线性误差曲线：是由转换特性的非线性而造成的误差。它表现为输入数字均匀增加时，输出电压的台阶变化是不相等的。通常要求这种偏差愈小愈好，可采用微调增益进行校正到实际偏差在 $\pm\frac{1}{2}U_{LSB}$ 之内。

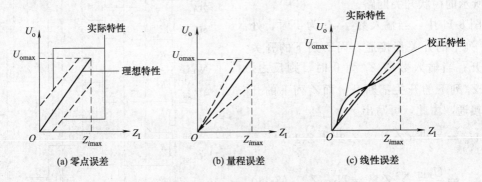

图 8-12　DAC 转换特性静态误差

② 动态误差　可用图 8-13 进行说明。图 8-13（a）是转换特性上出现毛刺现象。它是因数字变化时，模拟开关改变状态不同步造成的。图中所示的毛刺出现在半量程处，因此这时开关将全部改变状态。当开关的断开快于接通时，就出现正毛刺；反之，当开关慢于接通时，U_o 将出现负毛刺。由于存在毛刺而增添了输出噪声。

图 8-13（b）是当输入数字 Z_I 从 0 突变到 Z_{imax} 时，输出 U_o 从 0 变化到满量程 U_{omax} 的过渡响应。通常用建立时间 t_{SU} 来衡量输出响应的快慢。当 $t = t_{SU}$ 时，输出电压 U_o 与稳定值 U_{omax} 之间的差值应小于 $\pm\frac{1}{2}U_{LSB}$。

去除动态响应中的毛刺和减少建立时间往往是矛盾的，因为前者可用滤出高频的方法解决，后者则要通过选用频带更宽的运放等措施来实现。

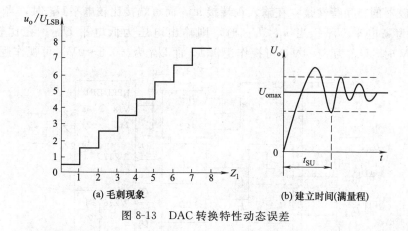

图 8-13　DAC 转换特性动态误差

8.3　A/D 转换器

8.3.1　转换特性

（1）ADC 转换准确度　　主要用分辨率来描述，也就是输出二进制（或十进制）数的位数 n。输出 n 位的 ADC，就是能将输入模拟电压分成 2^n 层，每层幅度即为一个量化单位 U_{LSB}。同样的输入电压，输出位数 n 越大，即分层愈细，分辨率愈高。在转换过程中总存在 $\pm\frac{1}{2}U_{LSB}$ 的量化误差。

（2）非线性　　由于器件特性的不理想，将影响 A/D 的转换特性 $U_o(Z_o)=f(u_I)$ 的非线性，u_I 是输入模拟电压，Z_o 为输出数字，而 $U_o(Z_o)$ 则为和 Z_o 对应的模拟电压。经分析表明，即使规定 ADC 的非线性偏移不超过 $\pm\frac{1}{2}U_{LSB}$，误差的几何幅度也可达 $2U_{LSB}$。

（3）抖动误差　　输入信号频谱的限制和取样脉冲的抖动是造成动态误差的因素，因取样定理的限制而将输入信号的带宽限定在 $f_{Imax}\leqslant f_S/2$，因此输入信号在进入 ADC 之前，先要经过低通滤波，以保证没有高于 f_{Imax} 的频谱进入 ADC。取样脉冲 U_S 的抖动或频率 f_S 的不稳定也造成转换误差。尤其是在高速取样时，影响较大。这种取样误差又称为孔径抖动误差。分析得出，欲使抖动误差不超过 $1U_{LSB}$，则取样瞬间的抖动必须满足的条件是

$$\Delta t_S < \frac{2U_{LSB}}{U_{Imax}\omega_{Imax}} \tag{8-13}$$

式中，$\omega_{Imax}=2\pi f_{Imax}$。

8.3.2　并行 ADC

一种输入信号 u_I 与多层标准电平进行比较的并行 ADC 方案如图 8-14 所示，它包括一串电阻分压器、7 个模拟比较器、7 个数据寄存器和一个 8-3 线的优先编码器。

图示参考电平的分层方案，按坐标下移半个层次的量化方法进行，这里是以 $\frac{1}{2}U_{LSB}$，$\frac{3}{2}U_{LSB}$，…，$\frac{11}{2}U_{LSB}$，$\frac{13}{2}U_{LSB}$ 为 7 个比较电平，而参考电源 U_{REF} 则决定了输入模拟电压 u_I 的最大值。

模拟比较器的转换特性是：在输入正端接 u_I，而负端接比较电平 U_R 时，当 $u_I > U_R$ 时，则输出电压为高电平 U_{oH}；当 $u_I < U_R$ 时，则输出电压为低电平 U_{oL}；在比较器电源为 $\pm 12 \sim \pm 15\text{V}$ 时，U_{oH} 为 $3 \sim 4\text{V}$，可视作逻辑 1，而 U_{oL} 为 $-0.5 \sim 0\text{V}$，可视作逻辑 0。

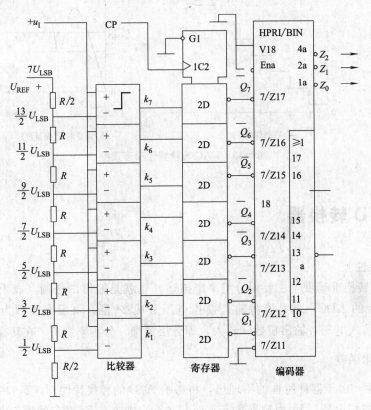

图 8-14 3 位并行 ADC

例如某时刻并行 ADC 的模拟输入电压 u_1 处于 $\frac{7}{2}U_{LSB} \sim \frac{9}{2}U_{LSB}$ 之间，则比较器的输出 $k_4 \sim k_1$ 是高电平，而 $k_7 \sim k_5$ 是低电平。由于图示的电路中比较器的输出不是直接送入编码器，而是经过 D 触发器的暂存再去编码的，因而，现寄存器的输出 $\overline{Q}_7 \sim \overline{Q}_1$ 应是 1110000，相应的编码输出 $\overline{Z}_2\overline{Z}_1\overline{Z}_0$ 为 011。图 8-14 中可看出从寄存器及编码器输出的信号均是低电平有效，即反码。当 u_1 在全量程内变化和比较时，对应的比较器输出状态及编码器输出二进制码如表 8-3 所示。

表 8-3 3 位并行 ADC 电路状态与输入电压关系

输入电压	比较器输出状态							输出二进制码			等效十进制
u_1/U_{LSB}	k_7	k_6	k_5	k_4	k_3	k_2	k_1	$\overline{Z}_2$	$\overline{Z}_1$	$\overline{Z}_0$	Z
$>13/2$	1	1	1	1	1	1	1	0	0	0	7
$13/2 \sim 13/2$	0	1	1	1	1	1	1	0	0	1	6
$13/2 \sim 13/2$	0	0	1	1	1	1	1	0	1	0	5
$13/2 \sim 13/2$	0	0	0	1	1	1	1	0	1	1	4
$13/2 \sim 13/2$	0	0	0	0	1	1	1	1	0	0	3
$13/2 \sim 13/2$	0	0	0	0	0	1	1	1	0	1	2
$13/2 \sim 13/2$	0	0	0	0	0	0	1	1	1	0	1
$13/2 \sim 13/2$	0	0	0	0	0	0	0	0	0	1	0

在电路中，时钟 CP 的作用如下。

① 当模拟电压 u_I 未经取样-保持而直接输入时，CP 也就起着取样的作用，它是先比较，后取样，避免了保持过程的困难，便于快速编码输出。

② 当模拟电压 u_I 即使是经过取样-保持的，也会因 u_I 的快速变化及众多比较器输出转换时延的不均匀等，使输出编码产生过渡性误码，此时若能微调 CP 脉冲的相位，对比较输出进行选通，以使编码输入稳定，从而获得正确的编码输出。

实际上，CP 往往由前面的取样脉冲 U_S 经适当延迟而获得。这种并行 ADC 的输出是

$$Z = Z_2 Z_1 Z_0 = \frac{u_I}{U_{LSB}} = 7\frac{u_I}{U_{REF}} = Z_{max}\frac{u_I}{U_{REF}} \tag{8-14}$$

式（8-14）表明，输出的数字与输入模拟电压成正比关系，并符合式（8-4）的要求。

上述并行 ADC 的特点是转换速度快，一次形成 n 位编码输出；但是，不难发现比较器的个数 m，将随输出编码字长 n 而指数增长，即 $m = 2^n - 1$。例如在一个 8 位并行 ADC 中，就需用 $2^n - 1 = 255$ 个比较器，而比较器的参数也很难保持一致。

8.3.3 串-并行 ADC

为克服上述并行 ADC 的不足，而利用并行 ADC 电路在速度上稍作让步，构成的串-并行 ADC 如图 8-15 所示。

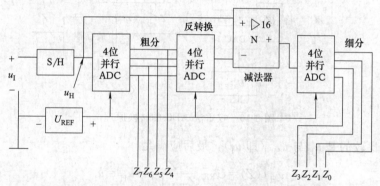

图 8-15 8 位串-并行 ADC 方框图

它的转换过程有粗分和细分两步。在输入信号 u_I 经取样-保持成 u_H，即 u_I 分两路：一路先经 4 位并行 ADC 实现粗分转换，输出高 4 位码 $Z_7 Z_6 Z_5 Z_4$；另一路则送入由运算放大器 N 构成的减法器，以减去由高 4 位码反转换（ADC）而产生的粗分电压，两者的差值应该小于粗分 ADC 的 $1U_{LSB}$。该差值经运放放大 $2^4 = 16$ 倍后，成为细分 4 位并行 ADC 的输入电压，便可相应输出低 4 位数码 $Z_3 Z_2 Z_1 Z_0$。这样电路的转换输出为

$$Z = Z_7 \cdots Z_0 = Z_{max}\frac{u_I}{U_{REF}} = 255\frac{u_I}{U_{REF}} \tag{8-15}$$

式（8-15）表明，输出的数字与输入模拟电压成正比关系，并符合式（8-4）的要求。

这是经过两次并行转换过程而获得的。该电路要求担任粗分的并行 ADC 应选择高准确度的，以保证第一步变换后产生的最大差值放大 16 倍后不会超出 U_{REF} 值，否则细分 ADC 会产生过激励现象，从而使输出产生错码。

8.3.4 权重法 ADC（逐次逼近法）

在并行 ADC 中，各层次的比较电平是同时提供的，所以输入信号是和各比较电平同时（并行）比较的。而权重法 ADC 中，比较电平是按权重从大到小逐次提供的，故比较也是逐次进行的。

权重法 ADC 的转换原理如图 8-16 所示。

在转换过程一开始，图中有逐次逼近寄存器 SAR 先被置 0，使输出数字 Z 也为 0，因而 DAC 的输出 $u'_H(Z)$ 也为 0。这样，输入取样-保持电压 u_H 便和为 0 的 u'_H 相比较，使比较器的输出 D 为 1。

当输入第一个时钟 CP 脉冲时，先将 SAR 的 MSB（高位）置 1，使 $u'_H = \frac{1}{2}U_{REF}$，即为半量程权重，若这时 $u_H > \frac{1}{2}U_{REF}$，则 D 仍为 1。第二个时钟 CP 脉冲将在保留 MSB 为 1 的情况下，把次高位置 1，使 u'_H 升到 $\frac{3}{4}U_{REF}$ 再和 u_H 比，若这时 $u_H < \frac{1}{2}U_{REF}$，则 D 仍为 0。第二个时钟 CP 脉冲将使 MSB 复 0，并使次高位置 0，u'_H 将降到 $\frac{1}{4}U_{REF}$ 再和 u_H 比较。以此类推，便可从 MSB～LSB，逐位确定输出数码。

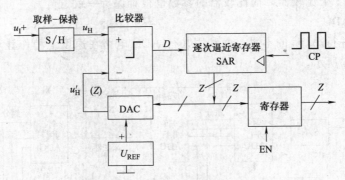

图 8-16　权重法 ADC 的转换原理

由于电路比较的是 u'_H 与 u_H（即 u_I），最后应满足

$$u_H/(Z) = U_{REF}\frac{Z}{Z_{max}+1} = u_H = u_I \tag{8-16}$$

这时输出为

$$Z = (Z_{max}+1)\frac{u_I}{U_{REF}} \tag{8-17}$$

式（8-17）表明，输出的数字与输入模拟电压成正比关系，并符合式（8-4）的要求。

通过上面的分析可见，逐次逼近寄存器 SAR 是权重法 ADC 的关键部件，一种用 D 触发器构成的 SAR 如图 8-17 所示。

图 8-17（a）为逻辑符号，它包含一个 9 级移位寄存器，前 8 级的输出都附有 D 锁存器，最后经或门输出数码。操作一开始，先由 R_D 对所有触发器清零，这时 $\overline{Q_7} = 1$，而 $Z_7 = 1$，故其余各位均为 0。加入时钟 CP 后，一个 1 便在 SRG 内向下移动，使 $Z_6 \sim Z_0$ 各位依次为 1；而随各位的 1 向下移动的同时，相连的锁存器便接收最新比较结果 D，最终确定本位输出 $Z_i = 1$ 的留下。当下移的 1 进入最后一级触发器时，便产生溢出 $CC = Q_8 = 1$，表示操作过程结束。如不进行新的清零，由于末级触发器因 V_5 的反馈作用，Q_8 将永远为 1。

该逐次逼近寄存器 SAR 的变换过程如图 8-17（b）所示。这里集成的有两类：8 位的 SAR，如 F74LS502、SP74HCT502 等；和 12 位的 SAR，如 F74LS504、SP74HCT504 等。也有将 SAR 集成在内的单片权重法 ADC 电路，输出位数多数为 8～16 位的，有的包含 S/H 取样-保持电路，有的则需外接。

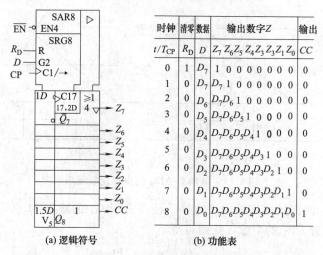

图 8-17 逐次逼近寄存器 SAR

8.3.5 计数法 ADC

计数法 ADC 的特点是电路简单，但转换时间较长，它适用于慢变化的如环境温度、整流稳压等模拟信号，只要变化过程适合于人眼的观察或监视即可。其方法有以下几种。

（1）单斜率 ADC 的电路原理　如图 8-18 所示。图中由 CA_1 和 CA_2 两个比较器组成了窗口式比较器，它有两个比较电平，即 u_I 和地，因此也称为双电平比较器。当周期性的线性锯齿波 u_S 扫过上述双电平窗口时，便在 G_1 输出端获得一计数门波 M，其宽度则与 u_I 的大小成正比，再经计数门 G_2 及计数器，便获得相应的数字 Z 输出。

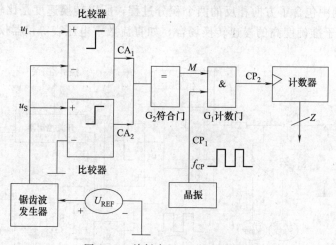

图 8-18 单斜率 ADC 的电路原理

图示中的线性锯齿波 $u_S(t)$ 为

$$u_S(t) = \frac{U_{REF}}{\tau} t + u_{S0} \tag{8-18}$$

式中　u_{S0}——锯齿波的起始电平，它应为负值；

U_{REF}/τ——锯齿波的斜率；

τ——积分电路的时间常数。

转换开始前，先将计数器清零，并使锯齿波处于起始电平，接着便产生线性锯齿波 $u_S(t)$。当 $u_I > 0$ 时，u_S 先通过 0 电平，再与 u_I 相交，如图 8-19（a）所示。

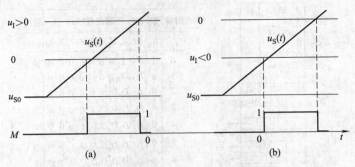

图 8-19　单斜率 ADC 的窗口比较波形

在这 t_W 期间，两比较器均输出 1 电平，使符合门 G_1 的输出 M 也等于 1。通过计数门 G_2，控制了计数时钟 CP_2 的个数，从而可得

$$Z = \frac{t_W}{T_{CP}} = \tau f_{CP} \frac{u_I}{U_{REF}} \tag{8-19}$$

式中　f_{CP}——时钟的重复频率。$f_{CP} = 1/T_{CP}$。

当 $u_I < 0$ 时，则 $u_S(t)$ 先通 u_I 电平，再升到 0 电平，如图 8-19（b）所示。这期间，两比较器都输出 0，故 M 也为 1，同理可得计数结果。而且，利用 CA_1 和 CA_2 输出跳变的先后次序，可以用作指示被转换电压 u_I 的极性。

该电路的误差主要来自电路的时间常数 τ，因为积分网络中的 R、C 元件参数极易受温度及老化等因素的影响，通常单斜率 ADC 的转换误差难以低于 0.1%。

（2）双斜率 ADC 的电路结构原理　如图 8-20 所示。双斜率 ADC 又称为双积分 ADC，因为它的工作周期中包含了方向相反的两个积分过程，所以转换速度是比较慢的。通常，双积分 ADC 主要用于准确度高的慢速转换场合，如直流数字电压表等仪器仪表中。

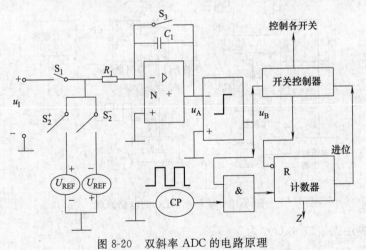

图 8-20　双斜率 ADC 的电路原理

在静态时，模拟开关 S_1、S_2^+ 及 S_2^- 是打开的，而 S_3 则是闭合的，所以积分放大器 N 的输出 $u_A = 0$。

转换开始时，计数器清零，开关 S_3 打开，而 S_1 闭合，对输入电压 u_I 积分。当 $u_I > 0$ 时，则积分器输出 u_A 变负，而比较器输出 U_B 为正，计数器开始计数。当输入计数时钟 $(Z_{max} + 1)$ 个后，计数器产生进位，使开关控制器动作，首先使计数器复零，并开始重新计数；同时使 S_1 断开，结束 u_I 的积分，S_2^+ 闭合，使电路对正的 U_{REF} 积分。若 u_I 为正，则

这时 S_2^- 闭合，使电路对负的 U_{REF} 积分。

产生进位时的积分输出电压为

$$u_A(t_{W1}) = -\frac{1}{\tau}\int_0^{t_{W1}} u_I \mathrm{d}t = -\frac{u_I}{\tau}(Z_{max}+1)T_{CP} \tag{8-20}$$

其电路的相应波形如图 8-21 所示。

由图 8-21 的积分波形可见，由于所选 U_{REF} 极性和输入电压 u_I 相反，所以第二次积分的方向是相反的。当 u_A 回到零的时间 t_{W2}，可以由计数器第二次计数结果求得，即

$$t_{W2} = ZT_{CP} = \frac{\tau}{U_{REF}}\,|\,u_A(t_{W1})\,| \tag{8-21}$$

将式（8-20）代入式（8-21）得

$$Z = (Z_{max}+1)\frac{u_I}{U_{REF}} \tag{8-22}$$

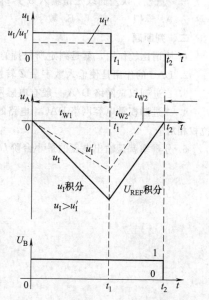

图 8-21　双斜率 ADC 的积分波形

上式表明，双斜率法的突出优点就是 CP 的频率 $f_{CP}=1/T_{CP}$ 及积分时间常数 $\tau=R_1C_1$ 都不影响转换结果。只要求时钟频率在 $t_{W1}+t_{W2}$ 这段短时间内有足够稳定度就行，而这一点是比较容易实现的，因此双斜率 ADC 的准确度可达 0.01%。

该方法所转换的电压并不是某点的瞬时值，而是在整个 t_{W1} 期间的平均值，因而信号中交流分量的频率愈高，就愈被衰减，若交流分量的频率等于 $1/t_{W1}$ 或其倍数，则可被完全抵消掉。若能调整时钟频率 f_{CP}，使 $1/t_{W1}$ 等于交流电源周期的整倍数，就能消除电源噪声。所以，双斜率 ADC 准确度高，抗噪声，电路又比较简单，最适用在数字电压表中，不必再插入 BIN/BCD 码变换器。

双斜率 ADC 主要有通用型和专用型，前者供与一般数字系统或微机连接，后者供驱动显示单元用。输出有二进制码和 BCD 码两种形式，后者则具有 7 段输出功能。

8.3.6　ADC 主要参数比较

ADC 主要参数比较如表 8-4 所示，由此便可掌握它们的使用特征。

表 8-4　ADC 主要参数比较

方法	操作次数	参考电平数	电路特色及功能
并行法	1	2^n	复杂、快速
权重法	n	n	适中
计数法	2^n	1	简单、较慢

注：n 表示输出数字位数。

习　题　8

一、选择题

1. 从模拟量到数字量的转换，简称（　　）转换。

　　A. A/D　　　　　　B. D/A　　　　　C. DAC

2. 从数字量到模拟量的转换，简称（　　）转换。

A. A/D　　　　　B. D/A　　　　　C. ADC

3. 这种网络的电阻分压器的上端加（　　　）U_{REF}，下端加负极性 U_{REF}，便可构成双极性 DAC。

A. 负极性　　　　B. 反极性　　　　C. 正极性

4. "零点"误差曲线是指输入数字 Z 为零，而输出模拟电压不等于零，即不满足（　　　）的要求。

A. 零入　　　　　B. 零出　　　　　C. 零入零出

5. "量程"误差曲线是指输入数字 Z_{Imax} 为最大时，而输出（　　　）电压是否等于额定满量程。

A. 模拟　　　　　B. 数字　　　　　C. 十进制

二、判断题

1. 所谓比较作用，就是判定所保持的取样电平是落在哪一个量化层次内。　　　　　　　（　　　）

2. DAC 的作用是使输入数字量 Z 转换成与其成正比的模拟量 u_o 输出。　　　　　　　（　　　）

3. 二进制权重网络 D/A 一般有电感网络和电容网络两种。　　　　　　　　　　　　　（　　　）

4. 二进制权重电容网络 DAC，电路的结构用电容器代替电阻，其电容是按 2 的幂递增，与输入数字的位权相对应。　　　　　　　　　　　　　　　　　　　　　　　　　　　　　　　　　　（　　　）

5. 分辨率就是输出电压的最小台阶 U_{LSB} 与输出满量程 U_{omax} 之比。　　　　　　　（　　　）

第9章 存 储 器

【学习目标】

1. 了解和理解静态存储器（SRAM）、动态存储器（DRAM）、固定 ROM（MROM）、可编程 ROM（PROM）、可编程 ROM（EPROM 和 EEPROM）的电路结构和工作原理。

2. 熟练掌握静态存储器（SRAM）、动态存储器（DRAM）、固定 ROM（MROM）、可编程 ROM（PROM）、可编程 ROM（EPROM 和 EEPROM）的波形图及特点。

9.1 随机存取存储器

随机存取存储器用 RAM 表示，可分为静态存储器（SRAM）和动态存储器（DRAM）两类。

9.1.1 静态存储器

静态存储器主要是由存储单元构成的，图 9-1（a）所示为存储单元简单电路。

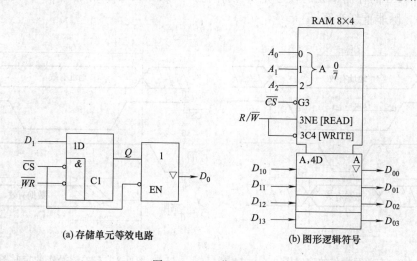

(a) 存储单元等效电路　　(b) 图形逻辑符号

图 9-1　8×4 位 SRAM

它由一个 D 锁存器和一个三态（或 OC、OD）门构成，当该单元被选中时，字选信号 $\overline{CS}=0$，原存储在锁存器中的数据 Q 即可经三态（或 OC、OD）门输出，这便是读数或取数的操作模式；若这时写信号 $\overline{WR}$ 又变为 0，则输入数据 D_1 便可存入锁存器，这便是写数的操作模式。

图 9-1（b）是 8×4 位 SRAM 的逻辑符号图，其单片工作过程是，当片选 $\overline{CS}=1$ 时，该片处于禁用状态，无法实行数据的存/取操作，保持原存数据，输出端则呈高阻。当片选 $\overline{CS}=0$ 后，该片就算被选中，可以进行读/写操作，即可以随意存/取数据。在地址码

$A_2A_1A_0$ 确定后，被选字的字选 $\overline{CS}=0$，若这时的读/写指令 $R/\overline{W}=0$，则片内的写使能 $\overline{WR}=0$，而读使能 $\overline{RE}=1$，RAM 便可对所选字的各位进行写操作，输入数据 D_{13}、D_{12}、D_{11}、D_{10} 便分别存入所选字的相应各位中去。与此同时，RAM 各输出端的三态门均呈高阻，与外部总线隔离。

若 $R/\overline{W}=1$，则写使能 $\overline{WR}=1$，而读使能 $\overline{RE}=0$，RAM 执行读操作，被地址码选中字各位的存数便通过输出三态门出现在输出端 D_{03}、D_{02}、D_{01}、D_{00}，而这时外部输入数据是无法写入被选各单元的。

为使 SRAM 正常工作，上述各输入信号必须遵守一定的定时条件，如图 9-2 所示。

由图 9-2 表明，为了防止将输入数据 D_1 错写入其他单元去，写指令 $R/\overline{W}=0$ 必须在地址确定后一段时间才出现，这段时间称为地址建立时间 t_{AS}，也称为写延迟时间。当然，这时片选 $\overline{CS}$ 必须有效，即应为 0。写指令需有一定宽度 t_{WP}，与此同时，待写入数据 D_1 也必须稳定，其最短持续时间 t_{DW} 必须大于手册规定值，以求写入过程可靠，避免写错数据。此外，在许多 RAM 中，都要求其数据和地址电平在写指令 $R/\overline{W}$ 结束后，分别保留一段时间 t_{DH} 和 t_{WR}，t_{WR} 又称为写恢复时间。这样，一次写操作周期为

$$t_{WC}=t_{AS}+t_{WP}+t_{WR} \tag{9-1}$$

图 9-3 是有关读操作的定时图。在进行读操作时，由图可见，除 $R/\overline{W}=1$ 外，在加上所选定的地址后，需经一段称为取数时间 t_{AA} 后，才能出现有效的读出数据 D_0。当地址或片选信号结束后，数据 D_0 还能保留一段时间 t_{0H}。顺便指出，相应于输出数据的这段时间，是 RAM 吸取电源电流的时间，在其余时间里，SRAM 则很少消耗电流。

由于 SRAM 的存储单元的核心是 D 锁存器，所以，只要不断电，RAM 的存数可以永远保持下去，除非重新改写。

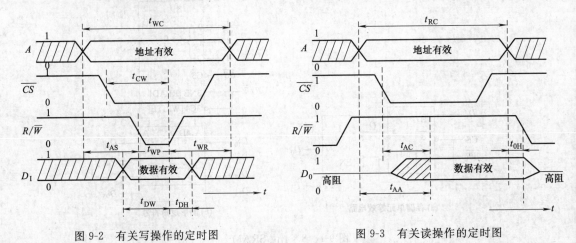

图 9-2　有关写操作的定时图　　　　图 9-3　有关读操作的定时图

9.1.2　动态存储器

通过上面静态存储器可知，存储单元由触发器和门电路构成，要想达到相当存储量的情况下，在制造工艺上是很难实现的，为了改进其特性，就必须对存储器的存储单元进行改进，即用 MOS 管源极和衬底间电容 C_b 上的电荷，当做 1 位信息存储的存储单元，如图 9-4（a）所示。利用该存储单元构成新的存储器，即为动态存储器。

在存储单元中，加上行选信号后，MOS 管导通，此时写入数据 D_1，则 D_1 经位线对极间电容 C_b 充电，存储信息；读出时，则由 C_b 经导通管的源-漏沟道对位线的分布电容 C_D

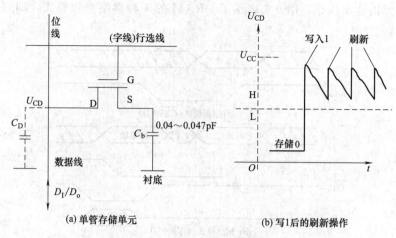

(a) 单管存储单元   (b) 写1后的刷新操作

图 9-4   DRAM 的存储原理

充电，再经读出放大器输出该位数据 D_o。

在写入数据中，存储在小电容 C_b 上的电荷只能保留很短的时间，电容必须按时再充电。在读出时，C_b 上的电压必有下降，也必须再充电，否则就会丢失数据。通常把这种再充电操作称为刷新，刷新的间隔约为 $2\sim8\text{ms}$。图 9-4（b）是刷新操作的示意图，用这种方式工作的存储器就叫做动态 RAM。

动态 RAM 有刷新的麻烦，但在芯片面积、电流消耗及成本都相同的情况下，DRAM 存储容量可提高 4 倍。容量增加后，为了不增加封装的引脚，DRAM 的地址信号可分时分组进入芯片，用行、列两维译码选址。而且为了减少数据线，有的 DRAM 就设计成字多位少的结构。图 9-5 所示就是一个容量为 64KB×1 位的 DRAM 的内部结构。

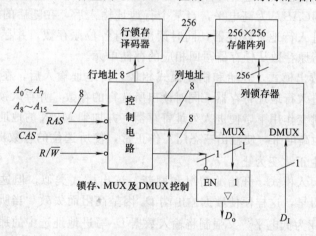

图 9-5   64KB×1 位的 DRAM 的内部结构（SMJ4164）

图中的存储阵列虽是排成 256×256 位的，但实际构成的是 64KB×1 位的 RAM。这是由于 8 位列地址控制了 256 条位线选 1 的 MUX，或 1 分 256 线的 DMUX，使最终输出 D_o 或最先输入 D_I 都只需一个引线端。

图中电路的选址过程是，串行地址 A 分行、列两批进入存储器。第一批是行地址 $A_0\sim A_7$，在行选通 $\overline{RAS}=0$ 时，经控制电路进入行锁存及译码器；第二批是列地址 $A_8\sim A_{15}$，在列选通 $\overline{CAS}=0$ 时，经控制电路进入列锁存及译码器。在行、列地址的联合作用下，便完成了存储单元的选定操作。图 9-6 表示了 DRAM 的 3 种典型操作模式，即刷新、读出和写入的定时过程。

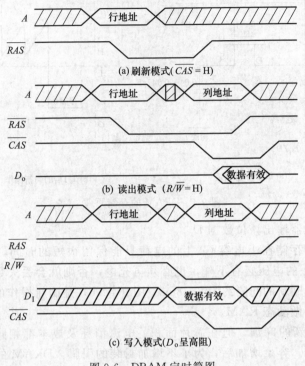

图 9-6　DRAM 定时简图

　　图 9-6（a）是刷新模式，这时外部不对存储器进行任何读/写操作，DRAM 便自行刷新操作。这时的列选通 $\overline{CAS}$ 总为高电平，当某个行地址输入后，在随后的行选通 $\overline{RAS}$ 负跳变作用下，行地址便进入行地址寄存器，同时读出该行各位原存数，并存入行锁存器。$\overline{RAS}$ 负跳变时，又将该行原存数从锁存器写回相应的存储单元。

　　图 9-6（b）是读出模式，开始和刷新模式相像，行地址输入后，在行选通 $\overline{RAS}$ 负跳变作用下，行地址便进入行地址寄存器，同时读出所选行的存数，并存入锁存器；接着，列地址在列选通 $\overline{CAS}$ 负跳变作用下，便进入列址寄存器，并加到 MUX 的地址输入端，由于这时的读/写使能 $R/\overline{W}$ 为高电平，使输出三态门工作正常，使所选位的存数出现在 D_o 端，直到 $\overline{RAS}$ 和 $\overline{CAS}$ 先后产生正跳变为止。

　　图 9-5（c）是写入模式，开始的情况和刷新、读出模式类似，但这时 $R/\overline{W}$ 为低电平，而且要比 $\overline{CAS}$ 出现得早，这样便使数据输出端 D_o 因呈高阻而失效。当所选行的原存数进入锁存器的同时，$R/\overline{W}$ 为低电平，又强制将输入数据 D_1 写进地址选中的那一位。在 $\overline{RAS}$ 正跳变时，便将改写过的锁存器存数又写回原存储单元。

9.2　只读存储器（ROM）

9.2.1　固定 ROM（MROM）

　　只读存储器 ROM，又名唯读存储器，它是一种在制造过程中或在使用前就存储了常用表格、字符或程序一类的数据，而在使用时专供读出的寄存器。ROM 的特点是，其存数可以多次读出，虽停电也不致丢失，但数据的存入过程比 RAM 复杂。早期的 ROM 品种就是固定 ROM，也称为掩模 ROM 或 MROM。它的内部结构有二极管、晶体管 ROM 和 NMOS 管 ROM 3 种。

各种结构 ROM 的编程可用图 9-7 的阵列简图来表示，字线和位线交叉处有圆黑点，表示该单元存 1，否则便存 0。

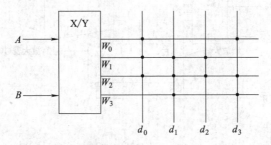

图 9-7　ROM 阵列简图

图 9-8 是一种 MROM 的逻辑符号和定时图，其型号为 μPD23C1000，有地址线 17 条，读出数据线 8 条。读数时片选 $\overline{CS}=0$，备用时 $\overline{CS}=1$，图中 t_{ACC} 为选址时间，t_{CS} 为片选择时间，t_{oH} 为输出保持时间。

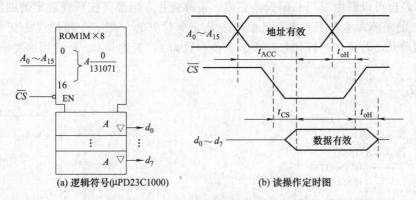

(a) 逻辑符号(μPD23C1000)　　　　(b) 读操作定时图

图 9-8　MROM 的逻辑符号和定时图

9.2.2　PROM

PROM 是一种半定制 IC，它的存数可由用户买来后自己编程；但一旦编成，也就不能再改动。PROM 中的可编程元件，最普通的是熔断丝，它在制造过程中串接在存储单元的某段导线中，如图 9-9 所示。

由字线驱动的多发射极晶体管中，每个发射极都经熔丝和位线相连，出厂时全部熔丝完好，相当于存数为全 1。为了便于用户编程和读出存数，每条位线输出均接有读/写放大器（图 9-9 中仅画出 1 位）。

图 9-10 的逻辑符号中，输入除地址码及片选信号外，还有一个读/写控制变量 $R/\overline{W}$，当 $R/\overline{W}=0$ 时，即为编程模式，待编数据也从双向接口进入；当 $R/\overline{W}=1$ 时，为正常读出操作。为了对商品 PROM 进行正确编程，用户需先列出与该 ROM 容量相应的编程表，如表 9-1 所示。

编程时，由地址码确定某条字线 W_n 后，便可按照编程表中各位数据 $d_3 \sim d_0$，分别将它们加到 PROM 的各位输出端上，随即加入编程脉冲，使写指令 $R/\overline{W}=0$，待编数据 d_n 通过写放大器 G_w，使位线电平等于 d_n，这样便使相连的熔丝断或保留。例如，当某位 $d_n=0$

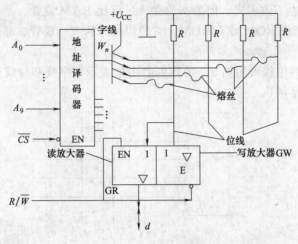

图 9-9　结构示意图

时，Gw 输出为低电平，使流经该位熔丝的电流脉冲较大，足以烧断熔丝，烧断后是无法恢复的，因而使该单元存数变为 0；反之，$d_n = 1$ 时，Gw 输出为高电平，使流经该位熔丝的电流脉冲较小，熔丝完好，相当于该位存数为 1。上述编程过程，可以用手工逐字进行，只是费时较多，也可以利用专门的编程器完成，俗称烧片，但都需按厂商规定的细则进行。

图 9-11 的矩阵式编程图和表 9-1 编程表是完全对应的，在字线和位线的交叉点，代表相应的存储单元，若该点上打×号，表示该位存数为 1，否则是 0。经常用这类矩阵式编程

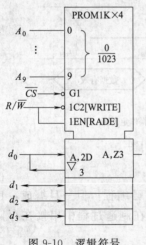

图 9-10　逻辑符号

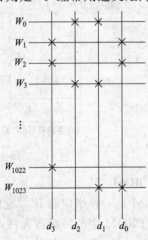

图 9-11　编程图

表 9-1　编程表

| A | 地址输入（字） | | | | | | | | | | 输出数据（位） | | | |
---	A_9	A_8	A_7	A_6	A_5	A_4	A_3	A_2	A_1	A_0	d_3	d_2	d_1	d_0
W_0	0	0	0	0	0	0	0	0	0	0	0	1	1	0
W_1	0	0	0	0	0	0	0	0	0	1	1	0	0	1
W_2	0	0	0	0	0	0	0	0	1	0	1	0	0	1
W_0	0	0	0	0	0	0	0	0	1	1	0	1	1	0
⋮						⋮							⋮	
W_{1022}	1	1	1	1	1	1	1	1	1	0	1	0	0	0
W_{1023}	1	1	1	1	1	1	1	1	1	1	0	0	1	1

图来说明各种可编程器件内部的编程情况。

除上述用熔丝作编程元件外，PROM 还有用二极管和浮栅 MOS-FET 作编程元件，其单元结构如图 9-12 所示。

图 9-12（a）是二极管 VD_N 作编程元件的结构图。当二极管 VD_N 未击前，由于两个二极管相向连接而无法导通，故出厂时为全 0 状态。如设法使二极管 VD_N 反向击穿而烧通，意味着该单元存数已改写成 1。

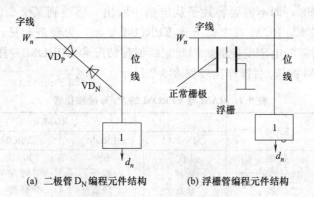

(a) 二极管 D_N 编程元件结构　　　(b) 浮栅管编程元件结构

图 9-12　PROM 另外两种编程结构

图 9-12（b）是浮栅管 MOS-FET 作编程元件的结构图。这种 PROM 在出厂时为全 1 状态，当四周由 SiO_2 包围的浮栅未充电时，管子的正常阈值电压 U_{GSth} 是较低的。当选中的字线为高电平时，MOS 管导通，内部位线降成低电平，经反相输出为 1；当设法给浮栅充电后，它便使栅极阈值电压升高，这时栅压即使处于高电平，也无法使管子沟通道导通，因而位线仍处于高电平，输出便反相为 0，所以，给浮栅充电，相当于该单元写入了 0。由于浮栅四周是绝缘的，它上面的电荷可保证维持 10 年之久，因而这样的编程也是很可靠的。

关于上述两种器件的编程细则，应按器件手册的规定进行。PROM 经编程后，便可像 MROM 一样长期使用，只要将读/写指令 $R/\overline{W}$ 固定于 1 即成。

9.2.3　EPROM 和 EEPROM

EPROM 是一种用户不仅编程，而且经紫外光照射后可擦除原编信息，再次进行编程的 PROM，这样反复改写可达数十次。显然，它的内部就不能采用熔丝或二极管作编程元件，因为这两种编程都是破坏性的，无法恢复，所以 EPROM 通常采用浮栅 MOS 管元件作编程元件，编程时，就是没法给浮栅充电，以改变管子的 U_{GSth}，完成写 0 操作。为了抹除原编信息，可在 EPROM 芯片封装的上方开一装有石英玻璃的小窗口，让紫外光射入，数十分钟后，浮栅上所积累的电荷便可消失，使器件又回到全 1 状态。经重新编码后，又可继续使用，但使用时，应该用黑胶带密封玻璃窗口，以免外部紫外光的射入，使编程数据逐渐"挥发"掉。

上述用紫外光擦除 EPROM，在某些场合是不方便的。EEPROM 就是改用电的方法进行擦除 EPROM，又称为电可擦可编 ROM，也可写成 E^2PROM。它在结构上除了采用 EPROM 先存进该地址和数据，并立即选中相应的地址线，待发出写命令后，就可将数据编入相应单元。这种芯片的编程子程序是自给的，擦除旧字节和编入新字节是自动进行的。由于编程过程一开始就受到监视，保证编程后浮栅的充电是足够的，编程所需的时间也和 EPROM 的相当。用 E^2PROM 不但能逐字编程，而且可以把 16～64 的整"页"数据一次编成。

　　虽然 E²PROM 可以较方便地擦和写，但不能用它来作 RAM，是因为它的改写次数有限，不超过 $10^4 \sim 10^6$ 次。

　　因此，也可将 E²PROM 与 RAM 组合在一起，当停电时，RAM 中数据便移到 E²PROM中；而正常操作时，RAM 可提供较短的写周期，而不影响 E²PROM 的寿命。

　　还有一种闪电式 E²PROM，它介于 EPROM 和 E²PROM 之间，它也用来擦除，而且可以整片一次擦除，故称闪电式。由于擦除过程比 EPROM 简单，只要一个宽数秒的擦除脉冲信号就可以在线擦除，即不需要将片子从电路中取出，再放到某个专门的擦除装置中 20 多分钟；但是闪电式 E²PROM 在工艺上比 EPROM 复杂。为经济起见，在 E²PROM 芯片上，将不包括编程所需的电压变换器，因此它的编程情况和 EPROM 一样。

　　RAM 与 EPROM 的读/写操作比较如表 9-2 所示。

表 9-2　RAM 与 EPROM 的读/写操作比较

操作	RAM	ROM			
		MROM	PROM	EPROM	E²PROM
写次数	任意	1 次	1 次	100 次	$10^4 \sim 10^6$
写周期	$10 \sim 200$ns	数月	数分	数分	数毫秒
读次数	任意	任意	任意	任意	任意
读周期	$10 \sim 200$ns	约 200ns	$10 \sim 200$ns	$30 \sim 200$ns	$10 \sim 200$ns

习　题　9

画图题

1. 画出用 MOS 管源极和衬底间电容 C_b 构成的单管存储单元电路图。

2. 画出二极管 VD_N 编程元件结构构成的单管存储单元电路图。

3. 画出浮栅管 MOS-FET 作编程元件结构构成的单管存储单元电路图。

第10章　单片机应用知识

【学习目标】
　　1. 熟练掌握单片机的单机应用、多机应用领域与系统。
　　2. 重点掌握单片机的应用系统和单片机的结构原理。

10.1　单片机应用系统

10.1.1　单片机的基本构成与特点

　　单片机的全称是单片微型计算机或微型控制器，它是把微型计算机主要部分都集成在一个芯片上的单芯片微型计算机。由于它的结构与指令功能都是按工业控制要求设计的，故又叫单片微控制器。

　　通常，一个微型计算机系统由计算机与外部设备组成，如图 10-1 所示。

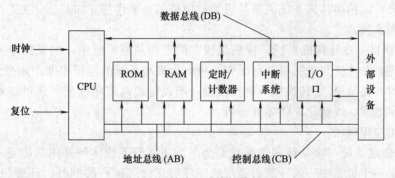

图 10-1　单片机系统结构框图

　　微型计算机有微处理器（CPU）、寄存器（存放程序、指令的程序存储器 ROM 和数据存储器 RAM）、输入/输出口（I/O 口）和其他功能部件如定时/计数器、中断系统等，它们通过地址总线（AB）、数据总线（DB）和控制总线（CB）连接起来，再通过输入/输出口（I/O 口）线与外部设备、芯片相连，并在 CPU 中配置指令系统。计算机系统中配有主机监控程序、系统操作软件和用户应用软件。

　　单片机的特点如下。

　　① 受集成度的限制，片内存储器 ROM、RAM 的容量较小，但是可以通过外部扩展实现达到 64KB 字节或更大。

　　② 可靠性好。芯片本身是按工业测控环境要求设计的，其抗干扰优于一般的通用 CPU；程序指令及常数、表格固化在 ROM 中不易破坏；许多信号通道均在一个芯片内，故可靠性高。

　　③ 易扩展。片内具有计算机正常运行所必需的部件。芯片外部有许多供扩展用地址总

线、控制总线、数据总线和并行、串行输入/输出引脚，很容易构成各种规模的计算机应用系统。

④ 控制功能强。为了满足工业控制要求，一般单片机的指令系统中均有极丰富的条件分支转移指令、I/O 口的逻辑操作以及处理功能。一般情况下，单片机的逻辑控制功能及运行速度均高于同一档的微处理器。

⑤ 单片机内固化有监控程序、系统操作软件和用户应用软件。

10.1.2　单片机的应用领域

（1）单机应用领域　在一个应用系统中，只使用一块单片机，这是目前应用最多的方式。其应用的主要领域如下。

① 智能产品　将单片机与传统的机械产品相结合，使传统的机械产品结构简化，控制智能化，构成新一代的机电一体化产品。而这些智能产品从家电、办公设备发展到机床、纺织机械、工业设备等。

② 智能仪表　用单片机改造原有的测量、控制、专业、分析仪器仪表，促进仪器仪表向数字化、智能化、多功能化、综合化、柔性化方向发展，从而解决了测量仪表的误差修正、线性和温度补偿、线性化处理的难题，使智能仪表集测量、处理、控制功能于一体，已成为电子仪器仪表的主导核心产品。如工业过程测量和控制用的工业自动化仪表、化学工业在线分析和石油及环保监测用的分析仪表，基本上都采用单片机而实现智能化。

③ 测控系统　用单片机可以构成各种工业控制系统、自适应控制系统、数据采集系统等。在这个领域中，有不少是采用通用 CPU 单片机或通用计算机系统。随着单片机技术的发展，大部分可以用单片机系统或单片机加通用机系统来代替，如石油化工产生过程控制系统和车辆检测系统。

④ 智能接口　在计算机系统，特别是较大的工业测控系统中，如果用单片机进行接口的控制与管理，单片机与主机可并行工作，可大大提高系统的运行速度。如在大型数据采集系统中，用单片机对模/数转换接口进行控制，不仅可提高采集速度，还可以对数据进行预处理，如数字滤波、线性化、误差修正等。

（2）多机应用领域

① 功能集散系统　多功能集散系统是为了满足工程系统多种外围功能要求而设计的多机系统。例如一个加工中心的计算机系统除完成机床加工运行控制外，还要控制对刀系统、坐标指示、刀库管理、状态监视、伺服驱动等。每个功能用一个独立的单片机来完成，主机负责协调、调度，则每个功能都体现出高智能水平。所谓功能集散系统是指工程系统中可以在任意环节上设置单片机功能子系统，从而体现多机系统的功能分布。

② 并行多机控制系统　并行多机系统主要解决工程系统的快速性要求，以便构成大型实时工程系统，典型的有快速并行数据采集、处理系统、实时图像处理系统。例如，大型工程的动态应力分布测量，当测量点多时，即使采集高速巡回检测系统也不可避免地出现较大的非同一性状态误差。如果使每一采集通道或每一组采集通道用一个单片机构成一个独立的采集、处理单元，在主机管理下，不仅可实现多点的快速采集，而且还可以分别对采集的数据进行预处理，如图 10-2 所示。

③ 局部网络系统　单片机网络系统的出现使单片机应用进入了一个新水平。目前单片机构成的网络系统主要是分布式测控系统。单片机主要用于系统中的通信控制，以及构成各种测控子系统。典型的分布式测控系统有以下几种。

a. 树状网络系统　树状网络分布式测控系统如图 10-3 所示。

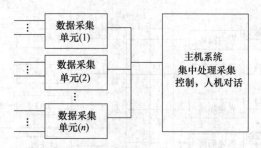

图 10-2　并行多机数据采集系统框图

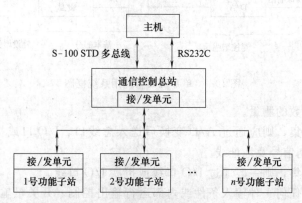

图 10-3　树状网络分布式测控系统框图

在系统中单片机用来构成通信控制总站与功能子站系统。

通信控制总站设有标准总线和串行总线与主机相连，因此，主机可使用一般通用计算机系统，它享用分布式测控系统中所有的信息资源，并对其进行调度、指挥。通信控制总站是一个单片机应用系统，除了完成主机对各功能子站的通信控制外，还协助主机对各功能子站的协调、调度，大大地减轻了主机的通信工作量，从而可以实现主机的间歇工作方式。通信控制总站通过串行总线与各个安放在现场的具有特定测、控功能的子站系统相连，形成主从式控制模式。通信总站到功能子站的通信介质可以形式多样，从无线到有线，有线的介质可以是双绞线、同轴电缆、光导纤维，也可以借助于电话线路、电力线路进行通信。

测控功能的子站分布在现场，按照功能要求设置，可以是模拟量数据采集系统、数字（脉冲频率）量采集系统或开关量监测系统，也可以是开关量输出控制或伺服控制系统等。

b. 位总线（Bit　Bus）分布式测控系统　是 Intel 公司推出的分布式微计算机控制系统。构成系统核心的芯片是 RUPI-44 系列单片机 8044/8744/8344。

10.1.3　单片机的典型应用系统

单片机的典型应用系统是指单片机要完成工业测控功能所必需具备的硬件系统，如图 10-4 所示。

单片机典型应用系统包括以下 3 部分。

① 基本部分　主要是计算机和外围芯片（程序存储器 EPROM、数据存储器 RAM、I/O口）系统扩展及功能键盘、显示器的配置，通过内总线连接而成。

② 测控增强　主要是传感器接口与模拟量输出接口。它们直接与工业现场相连，是重要的干扰进入渠道，一般都要采取隔离措施。

对于数字量（频率、周期、相位、计数）的采集，其输入简单。数字脉冲可直接作为计数输入、测试输入、I/O口输入或作中断源输入进行事件计数、定时计数，实现脉冲的频

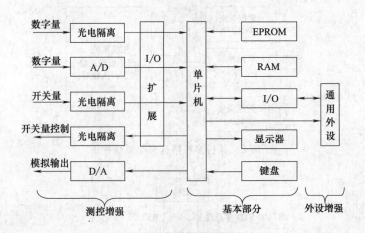

图 10-4　单片机典型应用系统框图

率、周期、相位、计数的测量。

对于模拟量的采集，则应通过 A/D 变换后送入总线口、I/O 口或扩展 I/O 口，并配以相应的 A/D 转换控制信号及地址线。

对于开关量的采集，则一般通过 I/O 口线或扩展 I/O 口线。

应用系统可根据任何一种输入条件或内部运行输出控制。开关量输出控制有时序开关、逻辑开关、信号开关阵列等。通常，这些开关量也通过 I/O 口或扩展 I/O 口输出。

模拟量的输出控制常为伺服驱动控制。开关量输出通过 D/A 变换后送入伺服驱动电路，还可以通过 D/A 变换后输出模拟量与其他仪表配合实现各种测量与控制。

③ 外设增强　外部设备配置接口可以通过 I/O 口或扩展 I/O 口构成，通常可接打印机、绘图机、磁带机、CRT 等。

10.1.4　单片机应用系统构成方式

① 专用系统　系统的扩展与配置完全按照应用系统的功能要求进行设计。硬件系统的性能/配置比接近于 1。系统中只配备用应用软件，故系统有最佳配置，系统的软件、硬件资源能获得充分利用，但这种系统无自开发能力。采用这种方式要求有较强的硬件开发能力。

② 模块化系统　鉴于单片机应用系统的系统扩展与配置电路具有典型性，因此有些厂家常将这些典型配置做成用户系列板，供用户选择使用。用户根据应用系统的需要，选择适当的模块组合成各种测控系统。有些用户系列板在结构上做成 STD 总线形式。模块化结构是中、大型应用系统的发展方向，它可以大大减少用户在硬件开发上的投入力量。但是目前我国单片机应用系统模块化产品水平尚不高，软、硬件配置工作还不完善，有待进一步发展。

③ 单片单板机系统　受通用 CPU 单板机的影响，国内有用单片机来构成单片单板机，其硬件按照典型应用系统配置，并配有监控程序，具有自开发能力。但是，单板机的固定结构形式常使应用系统不能获得最佳配置。产品批量大时，软、硬件资源浪费较大，但可大大减少系统研制时的硬件工作量，并且具有二次开发能力。

10.1.5　单片机应用系统的结构特点

（1）单片机应用系统是一个工业测、控系统　从这一观念出发，单片机应用系统应满足的要求如下。

① 有大量的测控接口，这些测控接口功能电路配置与测控要求及测控对象密切相关。测控接口及功能电路配置在很大程度上决定了应用系统的技术性能，如 A/D 和 D/A 的准确度、响应速度等。

② 必须适应现场环境要求。计算机系统及接口电路设计、配置必须考虑到应用系统安放环境要求。如煤矿监测系统中安放在井下的测控子站必须按照井下环境要求进行设计，为此，传感器及其传感器接口尽可能采用数字系统或数字传感器。

③ 要求从事单片机应用系统研制的技术人员通晓测控技术。随着计算机芯片技术的发展，计算机硬件系统设计的技术难度会日渐减小，因此，单片机应用系统的研制工作会逐渐从计算机专业部门转向各个科技领域，从事计算机专业人员转向各行各业的专业技术人员，计算机应用专业人员要迅速渗透到自动控制、测试技术、仪表电器、精密机械、制造工程等领域。

（2）单片机应用是一个模拟-数字系统

① 单片机应用系统中，模拟部分与数字部分的功能分工是硬件系统设计的重要内容。它涉及应用系统研制的技术水平及难度。例如，在传感器通道中，为了提高抗干扰能力，尽可能采用数字频率信号，为了提高响应速度，往往不得不用模拟信号的 A/D 转换接口。

② 在这种模拟-数字系统中，模拟电路、数字逻辑电路功能与计算机的软件功能分工是应用系统设计的重要内容。计算机指令系统的运算、逻辑控制功能，使得许多模拟、数字逻辑电路都可以依照计算机的软件实现。因此，模拟、数字电路的分工与配置，应用系统中硬件功能与软件功能的分工与配置必须慎重考虑。用软件实现具有成本低、电路系统简单等优点，但是响应速度慢，占 CPU 工作时间。哪些功能由软件实现，哪些功能由硬件实现并无一定之规，它与微电子技术、计算机外围芯片技术发展水平有关，但常受到研制人员专业技术能力的限制。

③ 要求应用系统研制人员不只是知晓计算机系统的扩展与配置，还必须了解数字逻辑电路、模拟电路以及这些领域中的新成果、新器件，以便获得最佳的模拟、数字逻辑计算机应用系统设计。

（3）物理结构灵活　单片机芯片技术的发展，使得单个芯片的计算机规模愈来愈大，功能愈来愈强，CMOS 工艺制作的芯片功耗愈来愈小。因此，用单片机构成应用系统愈来愈方便，技术难度愈来愈小，成本愈来愈低。

① 成本低，可大量配置。大量机械设备的电子化、智能化，使得采用单片机应用系统后实现了产品的升级换代而成本费用增加不多。

② 体积小，可达性好。体积小加上低功耗的特点，使单片机应用系统可与对象结合成一体，构成智能传感器、智能接口等。

③ 扩展容易。单片机大多有串行接口及并行扩展接口，很容易构成各种规模的多机系统及网络系统，以实现中、大规模的测控系统。

10.1.6 单片机应用系统的典型通道接口

根据界面情况，一个完整的单片机应用系统由计算机系统与前向通道、后向通道、人机对话通道及计算机相互通道组成。

（1）计算机系统　单片机芯片配以必要的外部器件，就能构成单片机最小系统。单片机具有较强的外部扩展、通信能力，能方便地扩展至应用系统所要求的规模。单片机应用系统中，计算机系统设计内容用最小系统设计和系统扩展设计。

（2）前向通道的特点　前向通道是单片机应用系统与采集对象相连接的部分，是应用系统的输入通道，有以下特点。

① 与现场采集对象相连，是现场干扰进入的主要通道，是整个系统抗干扰设计的重点部位。

② 由于采集的对象不同，有开关量、模拟量、频率量等，而这些都是由安放在测量现场的传感、变换装置产生的，许多参量信号不能满足计算机输入的要求，故有大量的、形式多样的信号变换、调节电路，如测量放大器、I/F 变换、V/F 变换、A/D 转换、放大、整形电路等。

③ 是一个模拟、数字混合电路系统，其电路功耗小，一般没有功率驱动要求。

（3）后向通道的特点　后向通道是应用系统的伺服驱动控制通道，其特点如下。

① 是应用系统的输出通道，大多数需要功率驱动。

② 靠近伺服驱动现场，伺服控制系统的大功率负荷易从后向通道进入计算机系统，故后向通道的隔离对系统的可靠性影响极大。

③ 根据输出控制的不同要求，后向通道电路多种多样，有模拟电路、数字电路、开关电路等，有电流输出、电压输出、开关量输出及数字量输出等。

（4）人机对话通道的特点　单片机应用系统中人机对话通道是用户为了对应用系统进行干预以及了解应用系统运行状态所设置的通道，主要有键盘、显示器、打印机等通道接口。其特点如下。

① 由于通常的单片机应用系统大多是小规模系统，如微型打印机、功能键、拨盘、LED/LCD 显示器等，若需要高水平的人机对话配置，如宽行打印机、磁盘、CRD、标准键盘等，则往往将单片机应用系统通过外总线与通用计算机相连，享用通用计算机的外围人机对话设备。

② 单片机应用系统中，人机对话通道及接口大多数采用内总线形式，与计算机系统扩展密切相关。

③ 人机通道接口一般都是数字电路。电路结构简单，可靠性好。

（5）相互通道接口的特点　单片机相互通道接口是解决计算机系统间相互通信的接口。要组成较大的测控系统，相互通道接口是不可少的，有下列特点。

① 中、高档单片机大多数设有串行口，为构成应用系统的相互通道提供了方便条件。

② 单片机本身的串行口给相互通道提供了结构及基本的通信工作方式，没有提供标准的通信规程，故利用单片机串行口构成相互通道时，要配置较复杂的通信软件。

③ 在很多情况下，采用扩展标准通信控制芯片来组成相互通道。例如，用扩展 8250、8251、SIO、8273、MC6850 等通信控制芯片来构成相互通道接口。

④ 相互通道接口都是数字电路系统，抗干扰能力强。但大多数都需长线传输，故要解决长线传输驱动、匹配、隔离问题。

10.1.7　单片机应用系统设计的内容

单片机应用系统设计包括硬件设计与软件设计，其内容包括以下几部分。

（1）系统扩展　通过系统扩展，构成一个完善的计算机系统，它是单片机应用系统中的核心部分。系统的扩展方法、内容、规模与所选用的单片机系列以及供应状态有关。不同系列的单片机，内部结构、外部总线特征均不相同。

（2）通道与接口设计　由于这些通道大都是通过 I/O 口进行配置的，与单片机本身联系不甚紧密，故大多数接口电路都能方便地移植到其他类型的单片机应用系统中去。

（3）系统干扰设计　　抗干扰设计要贯穿在应用系统设计的全过程中。从总体方案、器件选择到电路系统设计，从硬件系统设计到软件程序设计，从印刷电路板到仪器化系统布线，都要把抗干扰设计列为一项重要工作。

（4）应用软件设计　　应用软件设计是根据指令系统功能要求进行的，因此，指令系统功能的好坏对应用系统软件设计影响很大。目前各种单片机指令系统各不相同，极大地阻碍了单片机技术的交流与发展。

10.1.8　单片机应用系统设计知识

单片机虽然是一个五脏俱全的微型计算机，但由于本身无自开发能力，必须借助开发工具来开发应用软件以及对硬件系统进行诊断。另外，由于通常研制单片机应用系统时，常选用片内无 ROM 的供应状态芯片，即使构成最小系统；也必须在外部配置 EPROM 电路。如果系统比较复杂时，还要进行系统的扩展与配置。因此，要研制一个完整的单片机产品时，应完成下列工作：

① 硬件电路设计、组装、调试；

② 应用软件的编制、调试；

③ 应用软件的链接调试、固化、脱机（脱离开发装置）进行。

（1）开发手段的作用与类别

单片机应用系统的程序存储器必须放入调试好的应用程序，系统才能运行。如果研制人员对单片机结构、系统硬件结构、指令系统十分清楚，能确保所编的程序不会出错，可以不用开发工具，只要把所编制的软件固化到系统的 EPROM 中即可。一般来说，都需要借助开发工具来调试应用软件。

① 开发工具的主要作用

a. 系统硬件电路的诊断与检查。

b. 程序的输入与修改。

c. 程序的运行、调试具有单步运行、设断点运行、状态查询等功能。

d. 能将程序固化到 EPROM 芯片上去。

e. 有较齐全的开发用软件工具，如配置有汇编语言，用户可以用汇编语言编制应用软件；开发工具，能自动生成目标文件；配有反汇编软件，能将目标程序转换为汇编语言程序文本；有丰富的子程序库可供用户选择调用。

f. 有全速跟踪调试、运行的能力。开发装置占用单片机的硬件资源最少。

g. 为了方便模块化软件调试，还应配置软件转储、程序文本打印功能及设备。

② 开发工具的类别

a. 普及型开发系统：这种开发系统通常采用相同型号的单片机做成单板机形式。其标志质量特性好坏的标准如下。

ⓐ 占用单片机资源情况。其占用的最少为好。

ⓑ 监控程序功能强。应有较强的程序输入、修改、调试、状态查询、磁带转储、WPROM、固化功能。

ⓒ 能方便地与通用机联机。与通用机联机后能很方便地利用通用计算机系统的软件、硬件资源，具有高效率的汇编、反汇编、通信、转储、打印、存盘、人机对话功能。

b. 通用机开发系统：是在通用机中加入模板开发系统。在该系统中，开发模板不能独立完成开发任务，只起着开发接口的作用。将模板开发系统插在通用计算机系统的扩展槽中或以总线连接方式安装在外部。模板开发系统的硬件结构应包含通用计算机不可替代的部分，如 EPROM 写入、仿真头及 CPU 仿真所必需的单片机系统等。

c. 专业开发系统：是一种高档次开发系统，专门用来开发单片机，其外围设备具有通用计算机的配置水平，如磁盘机、CRT、通用 ASCII 键盘、打印机等。在外部通常接有 EPROM 写入板、用户系统仿真插头等。系统配有高级语言，功能完善，能高效率开发、调试的软件包。

d. 模拟开发系统：是一种完全依靠软件手段进行开发的系统。开发系统与用户系统在硬件上无任何联系。通常这种系统由通用计算机加模拟开发软件构成。用户如果有通用计算机，只要购买相应的模拟开发软件即可。模拟开发系统的工作原理是利用模拟开发软件在通用计算机上实现对单片机的硬件模拟、指令模拟、运行状态模拟，从而完成软件开发过程。通过硬件模拟在通用计算机内部形成虚拟单片机，相应的输入端由通用键盘相应的按键设定。输出状态则出现在 CRT 指定的窗口区域。模拟开发系统还应配有通用硬件运行模块。

（2）单片机应用系统硬件设计内容与要求

① 一个单片机应用系统的硬件电路设计包含两部分。

a. 系统扩展：即单片机内部的功能单元，如 ROM、RAM、I/O 口、定时/计数器、中断系统等容量不能满足应用系统的要求时，必须在片外进行扩展，选择适当的芯片，设计相应的电路。

b. 系统配置：即按照系统功能要求配置外围设备，如键盘、显示器、打印机、D/A、A/D 转换器等，要设计合适的接口电路。

② 系统硬件设计的要求有以下几点。

a. 尽可能选择典型电路，并符合单片机的常规用法，为硬件系统的标准化、模块化打下良好的基础。

b. 系统的扩展与外围设备配置的水平应充分满足应用系统的功能要求，并留有适当余地，以便二次开发。

c. 硬件结构应结合应用软件方案一并考虑。硬件结构与软件方案会相互影响，考虑的原则是，软件能实现的功能尽可能由软件来实现，以简化硬件结构。但必须注意，由软件实现的硬件功能，其响应时间要比直接用硬件实现来得长，而且占用时间。因此，选择软件方案时，要考虑到这些因素。

d. 整个系统中相关的器件要尽可能做到性能匹配，例如选用晶振频率较高时，存储器的存取时间有限，应该选择允许存取速度较高的芯片；选择 CMOS 芯片单片机构成低功耗系统时，系统中的所有芯片都应该选择低功耗的产品。

e. 可靠性及抗干扰设计是硬件系统设计不可缺少的一部分，它包括芯片、器件选择、去耦滤波、印刷电路板布线、通道隔离等。

f. 单片外接电路较多时，必须考虑驱动能力。驱动能力不足时，系统工作不可靠，解决的办法是增加驱动能力，增设线驱动器或者减少芯片功耗，降低总线负载。

10.2　单片机的结构原理

10.2.1　MCS-51 单片机的总体结构

MCS-51 单片机的总体结构如图 10-5 所示。

（1）微处理器　是单片机内部的核心部件，它决定了单片机的主要功能特性。中央处理

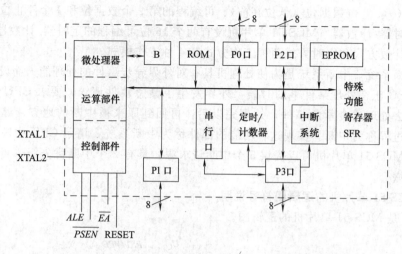

图 10-5 MCS-51 单片机的总体结构框图

器主要由运算部件和控制部件构成。

① 运算部件 它包括算术、逻辑部件 ALU、布尔处理器、累加器 ACC、寄存器 B、暂存器 TMP1 和 TMP2、程序状态字寄存器 PSW 以及十进制调整电路等。运算部件的功能是实现数据的算术逻辑运算、位变化处理和数据传送操作。

② 控制部件 是单片机的神经中枢，它包括时钟电路、复位电路、指令寄存器、译码器以及信息传送控制部件。它以主频率为基准发出 CPU 时序，对指令进行译码，然后发出各种控制信号，完成一系列定时控制的微操作，用来控制单片机各部分的运行。其中有一些控制信号线能简化应用系统外围控制逻辑，如控制地址锁存的地址锁存信号 ALE，控制片外程序存储器运行的片内外存储器选择信号 $\overline{EA}$，以及片外取指信号 $\overline{PSEN}$。

（2）特殊功能寄存器（SFR） 是用来对片内各功能模块进行管理、控制、监视的控制寄存器和状态寄存器，是一个特殊功能的 RAM 区。

（3）串行接口 单片机内部用一个全双工的串行接口，有两个独立的接收、发送缓冲器 SBUF（属于特殊功能寄存器），可同时发送、接收数据。串行接口有 4 种工作模式。

① 模式 0 是同步移位寄存器方式。串行数据都是通过 RXD（P3.0）端输入或输出。RXD（P3.1）端输出同步移位脉冲，可接收/发送 8 位（低位在前）。模式 0 主要用于 I/O 口扩展。

② 模式 1 是 8 位异步通信口。可发送（通过 TXD）或接收（通过 RXD）10 位数据，1 个起始位（0）、8 位数据位（低位在前）和 1 个停止位（1）。接收时，停止位进入特殊功能寄存器 SCON 的 RB8 的位。

③ 模式 2 是 9 位异步通信口。可发送（通过 TXD）或接收（通过 RXD）11 位数据，1 个起始位（0）、8 位数据位（低位在前）、可编程的第 9 个数据位和 1 个停止位（0）。在发送时，第 9 个数据位（TB8）的值可指定为 0 或 1，用如下的 3 条指令能把 TB8 置为校验奇偶位并开始一次发送：

MOV C, P ；奇偶位进入位（字节已在 A 中）
MOV TB8, C ；把进位位置入发送位 8
MOV SBUF, A ；装入发送寄存器

接收时，第 9 个数据进入特殊功能寄存器 SCON 的 RB8，忽略停止位。

④ 模式 3 是 9 位异步通信口。可发送（通过 TXD）或接收（通过 RXD）11 位数据，

1 个起始位（0）、8 位数据位（低位在前）、可编程的第 9 个数据位和 1 个停止位（1）。

（4）定时器/计数器　MCS-51 单片机设有两个 16 位可编程的定时器/计数器 T0 和 T1，它们都具有计数方式和定时方式两种工作方式及 4 种工作模式。

（5）中断系统　中断系统是为使处理机具有对外界异步事件的处理能力而设置的。当中央处理机 CPU 正在处理某件事的时候，外界发生了紧急事件请求，要求 CPU 暂停当前的工作，转而去处理这个紧急事件；处理完以后，再回到原来被中断的地方，继续原来的工作。这样的过程称为中断。实现这种功能的部件称为中断系统，请示 CPU 中断的请求源称为中断源。MCS-51 单片机可以提供 5 个中断请求源，具有 2 个中断优先级，可实现两级中断服务程序嵌套。

10.2.2　MCS-51 单片机的逻辑图符号说明

图 10-6 是 MCS-51 单片机的逻辑图。

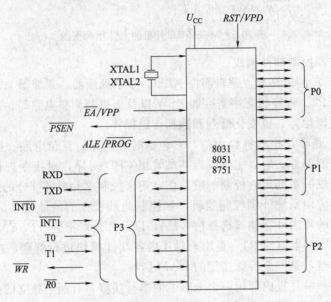

图 10-6　是 MCS-51 单片机的逻辑图

（1）外接晶体端

① XTAL1　接外部晶体的输入端 1。在单片机内部，它是一个反相放大器的输入端，这个放大器构成了片内振荡器。当采用外部振荡器时，对 HMOS 单片机，此端应接地；对 CHMOS 单片机，此端作为驱动端。

② XTAL2　接外部晶体的输入端 2。在单片机内部，接至上述振荡器的反相放大器的输出端。当采用外部振荡器时，对 HMOS 单片机，此端接外部振荡器的信号，即把外部振荡器的信号直接接到内部时钟发生器的输入端；对 CHMOS 单片机，此端应悬浮。

（2）控制或与其他电源复用端

① RST/VPD　当振荡器运行时，在此端上出现两个机器周期的高电平将使单片机复位。推荐在此端与 U_{SS} 端之间接一个约 8.2kΩ 的下拉电阻，与 U_{CC} 端接一个约 10μF 的电容，以保证可靠的复位。U_{CC} 掉电期间，此端可接上备用电源，以保持内存 RAM 的数据不丢失。当 U_{CC} 主电源下降到低于规定的电平，而 VPD 在其规定的电压范围（5±0.5V）内时，VPD 就向内部 RAM 提供备用电源。

② ALE/$\overline{PROG}$　当访问外部存储器时，ALE（允许地址锁存）的输出用于锁存地址的

低位字节。即使不访问外部存储器，ALE 端仍以不变的频率周期性地出现正脉冲信号，此频率为振荡器频率的 1/6。因此它可用于对外输出时钟，或用于定时的目的。然而要注意的是，每当访问外部数据存储器时，将跳过一个 ALE 脉冲。ALE 端可以驱动 8 个 LS 型的 TTL 输入电路。对于 EPRAM 型单片机（8751），在 EPRAM 编程期间，此端用于输入编程脉冲（$\overline{PROG}$）。

③ $\overline{PSEN}$　此端的输出是外部程序存储器的读选通信号。在从外部程序存储器取指令（或常数）期间，每个机器周期两次 $\overline{PSEN}$ 有效。但在此期间，每当访问外部数据存储器时，这两次有效的 $\overline{PSEN}$ 信号将不出现。$\overline{PSEN}$ 同样可以驱动（吸收或输出）8 个 LS 型的 TTL 输入电路。

④ $\overline{EA}/VPP$　当 $\overline{EA}$ 端保持高电平时，访问内部程序存储器，但在 PC（程序计数器）值超过 0FFFH（对 8051/8751/80C51）或 1FFFH（对 8052）时，将自转向执行外部程序存储器内的程序。当 $\overline{EA}$ 保持低电平时，则只访问外部程序存储器，不管是否有内部程序存储器。对于常用的 8031 来说，无内部程序存储器，所以 $\overline{EA}$ 端必须常接地，这样才能只选择外部程序存储器。对于 EPROM 型的单片机（8751），在 EPROM 编程期间，此端也用于施加 21V 的编程电源（VPP）。

（3）输入/输出（I/O）端

① P0 口　是双向 8 位三态 I/O 口。在外接存储器时，与地址总线的低 8 位及数据总线复用，能以吸收电流的方式驱动 8 个 LS TT 负载。

② P1 口　是 8 位准双向 I/O 口。由于这种接口输出没有高阻状态，输入也不能锁存，故不是真正的双向 I/O 口。P1 口能驱动（吸收或输出电流）4 个 LS TT 负载。对 8052、8032，P1.0 端的第二功能为 T2 定时/计数器的外部输入，P1.1 端的第二功能为 T2EX 捕捉、重装触发，即 T2 的外部控制端。对 EPROM 编程和程序验证时，它接收低 8 位地址。

③ P2 口　是 8 位准双向 I/O 口。在访问外部存储器时，它可以作为扩展电路高 8 位地址总线送出高 8 位地址。在对 EPROM 编程和程序验证期间，它接收高 8 位地址。P2 口可以驱动（吸收或输出电流）4 个 LS TT 负载。

④ P3 口　是 8 位准双向 I/O 口。在 MCS-51 中，这 8 个端还用于专门功能，是复用双功能口。P3 口能驱动（吸收或输出电流）4 个 LS TT 负载。作为第一功能使用时，就作为普通 I/O 口用，功能和操作方法与 P1 口相同。作为第二功能使用时，各端的定义如表 10-1 所示。值得强调的是，P3 口的每一条引脚均可独立定义为第一功能的输入输出或第二功能。

表 10-1　P3 口第二功能各端的定义

口线	引脚	第 二 功 能	口线	引脚	第 二 功 能
P3.0	10	RXD(串行输入口)	P3.4	14	T0(定时器 0 外部输入)
P3.1	11	TXD(串行输出口)	P3.5	15	T1(定时器 1 外部输入)
P3.2	12	$\overline{INT0}$(外部中断 0)	P3.6	16	$\overline{WR}$(外部数据存储器写脉冲)
P3.3	13	$\overline{INT1}$(外部中断 1)	P3.7	17	$\overline{RD}$(外部数据存储器读脉冲)

10.2.3　MCS-51 单片机的片外总线结构

综合上面的描述可知，I/O 口线不能都当作用户 I/O 口线。除 8051/8751 外，真正可完全为用户使用的 I/O 口线以及部分作为第一功能使用的是 P3 口。图 10-7 是 MCS-51 单片机按引脚功能分类的片外总线结构图。

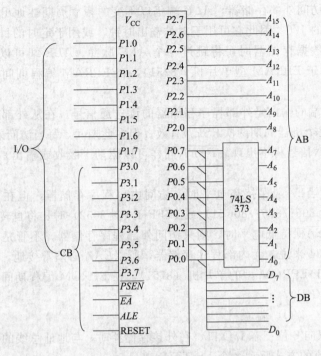

图 10-7　MCS-51 单片机片外总线结构图

从 10-7 图可看到，单片机的引脚除了电源、复位、时钟接入、用户 I/O 口外，其余引脚都是为实现系统扩展而设置的。这些引脚构成了单片机片外三总线结构。

（1）地址总线（AB）　地址总线宽度为 16 位，因此，其外部存储器直接寻址为 64KB，16 位地址总线由 P0 口经地址锁存器提供低 8 位地址（A0～A7），P2 口直接提供高 8 位地址（A8～A15）。

（2）数据总线（DB）　数据总线宽度为 8 位，由 P2 口提供。

（3）控制总线（CB）　由 P3 口的第二功能状态和 4 根独立控制线 RESET、$\overline{EA}$、$\overline{PSEN}$、ALE 组成。

习　题　10

一、选择题

1. 用单片机及其外围芯片构成的计算机应用系统是（　　）。

　A. 混合型计算机应用系统　　　　B. 通用 CPU 应用系统　　　　C. 单片机应用系统

2. 单片机的数据总线用（　　）表示。

　A. DB　　　　　　　　　　　B. AB　　　　　　　　　　　C. CB

3. 单片机的地址总线用（　　）表示。

　A. DB　　　　　　　　　　　B. AB　　　　　　　　　　　C. CB

4. 单片机的控制总线用（　　）表示。

　A. DB　　　　　　　　　　　B. AB　　　　　　　　　　　C. CB

5. MCS-51 单片机的访问外部存储器的选择端的符号是（　　）。

　A. $ALE/\overline{PROG}$　　　　　　　　B. $\overline{PSEN}$　　　　　　　　　C. $\overline{EA}/VPP$

6. MCS-51 单片机的外部程序存储器的读选通信号的选择端的符号是（　　）。

    A. $ALE/\overline{PROG}$　　　　　　B. $\overline{PSEN}$　　　　　　　C. $\overline{EA}/VPP$

7. MCS-51 单片机的保持高电平时，访问内部程序存储器的选择端的符号是（　　）。

    A. $ALE/\overline{PROG}$　　　　　　B. $\overline{PSEN}$　　　　　　　C. $\overline{EA}/VPP$

二、判断题

1. 单片机的单机应用领域有智能产品、智能仪表、测控系统和智能接口等。　　　　　　（　　）

2. 主机不承担应用系统的人机对话、大容量计算、记录、打印、图形显示等任务。　　　　（　　）

3. 专用计算机部分是为完成系统的专用功能要求而配置的，如数据采集、对象控制等测控功能，称为应用系统。　　　　　　　　　　　　　　　　　　　　　　　　　　　　　　　　（　　）

三、画图题

1. MCS-51 单片机的总体结构包括哪些？

2. 绘制 MCS-51 单片机的逻辑图。

3. MCS-51 单片机的外三总线结构图。

4. 绘制单片机典型应用系统框图。

第 11 章 测量传感器的应用知识

【学习目标】

1. 了解和理解传感器输入量的特性、输入输出关系的静态影响特性、动态影响特性、线性化等基本概念。

2. 熟练掌握非线性的补偿方法、温度补偿方法和设计传感器接口电路要解决的问题及各类传感器的类型、作用、用途。

11.1 传感器常用特性概念的理解

11.1.1 输入量的特性

（1）量程 传感器预期要测量的被测量值。一般用传感器允许测量的上、下极限值表示。上限值又称为满量程值。

（2）过载能力 传感器允许承受的最大输入量（被测量）。在这个输入量作用下，传感器的各项性能指标应保证不超出其规定的范围。通常用一个允许的最大值或满量程值的百分数来表示。

11.1.2 输入输出关系的静态影响特性

（1）准确度 表示测量结果与被测的"真值"的靠近程度。准确度一般是在校验或标定的过程中来确定的，此时，真值则靠其他更高准确度的仪器仪表或工作基准来给出。而这些作为标准或基准的仪器仪表，必须能定期直接或间接地与国家的绝对基准量进行比对而合格。准确度一般用"极限误差"来表示，或用极限误差与满量程值之比的百分数给出。

（2）重复性 反映传感器在不变工作状态下，重复地给予某个相同的输入值时，其输出值的一致性，其意义与准确度相似。传感器的重复性一般在标定过程中来确定，具体的方法有以下几种。

① 在传感器全量程内连续进行多次重复标定，根据所得各特性曲线来确定重复程度。

② 有的只在接近满量程的某个输入值进行多次重复标定，然后根据其输出数据的分散程度来计算重复性。

重复性的好坏还与许多随机因素有关。

为衡量重复性指标，一般可用极限误差来表示，即用校准数据与相应行程输出平均值之间的最大偏差值对满量程输出的百分比表示重复性误差。这时，要先求出正行程多次测量的各个测试点输出之间的最大偏差，以及反行程多次测量的各个测试点输出之间的最大偏差，再取这两个最大偏差中较大者为 $\Delta_{\max}$，从而根据 $\Delta_{\max}$ 与满量程输出 u_{FS} 的百分比计算出重复性 ΔR 为

$$\Delta R = \pm \frac{\Delta_{\max}}{u_{FS}} \times 100\%$$

(11-1)

　　因为重复性误差是根据随机误差来描述校准数据的离散程度的，由于校准的循环次数不同，其最大偏差值也就不一样，因此，这样算出的数据不够可靠。

　　根据标准误差来计算重复性指标，这是比较合理的方法，它综合考虑了一切标定点的输出数据。一般假设传感器在输入不同值时精度是相等的，并用下式计算重复性 ΔR 为

$$\Delta R = \pm \frac{K \sqrt{\dfrac{1}{2n} \sum_{i=1}^{n} (\sigma_{iC}^2 + \sigma_{if}^2)}}{u_{FS}} \tag{11-2}$$

式中　K——系数，取 2 或 3；

　　　　σ_{iC}——第 i 个标定点正行程输出标准偏差；

　　　　σ_{if}——第 i 个标定点反行程输出标准偏差。

　　(3) 线性度　又称为非线性，表示传感器输出与输入之间的关系曲线与选定的工作曲线靠近（或者说偏离）的程度。传感器的线性通常是在标定以后确定的。在标定过程中，由小到大再由大到小给传感器各种输入值，同时记录传感器的输出值，这就得到一系列的以输入值为自变量、以输出值为因变量的数据点，它们反映了输出与输入的函数关系，称为实际工作曲线。然后用某种方法作一条拟合直线去逼近这些数据点。这条拟合直线就是工作直线，测量时就根据传感器的输出值按这条工作直线来确定其输入值（被测量）。传感器的线性或非线性误差就是用工作直线与实际工作曲线之间最大的偏差与满量程输出之比表示，即

$$\delta_I = \pm \frac{\Delta_{max}}{Y_{FS}} \times 100\% \tag{11-3}$$

式中　δ_I——非线性误差（线性度），%；

　　　　Δ_{max}——最大偏差（非线性绝对误差）；

　　　　Y_{FS}——输出满量程。

　　显然，由于工作（拟合）直线的作法不同，线性度的数值也就不同，所以应特别注意线性度是以什么样的拟合直线作为基准而确定的。

　　(4) 迟滞（回差）　迟滞反映传感器在输入值增长过程（正行程）和减少过程（反行程）中，对同一输入量输出值的差别。一般取标定过程中所得的下述值为迟滞的指标：

$$迟滞 = \frac{y_{iC} - y_{if}}{y_n} \times 100\% \tag{11-4}$$

式中　y_{iC}——第 i 个标定点正行程输出值；

　　　　y_{if}——第 i 个标定点反行程输出值；

　　　　y_n——输出量程值。

　　(5) 灵敏度　这是传感器的输出增量与输入（被测量）增量之比，通常用工作直线的斜率 b 来表示。对于具有明显非线性的传感器，利用 dy/dx 表示某一工作点的灵敏度，或者用某一较小的（输入量）区间内的拟合直线的斜率 b 来表示。

　　(6) 分辨率　有些传感器（如电位计式传感器）当输入量连续变化时，输出量却作阶梯变化，则分辨率就表示输出量的每个"阶梯"所代表的输入量的大小，或者这个输入量的值与满量程输入量之比。一般最好分别用平均分辨率或最大分辨率表示。

　　① 平均分辨率　指的是当输入量在全量程内变化时，输出的总的阶梯个数的倒数，然后乘上 100%，即

$$R = \frac{1}{满量程输出阶梯个数} \times 100\% \tag{11-5}$$

例如，某传感器在满量程内输出的阶梯数为 2300 个，则平均分辨率为

$$R = \frac{1}{2300} \times 100\% = 0.04\% \text{（满量程）。}$$

② 最大分辨率 指在全量程内最大的一个输出阶梯的大小所对应的输入量增量与满量程值之比，用百分数表示。例如，某传感器输出的最大阶梯所对应的输入增量为 Δx_{max}，则最大分辨率为

$$R = \frac{\Delta x_{max}}{x_{max} - x_{min}} \times 100\% \text{（满量程）} \tag{11-6}$$

有的输出作连续变化的传感器也给出分辨率。其含义一般是指在输入量达到满量程附近时，传感器能探测的最小的输入增量。或者用这个增量与满量程值之比，以百分数给出。应当指出，这种分辨率的值主要与工作环境的条件优劣、激励电源（对有源传感器而言）的质量以及二次仪表的分辨率等有密切关系。因此，在实验室标定的条件下给出的分辨率，在实际使用时往往是达不到的。

（7）阈值 在传感器最小量程（通常是零输入）附近的分辨率称为阈值。有的传感器在零输入附近有严重的非线性，形成所谓"死区"，则把死区的大小作为阈值。更多情况下阈值主要取决于传感器的噪声大小，因而有的传感器只给出"噪声电平"。

（8）稳定性 稳定性表示传感器在一个较长的时间内保持其性能参数的能力。一般以室温条件下经过一个规定的时间后，传感器的输出与起始标定时的输出的差异程度来表示其稳定性。表示方式如下：

① ××个月不超过××％满量程；

② 有标定的有效值来表示其稳定性。

（9）零漂 零漂表示传感器在零输入的状态下，输出的漂移。一般有两种。

① 时间零漂 一般是指在规定时间内，在室温不变的条件下零输出的变化。对于有源的传感器，则指的是在标准的电源条件下，零输出的变化情况。

② 温度零漂（温漂） 绝大部分传感器在温度变化时特性会有变化。一般用零点温漂和灵敏度温漂来表示。

a. 零点温漂：表示温度每变化 1℃，零点输出变化值，可以用变化本身和用变化值与满量程输出值之比来表示。

b. 灵敏度温漂：表示温度每变化 1℃，灵敏度变化值，可以用变化本身和用变化值与室温灵敏度之比来表示。

11.1.3 动态影响特性

（1）与阶跃响应有关的指标 典型的阶跃响应曲线如图 11-1 所示。图中的"粗虚线"表示近似于一阶系统的阶跃响应曲线；图中的"实线"表示近似于二阶系统的阶跃响应曲线。与这两种阶跃响应有关的动态响应指标有以下几个。

① 时间常数 τ 凡是能近似用一阶系统描述的传感器（如测温传感器），一般用阶跃响应曲线由零上升到稳态值的 63.2％所需时间作为时间常数。这种方法的缺点是曲线的起点往往难于准确判断。

② 上升时间 T_r 通常是指阶跃响应曲线由稳

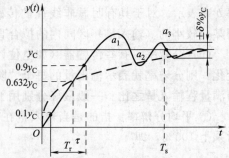

图 11-1 两条典型的阶跃响应曲线

态值的 10％上升到 90％之间的时间。有时也采用其他的百分数，应注意其具体意义。

③ 建立时间 T_s　它表示传感器建立起一个足够准确的稳态响应所需要的时间。一般在稳态小于值 y_c 的上下规定一个 $\pm\Delta\%$ 的公差带，响应曲线开始全部进入这个公差带的瞬间就是建立时间 T_s。为了说明起见，往往说"百分之 Δ 建立时间"。对于理想的一阶系统来讲，5％的建立时间为

$$T_s = 3\tau \tag{11-7}$$

对于理想的二阶系统来讲，当阻尼比 $\xi = 0.6$ 时，10％的建立时间为

$$T_s = 0.38T_n \tag{11-8}$$

式中　T_n——为固有的周期。

④ 过冲量（超调量）a_1　阶跃响应曲线第一次超过稳态值的峰高，即

$$a_1 = y_{max} - y_C \tag{11-9}$$

显然，过冲量越小越好。

⑤ 衰减率 ψ　相邻两个波峰（或波谷）高度下降的百分数，即

$$\psi = \frac{a_n - a_{n+2}}{a_n} \times 100\% \tag{11-10}$$

⑥ 衰减比 δ　相邻两个波峰（或波谷）高度的比值，即

$$\delta = \frac{a_n}{a_{n+2}} \tag{11-11}$$

⑦ 对数减缩 σ　衰减比的自然对数值，即

$$\sigma = \ln\delta \tag{11-12}$$

对于二阶系统可以证明，阻尼比 ξ 与对数减缩 σ 的关系为

$$\xi = \frac{\sigma}{\sigma^2 + 4\pi^2} \tag{11-13}$$

上述的①、②、③项表示响应快慢的三个时间，通常给出其中的一个；⑤、⑥、⑦项表示振荡衰减快慢的特征量，一般是不给出的，或给出其中某一个。

（2）与频率响应特性有关指标　由于相频特性与幅频特性之间存在着一定的内在关系。通常在表示传感器的动态特性时，主要用幅频特性，如图 11-2 所示。图中 0dB 的水平线是理想的零阶（比例）系统的幅频特性。因为 $H(\omega) = K$，故 $20\ln[H(\omega)/K] = 0dB$。如果某传感器的幅频特性曲线偏离理想直线，但不超过某个允许的公差带，则认为是可用的范围。在声学和电学仪器中，往往规定 $\pm3dB$ 的公差带，这相当于 $H(\omega)/K = 0.708\sim1.41$。

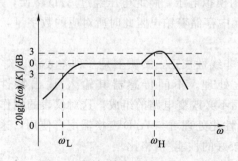

图 11-2　对数幅频特性曲线

而对传感器来讲，则根据所需的测量准确度来定公差带。幅频特性曲线越出公差带处所对应的频率分别称为"下截止频率 ω_L"和"上截止频率 ω_H"。将这个频率区间（$\omega_L \sim \omega_H$）

称为传感器的响应范围，也称通频带或频带。

如果下截止频率为零，则写直流（DC）。

对于有的传感器，考虑到它可以较好地用一阶系统加以描述（如测温传感器），则给出其时间常数 τ。其幅频特性则可以根据一阶系统的频响关系推算，如 3dB 的上截止频率 $\omega_H = 1/\tau$。

对于某些可以用二阶系统很好地描述的传感器（如加速度计、测压传感器等），有时只给出其固有频率值 ω_n，而不再给出有关频率响应的其他指标。

11.2 非线性的补偿方法

11.2.1 线性化的概念

（1）线性化　一个线性系统或线性元件，它的原因和结果之间是成正比的；如果有几个输入，则输出与这几个输入之和成正比。对于传感器，如果输出与输入的非线性不太大，在输入量变化范围不大的条件下，可以用切线或割线等直接近似地代表实际曲线的一段，这种方法称为传感器非线性特性的"线性化"。

（2）线性化分类

① 按线性化所使用的元件不同，可分为"无源线性化方法"和"有源线性化方法"。

② 按线性化所处的阶段不同可分为两类。

a. 数字线性化：在数字化以后进行的线性化称为数字线性化。

b. 模拟线性化：在数字化以前进行的线性化称为模拟线性化。

11.2.2 数字线性化方法

如果数据已经数字化，同时还要作数字处理，只要有可能，总是要在数字领域实现任何所需的线性化。这样的技术包括只读存储器（ROM 或 EPROM）和一些计算方法。ROM或 EPROM 具有最快的存取时间，可用于线性化容量和时间的都是有限的量，并且该量的非线性度是已知的而且固定不变。

利用 ROM（包括 EPROM）实现非线性校正方法的基本原理是用与输入量成正比的数字信号作 ROM 的地址，去读出存在 ROM 中的另一个数字量，该数字量或者是修正过的线性化的变量值，或者是所加的修正量。例如，用铂电阻测量温度，该铂电阻经 R/V 转换，产生一个与铂电阻成正比的模拟电压，将此电压经过 A/D 转换，所得到的数字量作为 ROM的地址，而 ROM 在该单元中存储着铂电阻此时所对应的数字量，并将该数字量送入译码显示器而显示对应的温度值。

① 采用 EPROM 进行非线性校正，实质上是一种差表法。对于任何复杂的曲线都可以应用这种方法进行线性化处理。不同传感器其输入/输出特性曲线不同时，只需改变EPROM 中存储的数据，而不必改变电路的组成。这对仪表的制作是相当有利的。

② 用 EPROM 进行线性化处理可与 A/D 变换器配合使用，这样可以提高整个仪表的集成化程度和可靠性，并有较好的性能/价格比。

如果非线性输入源不经常被查找，而且存储容量又有限，快速计算又有可能时，可以推导出与非线性关系相应的（或者理想信号与实际信号之间的差值）数学函数，然后存入EPROM 中，每当需要来自非线性源的输入时，处理机根据其对所测输入变量的数学关系计算出正确的值。

11.2.3 模拟线性化方法

（1）应用的时机　在测量过程中电路无数字电路，或有数字电路而处理能力受到限制和存储能力也受限制，同时，模拟处理实现起来简单而便宜时，采用模拟线性化的方法是最佳的。其模拟线性化的方法分为无源线性和有源线性化方法。

（2）无源线性化方法　无源线性化电路比较简单，性能可靠，成本低廉，只要设计合理，可以获得足够高的准确度，因此，是广泛应用的线性化方法。其种类有两种。

① 湿敏器件无源线性化电路：是利用湿敏器件的电阻 R_H 与相对湿度 RH 的关系，采用与固定电阻不同的连接方式而构成线性化电路（包括用单个敏感器件串并联进行线性化的一元线性化、二元线性化、多元线性化电路）。

② 热敏电阻无源线性化电路：是利用热敏电阻与固定电阻的串并联，在一定的温度范围内，能粗略地使电路的输出线性化。

（3）有源线性化方法　无源线性化电路由于引入了电阻元件串并联，则必然会引起"变换灵敏度"的降低，而有源线性化电路就没有这样的缺点，因为它利用运放、场效应管或晶体管这些有源元件实现函数变换。由于运放有很高的增益、极高的输入阻抗、灵活多变的接法，可以获得各种各样的函数变换特性。因此，从原则上讲，任何敏感器件的变换特性都可以校正为足够好的直线特性。但这种校正方法电路复杂，调整不便，成本也比无源线性化电路高。

一种有源线性化电路是利用非线性反馈，使反馈支路的非线性和原有敏感器件的变换特性的非线性相互抵消，从而得到线性化。其种类有 3 种。

① 折线近似线性化法。

② 幂级数近似线性化法　一般传感器的输出 y 可用状态 x 的幂级数表示

$$y = a_1 + a_2 x + a_3 x^3 + \cdots + a_n x^{n+1}$$

式中，x 二次以上指数项的系数值很小，通常在电路设计中不予考虑。略去二次以上项后，在 x 的很大区间中，改变一次项的系数 a_2 就是折线近似线性化法。在电路中采用乘法器，可获得二次以上项，故可得到更高准确度的线性化。

③ 正反馈法　电阻变化型传感器中，有些器件电阻值的增长速度随着电阻值的增大而变得迟钝。在这种场合，可用放大率随传感器输出变大而增大的正反馈放大器来实现线性化。

11.3　温度补偿方法

（1）温度补偿的概念　传感器的温度特性，即零点输出随温度变化的漂移和灵敏度随温度变化的漂移。在传感器的应用中，希望传感器的温度特性不随温度变化，或经过调理，使其变化限定在一定的范围以内。这一调理过程叫做"温度补偿"。一定要区别于热电偶的冷端温度补偿概念。

（2）零点温度补偿　一般是设定一个随温度变化的量，使它与传感器零点输出随温度的变化相抵消，一般有 3 种方法。

① 利用半导体二极管的负温度特性的方法。

② 采用相对不同温度系数的电阻串并联的方法。

③ 利用计算机软件温度补偿法。

（3）灵敏度温度补偿　是调整传感器灵敏度，使其不随温度变化，或限制变化在一定的范围内。通常采用的方法有两个。

① 调整供电电源法　由供电电源随温度的变化抵消灵敏度随温度的变化，这是由于传感器的灵敏度与供电电源的电压或电流有关。

a. 利用热敏电阻 R_T 的温度系数是负的特性，则加在放大器的同相上的电压增加，使通过桥路的电流增加，灵敏度增加，从而抵消了由温度升高灵敏度降低的趋势。

b. 利用热敏电阻网络改变供电电流。控制供电电流 I_s，使其具有与敏感元件符号相反、数值相等的温度系数时，就可以使输出不随温度变化。

c. 在用恒压源给桥路供电时，在电源回路串入二极管进行补偿。当温度升高时，桥路灵敏度降低，但由于二极管的正向压降降低，于是提高了电桥的电源电压，使电桥输出不改变；当温度降低时，桥路灵敏度升高，但由于二极管的正向压降上升，使电桥的电源电压降低些，仍使电桥输出不改变，从而达到温度补偿的目的。

② 调整桥路电阻的温度系数。

a. 利用热敏电阻网络，使其温度系数抵消桥臂电阻的温度系数。

b. 将补偿元件和检测元件接在相邻的桥臂上，当温度发生变化时，补偿元件和检测元件的阻值都发生变化，而它们的温度变化相同，因为它们接在相邻的桥臂上，所以，由温度变化引起的阻值变化的作用相互抵消，于是起到温度补偿的作用。这种方法在气体传感器中经常使用。

c. 利用传感器接口电路的增益随温度变化，抵消敏感元件灵敏度随温度的变化。

11.4　设计传感器接口电路要解决的问题

① 欲测的非电量是什么量？是物理的、化学的还是生物的量？

② 选用什么样的敏感元件？这些敏感元件的性能参数如何？价格是否合适？

③ 需要传感器的输出是什么形式的信号？是电压、电流、频率？是模拟信号还是数字信号？还是发出控制或报警信号？

④ 传感器的准确度、灵敏度和稳定性，使用的环境温度变化范围及动态范围。

⑤ 传感器的输出方式及输出能力：

a. 是单端输出还是差分输出？共模电平多大？共模误差源是什么？是否需要隔离器？

b. 是电源输出、电压输出，还是电路输出？输出阻抗多大？如为低电平敏感元件，需要低噪声和低漂移放大器，才能分辨微小的信息变化，而高阻抗敏感元件则需注意接线电容和放大器的输入特性（输入阻抗、漏电流、电荷或电压工作方式）。

⑥ 敏感元件的误差源，除了噪声和直线性等明显的因素外，温度、压力、应力等因素的影响如何？接口电路应具有哪种修正能力（如温度补偿）？根据可能遇到的噪声和干扰源，合理地连线和接地。根据传感器输出信号的最大变化率，适当选择滤波电路，保证电路有足够的带宽。

⑦ 适当偏置和线性化。线性化可以模拟的形式也可以数字的形式实现，偏置和线性化可以在前置放大器级或后级实现。

⑧ 敏感元件激励源的功率、准确度和稳定性。

⑨ 如果作为报警，还要防止误报警。

11.5　传感器的类别与用途

（1）压力传感器　压力传感器是把压力转换成电信号的传感器。集成压力传感器的形式有 4 种。

① 频率或数字输出型　这种传感器是把压力的输入量转换成频率或数字输出的传感器。这种传感器可使测量系统测量准确度和分辨率提高，频率或数字信号抗干扰能力强，便于进行数据处理，而且这种传感器的加工技术与 IC 加工技术相容，所以适于发展成为单片智能化传感器。

② 直接数字输出的触发器型　这种传感器的基础压力转换元件是具有把压力转换电信号的触发器，而不是分立传感器中的压阻全桥。因此，这种触发器型传感器已制成阵列化的，并具有完善的外围信号处理电路。

③ 悬臂梁型　这种传感器是通过微机械加工和 IC 工艺完成的，把敏感元件制在悬臂梁上。这种敏感元件主要应用在微型传感器中。

④ 电容式的压力传感器　和压阻式压力传感器相比，它具有灵敏度高、温度稳定性好、压力量程低等优点，因此很受人们重视；但是由于单个电容器的容量不易做得足够大，检测有困难，所以发展速度不算太快。由于 IC 加工技术的发展，可以制成多单元电容器组成的电容式传感器，并把检测电路同敏感元件制作在同一芯片上，为这种传感器的发展开辟了新的途径。

（2）温度传感器　温度传感器是把温度转换成电信号的传感器。制作温度传感器的材料有多种，所以温度传感器有多种类型，如表 11-1 所示。

集成温度传感器：集成温度传感器是把温敏器件、偏置电路、放大电路及线性化电路集成在一个芯片上的温度传感器。根据感温元件的不同可分为两种。

① 电流型 PTAT 集成温度传感器　是一种电流型器件，输出电流正比于热力学温度。这种传感器的灵敏度取决于相关晶体管的面积比和电阻 R。

② 电压型 PTAT 集成温度传感器　是输出电压正比于热力学温度。电压型的温度传感器线性好，其输出电压 $U_{out}=0.273+1mV/℃$。可认为 U_{out} 是在恒定电压加上一个比较小的敏感的信号。这样就限定了传感器的灵敏度，给器件的使用带来方便。

（3）光敏传感器　光敏传感器是把光转变成电信号的传感器。它广泛应用于自动控制、宇航、广播电视、军事等各个领域。光敏传感器是在所有传感器中应用广泛、发展较快的一种。重要的有半导体光敏传感器、光纤传感器、热探测器等。光敏传感器类型有 9 种。

① 光敏电阻 CdS　是利用半导体材料的光电导效应制成的光敏器件。它具有灵敏度高、光谱响应范围宽、结构简单等特点，广泛地在工业自动化领域作为光检测元件。

② 光敏二极管　光敏二极管与光敏电阻比有响应速度高、频率响应好、可靠性高、体积小、重量轻等优点。某些光敏二极管（如雪崩二极管）的灵敏度也很高，广泛用于可见光和远红外光的探测，用于自动控制、自动计数、自动报警等各领域。

③ 光电池　光电池是一种将光能直接转换成电能的半导体器件。由于它具有重量轻、可靠性高、能承受各种环境变化和在空间可以直接利用太阳能转换成电能的优点，作为空间能源已得到大量应用。

④ 光敏晶体管　是在光敏二极管的基础上发展起来的光敏传感器。由于它能把光敏二

表 11-1 温度传感器种类

种　类	测温范围/℃	特　点
K 镍铬-镍硅(镍铝)热电偶	−270~1300 (−6.4~52mV)	线性度好,灵敏度高,稳定性和均匀性好,抗氧化性强。能用于氧化性、惰性气氛中,不用于弱氧化气氛中
E 镍铬-铜镍(康铜)	−270~1000 (−10~76mV)	灵敏度高,测量微小的温度变化,宜用于湿度较高的环境。均匀性差
J 铁-铜镍(康铜)	−210~1200 (−8~69mV)	线性度好,灵敏度高,稳定性和均匀性好,高温下氧化快。不能直接无保护地在高温下用于硫化气氛中
T 铜-铜镍(康铜)	−270~400 (−6~20mV)	线性度好,灵敏度高,均匀性好。在−200~0℃ 的年稳定性小于 $3\mu V$;在高温下抗氧化性差
S 铂铑 10-铂热电偶	−50~1700 (−0.2~18mV)	准确度高,稳定性最好,测温范围宽,使用寿命长。热电势较小,灵敏度低,高温下机械强度下降,对污染非常敏感
R 铂铑 13-铂热电偶	−50~1700 (−0.2~20mV)	具有与 S 型同样的特点,在国内测温很少用。国外设备用得多
B 铂铑 30-铂铑 6 热电偶	0~1800 (−0~13mV)	准确度高,稳定性最好,测温范围宽,使用寿命长,测温上限高。热电势较小,灵敏度低,高温下机械强度下降,抗污染能力差
Pt10 铂电阻	−200~850 (1.85~39Ω)	耐温性好,一般用在 650℃ 以上的温区,与 Pt100 铂电阻比电阻分辨率低
Pt100 铂电阻	−200~850 (18~390Ω)	耐温性较差,一般用在 650℃ 以下的温区,与 Pt10 铂电阻比电阻分辨率高
Cu50	−50~150 (39~82Ω)	直线性好,电阻小,与 Cu100 比分辨率低。一般用于低温场合
Cu100	−50~150 (78~164Ω)	直线性好,电阻大,与 Cu50 比分辨率高。一般用于低温场合
热敏电阻	−50~150	电阻变化率大,非线性大
二极管	−200~150	−2mV/℃,简便,灵敏度高
IC 温度传感器	−55~150	是两端器件,输出电流正比于热力学温度

极管产生的光电流进一步放大,所以它有更高的灵敏度和响应速度。但是光敏晶体管的输出信号与输入信号没有严格的线性关系。

⑤ 光控晶闸管　光控硅晶闸管又称光可控硅。它是一种利用光信号控制的开关器件,它的伏安特性和普通晶闸管相似,只是用光触发代替了电触发。光触发与电触发相比,具有以下特点。

a. 主电路与控制电路通过光耦合,可以控制噪声干扰。

b. 主电路与控制电路相互隔离,容易满足对高压绝缘的要求。

c. 使用光控晶闸管,不需晶闸管门及触发脉冲变压器等器件,从而可使重量减轻、体积减小、可靠性提高。

由于光控晶闸管具有独特的光控特性,已作为自动控制元件而广泛用于光继电器、自控、隔离输入开关、光计数器、光报警器、光触发脉冲发生器、液位、料位、物位控制等方面,大功率光控晶闸管元件主要用于大电流装置和高压直流输电系统。

⑥ 光耦合器件　半导体光耦合(或光电隔离)器件是半导体光敏器件和发光二极管或其他发光器件组成的一种新的器件。它的主要功能是用光来实现电信号的传递。在线路应用中,则是用光来实现级间耦合。工作时,把电信号加到输入端,使发光器件发光,光电耦合器中的光敏器件在这种光辐射的作用下输出光电流,从而实现电—光—电两次转换,通过光进行了输入端和输出端之间的耦合。

⑦ 集成光敏器件　集成光敏器件是指光敏二极管及光敏三极管的阵列（包括线阵和面阵）、集成色敏器件以及发光二极管与放大器的组合器件（光放大器）。其主要有光放大器、半导体色敏器件、故态图像传感器等。

⑧ 光纤传感器　是一种把被测的某种量（包括物理量、化学量、生物量）转换为电信号的装置，其分类如表 11-2 所示。

表 11-2　光纤传感器原理与分类

光纤传感器		光学现象	被测量	光纤	分类
干涉型	相位调制	干涉（磁致伸缩） 干涉（电致伸缩） Sagnac 效应 光弹效应 干涉	电流、磁场 电场、电压 角速度 振动、压力、加速度、位移 温度	SM、PM	a
非干涉型	强度调制	遮光板遮断光路 半导体透射率的变化 荧光辐射、黑体辐射 光纤微弯损耗 振动膜或液晶的发射 气体分子吸收 光纤漏泄膜	温度、振动、压力、加速度、位移 温度 温度 振动、压力、加速度、位移 振动、压力、位移 气体浓度 液位	MM MM MM SM MM MM MM	B B B B B B c
	偏振调制	法拉第效应 泡克尔斯效应 双折射变化 光弹效应	电流、电磁 电场、电压 温度 振动、压力、加速度、位移	SM MM SM MM	B,a B B b
非干涉型	频率调制	多普勒效应 受激拉曼散射 光致发光	速度、流速、振动、加速度 气体浓度 温度	MM MM MM	C B b

⑨ 超声波传感器　就是检测频率在人耳可听音频范围以上（约 16kHz 以上）的声波的传感器。目前一般采用电压陶瓷振子制成超声波传感器，其结构是将两个压电元件黏合在一起，称为双压电晶片。超声波射在压电晶片上，使压电晶片振动，就产生电压信号。反之，在压电晶片上加上电压，也会产生超声波。超声波传感器的种类有普通型、宽频带型、封闭型和高频型。超声波传感器使用的方式有直接方式和反射方式两种，如表 11-3 所示。直接探测方式是将发送器和接收器面对面放置，当接收器直接收到发送器的超声波信号时，认为被测物体不存在；收不到超声波信号，认为被测物体存在。反射探测方式是将发送器和接收器同侧放置，有反射波时，认为被测物体不存在。反射探测方式有两种形式，即一个是使用一个发送器和一个接收器的独立型，另一个是只使用一个，既作发送器又作接收器的兼用型。兼用型只有一个传感器，这是其优点，但需要发送、接收切换电路，而且只适于远距离探测。

表 11-3　超声波传感器使用的方式

配置方式	用途	特征
直接型	遥控探测物体	探测灵敏度可自由设定,易于设计 设置场所需要在两处
反射方式（独立型）	探测物体测量距离	需要从 T 向 R 直接迂回代入的对策 可使用 T 和 R 专用的传感器,效率高 多用于近距离
反射方式（兼用型）	探测物体测量距离	需要发送接收切换电路 不能近距离测量

（4）磁敏传感器 磁敏传感器是将磁量转换为电量的传感器。它广泛地应用于测量技术、模拟运算技术、自动化技术等领域中。磁敏元件种类很多，主要有以下 5 种。

① 霍尔元件 是利用霍尔效应制成的磁敏器件，它是采用较高电阻率的半导体材料制成的薄矩形板，板上有 4 个欧姆接触电极。电流 I 通过 cc_1 和 cc_2，当与板面垂直方向存在磁场时，在电极 cc_1 和 cc_2 之间产生霍尔电压，实现了磁量与电量的转换。

② 集成霍尔元件 是采用集成电路工艺，把霍尔元件和信号处理电路集成在同一芯片上的霍尔集成电路。

a. 霍尔开关集成电路：是由霍尔电压发生器、放大器、施密特触发器以及输出电路等集成的电路。

b. 霍尔线性集成电路：相当于霍尔元件加上一个线性放大器的集成电路。一般由霍尔电压发生器、差分放大器和输出电路等集成。

③ 磁敏电阻 磁敏电阻是利用磁阻效应制作的半导体磁敏器件。磁敏电阻的大小受其形状影响很大，目前采用集成电路工艺在半导体中嵌入很多金属条，使磁敏电阻不因其长度而降低磁阻。同时，常做成三端或多端元件，使温度特性的不良影响相互抵消。另外，为了提高弱场下的灵敏度，在磁阻元件上附带永久磁铁，这种磁阻元件还可以克服一般磁阻元件不能辨别磁场极性的缺点。

④ 磁敏二极管 是 PN 结型器件，与霍尔元件相比，它的体积小、灵敏度高、电路简单。目前磁敏二极管有磁性整流器（CMD）和索尼二极管（SMD）。采用集成电路工艺制成集成磁敏二极管。

⑤ 磁敏晶体管 双极磁敏晶体管的磁敏机理有多种，结构类型也很多，如纵向、横向磁敏晶体管，还可采用双极工艺将磁敏晶体管和放大电路集成在同一芯片上，制成集成磁敏晶体管。

（5）气敏传感器 气敏传感器是用于检测各种气体的传感器。早期对气体的检测主要采取用化学或光学的方法，其检测速度慢，设备复杂，使用不方便。目前利用金属氧化物半导体研制出可燃气体传感器。这种半导体气敏传感器具有灵敏度高、体积小、使用方便等优点，主要用于各种气体的检测、报警、测量分析等。其主要类型如表 11-4 所示。

表 11-4 半导体气敏传感器的分类

类型		所利用的特性	气敏器件	工作温度	检测气体
电阻型	电阻	表面电阻控制型	SnO_2, ZnO	室温～450℃	可燃性气体
		体电阻控制型	γ-Fe_2O_3 TiO_2 CoO-MgO	300～450℃ 700℃以上 700℃以上	乙醇,可燃性气体,O_2
非电阻型		表面电位	Ag_2O	室温	硫醇
		二极管整流特性	Pd/TiO_2	室温～200℃	H_2,CO、乙醇
		晶体管特性	Pd/$MOSFET$	150℃	H_2,H_2S

在实际应用中，气敏传感器应满足下列要求。

① 具有良好的选择性，即对被测气体以外的共存气体或物质不敏感。

② 具有较高的灵敏度和较宽的动态响应范围。在被测气体浓度较低时，有足够大的响应信号；同时在被测气体浓度较高时，有较好的线性响应值。

③ 性能稳定，传感器能随环境缺点、湿度的变化而发生变化。

④ 响应速度快，重复性好。

⑤ 保养简单。

主要类型产品有以下几种。

① 气敏电阻　气敏电阻是一种半导体电阻元件，其阻值随着环境气氛的成分或浓度的不同而显著变化，组织变化范围在 $10^3 \sim 10^5 \Omega$ 之间。气敏电阻一般是由非化学配比的金属氧化物半导体材料烧结制成的，分为 N 型和 P 型两种。还可以分为表面电阻控制型和体电阻控制型。

② 电压控制型气敏传感器　主要包括肖特基二极管和 Pd 栅 MOSFET 等，它们都是由于催化金属吸附和分解气体分子，形成极性分子（或原子）的偶极层，使半导体/金属间的功函数发生变化，从而改变气敏传感器的电流-电压特性。

（6）湿敏传感器　把湿度物理量转换成电信号的器件称为湿敏传感器，用于各种场合的湿度监视、测量与报警，广泛地在各领域得到应用。为了更好地使用湿敏器件，首先应对湿度的概念进行理解。

① 绝对湿度　表示单位体积的空气里所含水汽的质量，定义为

$$\rho = \frac{m_V}{V} \tag{11-14}$$

式中　m_V——为待测空气中的含水汽的质量，g 或 mg；

　　　V——为待测空气总体积，m^3；

　　　ρ——为待测空气绝对湿度，g/m^3。

② 相对湿度　为待测空气的水汽分压与相对温度下的水的饱和水汽压的比值百分数，常用 RH 表示，即

$$RH = \left(\frac{p_V}{p_W} \right)_t \times 100\% \tag{11-15}$$

式中　p_V——空气的温度是 $t(\text{℃})$ 时的水汽分压；

　　　p_W——$t(\text{℃})$ 时水的饱和蒸气压。

③ 露点温度　当空气的温度下降到某一温度时，空气的水汽分压将与同温度下水的饱和蒸气压相等。这时，空气中的水汽就有可能转化为液相而凝固成露珠。这一特定的温度，称为空气的露点或露点温度。如果这一特定的温度低于 0℃，水汽将结成霜，此时称为霜点或霜点温度。

④ 湿敏传感器的种类有

a. $MgCr_2O_4$-TiO_2 半导体陶瓷湿敏器件：用 $MgCr_2O_4$-TiO_2 固熔体组成的多孔性半导体陶瓷，是一种较好的感湿材料。利用它制成的湿敏器件，具有使用范围宽、湿度温度系数小、响应时间短的优点，在多次加热清洗之后性能仍比较稳定。其型号是 SM-1 型。

b. $MgCr_2O_4$-TiO_2 湿-气多功能湿敏器件：$MgCr_2O_4$-TiO_2 半导体陶瓷不仅能吸附水汽，而且对某些氧化或还原气体在高温下也可在陶瓷晶粒表面上产生化学吸附，从而引起陶瓷体导电能力的改变。因此，这种半导体陶瓷可检测环境湿度，又可作为检测某些还原气体的多功能湿敏器件。在 150℃ 的温度下可精确地测量环境的相对湿度，而在 400~450℃ 的温度下，则可检测某些还原气体的浓度。

c. 湿-温多功能湿敏器件：$BaTiO_3$-$SrTiO_3$ 半导体陶瓷材料的介电常数与温度有关，是理想的热敏材料，通过对其掺入少量的具有感湿特性的器件 $MgCr_2O_4$，可以制成湿-温多功

能湿敏器件。这种湿敏器件工作时等效于一个电阻 R 和一个电容 C 并联电路，电容 C 随着温度的变化而变化，电阻 R 随着环境湿度的变化而变化。通过对两个器件的测量，便可测量环境的温度和湿度。

d. 涂覆膜型陶瓷湿敏器件：涂覆型 Fe_3O_4 湿敏器件的工作温度为 $5\sim40℃$，器件在常温、常湿下性能比较稳定，并可在高湿条件下长期存放，因此也能承受表面结露的恶劣条件，具有良好的抗结露能力。

e. 多孔 Al_2O_3 湿敏器件：是氧化膜湿敏器件，这种器件在 $-15\sim50℃$ 的范围内其感湿特性曲线几乎不发生变化。但该器件的主要缺点是器件性能易老化和漂移，新器件经过半年使用以后要进行标定，然后使用时应定期标定。

f. 硅 MOS 型 Al_2O_3 湿敏器件：是采用半导体平面工艺制作的，仍然以多孔 Al_2O_3 作为感湿介质膜，具有一般多孔 Al_2O_3 湿敏器件的通性。而且，可以基本上消除器件的滞后效应，具有极快的响应速度，化学稳定性好，并且有较高的耐高、低温冲击的性能。

g. 微型多孔 SiO_2 湿敏器件：这种器件的尺寸很小，而且有较高的灵敏度。其主要的优点在于管芯体积小，而且采用半导体器件的常规平面工艺。衬底材料使用单晶硅，能与一般的半导体器件制作在同一硅衬底上，进行统一封装，制成多功能的传感器。

习　题　11

一、选择题

1. 传感器预期要测量的被测量值，一般用传感器允许测量的上、下极限值表示。上限值又称为（　　）。

　　A. 满量程值　　　　　　　　B. 被测量值　　　　　　　　C. 量程

2. 反映传感器在不变工作状态下，重复地给予某个相同的输入值时，其输出值的一致性，其意义与准确度相似，称为（　　）。

　　A. 准确度　　　　　　　　　B. 重复性　　　　　　　　　C. 线性度

3. 传感器的输出与输入之间的关系曲线与选定的工作曲线的靠近（或者说偏离）程度，称为（　　）。

　　A. 准确度　　　　　　　　　B. 重复性　　　　　　　　　C. 线性度

4. 表示测量结果与被测的"真值"的靠近程度，称为（　　）。

　　A. 准确度　　　　　　　　　B. 重复性　　　　　　　　　C. 线性度

5. 当输入量在全量程内变化时，输出的总的阶梯个数的倒数，然后乘上 100%，是（　　）。

　　A. 平均分辨率　　　　　　　B. 最大分辨率　　　　　　　C. 灵敏度

6. 全量程内最大的一个输出阶梯的大小所对应的输入量增量与满量程值之比，用百分数表示是（　　）。

　　A. 平均分辨率　　　　　　　B. 最大分辨率　　　　　　　C. 灵敏度

7. 传感器的输出增量与输入（被测量）增量之比是（　　）。

　　A. 平均分辨率　　　　　　　B. 最大分辨率　　　　　　　C. 灵敏度

8. 温度每变化 $1℃$，零点输出变化值可以用变化本身和用变化值与满量程输出值之比来表示，称为（　　）。

　　A. 零点温漂　　　　　　　　B. 灵敏度温漂　　　　　　　C. 零漂

9. 传感器在零输入的状态下，输出的漂移称为（　　）。

　　A. 零点温漂　　　　　　　　B. 灵敏度温漂　　　　　　　C. 零漂

10. 灵敏度变化值，可以用变化本身和用变化值与室温灵敏度之比来表示，称为（　　）。

二、判断题

1. 在传感器最小量程（通常是零输入）附近的分辨率称为阈值。　　　　　　（　　）

2. 传感器的输出增量与输入（被测量）增量之比为阈值。　　　　　　　　（　　）

3. 时间常数 τ：凡是能近似用一阶系统描述的传感器（如测温传感器），一般用阶跃响应曲线由零上升到稳态值的 83.2% 所需时间作为时间常数。　　　　　　　　　　　　（　　）

4. 在数字化以后进行的线性化称为数字线性化。　　　　　　　　　　　（　　）

5. 采用 EPROM 进行非线性校正，实质上是一种差表法。对于任何复杂的曲线，都可以应用这种方法进行线性化处理。　　　　　　　　　　　　　　　　　　　　　（　　）

习 题 答 案

习题 1

一、选择题

1. B　　2. A　　3. B　　4. B　　5. B

6. A　　7. A　　8. A　　9. C

二、判断题

1. ×　　2. √　　3. √　　4. √　　5. ×

6. √　　7. ×　　8. √　　9. √

三、计算题

1. 30W、7.5W、120W

2. 2A

习题 2

一、选择题

1. B　　2. C　　3. A　　4. A

5. B　　6. A　　7. B　　8. A

二、判断题

1. ×　　2. √　　3. √　　4. √

5. ×　　6. √　　7. √　　8. √

三、计算题

1. $-15V$;　　　　　2. $I_1=5A$, $I_2=1A$, $I_3=4A$;　　　　3. 5Ω;

4. $V_A=-2V$, $V_B=+18V$, $V_C=+8V$;　　　　　5. 3V;

6. 当 $R_2=50\Omega$ 时，输出电压 $U_2=73.25V$, $R_2=75\Omega$ 时，输出电压 $U_2=120V$;

7. $-1A$;　　　　8. 2V;　　　　9. 3A;　　　　10. 3A

习题 3

一、选择题

1. A　　2. C　　3. B　　4. A　　5. A

二、判断题

1. √　　2. ×　　3. ×

习题 4

一、选择题

1. A　　2. C　　3. C　　4. A　　5. B　　6. C

二、判断题

1. √　　2. ×　　3. ×　　4. √　　5. √

6. √　　7. √　　8. √　　9. √

三、计算题

1. $u_B=311\sin314t$ V，$u_A=311\sin\left(314t+\dfrac{\pi}{3}\right)$ V，$u_C=311\sin\left(314t+\dfrac{2\pi}{3}\right)$ V。

2. $I=\dfrac{I_m}{\sqrt{2}}=0.707\times10\text{A}=7.07\text{A}$

3. 解：

已知 $I_{m1}=5$A，$\phi_1=60°$；$I_{m2}=10$A，$\phi_1=-30°$，画出最大值相量图。

（1）画一条横坐标。

（2）在横坐标上面画一条与横坐标之间夹角为 60°的斜线，其长度相当 5A。

（3）在横坐标下面画一条与横坐标之间夹角为 30°的斜线，其长度相当 10A。

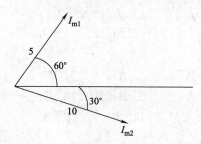

4. $\dot{I}=\dfrac{\dot{U}}{R}=\dfrac{220\angle30°}{100}=2.2\angle30°\text{A}$，$P=UI=220\times2.2=484\text{W}$

5. $X_L=\omega L=314\times19.1\times10^{-3}=5997.4\times10^{-3}=5.9974\Omega\approx6\Omega$

   $i=36.67\sqrt{2}\sin(314t-60°)$ A

6. $X_C=\dfrac{1}{\omega C}=\dfrac{1}{2\pi fC}=\dfrac{1}{2\times3.14\times50\times10\times10^{-6}}=318.471=318.5\Omega$

   $I=\dfrac{U}{X_C}=\dfrac{220}{318.5}=0.6907\text{A}=0.7\text{A}$

   $Q_C=UI=220\times0.7=154.0\text{var}$

习题 5

一、选择题

1. A　　2. B　　3. B　　4. B　　5. A

6. A　　7. A　　8. B　　9. A　　10. B

11. A　　12. B　　13. C　　14. A　　15. B

二、判断题

1. √　　2. ×　　3. √　　4. ×　　5. ×

6. √　　7. ×　　8. √　　9. √　　10. √

三、计算题

1. 电压放大倍数 $A_u=-75$；输入电阻 $R_i=1\text{k}\Omega$；输出电阻 $R_o=4\text{k}\Omega$。

2. $A_u=-32$；$R_i=31.5\text{k}\Omega$；$R_o=2\text{k}\Omega$。

3. 电压放大倍数 $A_u=0.98$；输入输出电阻 $R_i=100\text{k}\Omega$。

4. 估算电路的静态工作点：

$$I_{EQ}=\dfrac{\dfrac{R_{B1}U_{CC}}{R_{B1}+R_{B2}}-U_{BEQ}}{R_E}=\dfrac{\dfrac{3\text{k}\Omega\times12\text{V}}{3\text{k}\Omega+10\text{k}\Omega}-0.7\text{V}}{2\text{k}\Omega}=1.03\text{mA}\approx I_{CQ}$$

$$I_{BQ} = \frac{I_{CQ}}{1+\beta} = \frac{1.03\text{mA}}{1+50} = 0.02\text{mA} = 20\mu\text{A}$$

$$U_{CEQ} = U_{CC} - I_{CQ}(R_C + R_E) = 12\text{V} - 1.03\text{mA} \times (5.1\text{k}\Omega + 2\text{k}\Omega) = 4.7\text{V}$$

电压放大倍数 $A_u = 79.7$；输入电阻 $R_i = 30\Omega$；输出电阻 $R_o = 5.1\text{k}\Omega$。

习题 6

一、选择题

1. A　　2. B　　3. A　　4. B　　5. C

6. A　　7. B　　8. C　　9. A　　10. B

二、判断题

1. √　　2. ×　　3. √　　4. √　　5. √

习题 7

一、选择题

1. B　　2. A　　3. B　　4. A　　5. B

6. C　　7. B　　8. A　　9. A　　10. C

11. B　　12. C　　13. C　　14. B　　15. A

二、判断题

1. ×　　2. √　　3. √　　4. √　　5. √

三、综合题

1. 写出基本逻辑门逻辑表达式、图形符号和真值表。

(1) 与门逻辑表达式是 $Y = A \cdot B$，图形符号和真值表：

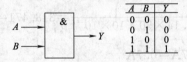

(2) 或门：其逻辑表达式是 $Y = A + B$，图形符号和真值表：

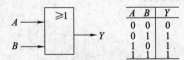

(3) 非门：其逻辑表达式是 $A = \overline{Y}$，图形符号和真值表：

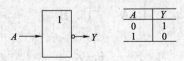

(4) 与非门：其逻辑表达式是 $Y = \overline{AB} = \overline{A} + \overline{B}$，图形符号和真值表：

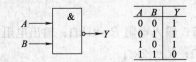

(5) 或非门：其逻辑表达式是 $Y = \overline{A+B} = \overline{A}\,\overline{B}$，图形符号和真值表：

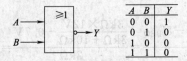

（6）异或门：其逻辑表达式是 $Y = A \oplus B = A\overline{B} + \overline{A}B$，图形符号和真值表：

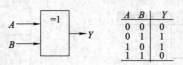

A	B	Y
0	0	0
0	1	1
1	0	1
1	1	0

2. 绘出钟控 SR 触发器的电路图。

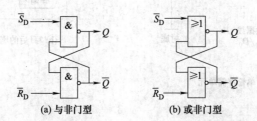

(a) 与非门型　　　　　(b) 或非门型

3. 画出钟控 D 触发器的逻辑符号图。

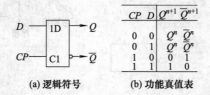

CP	D	Q^{n+1}	$\overline{Q}^{n+1}$
0	0	Q^n	$\overline{Q}^n$
0	1	Q^n	$\overline{Q}^n$
1	0	0	1
1	1	1	0

(a) 逻辑符号　　　　　(b) 功能真值表

4. 写出主从 JK 触发器功能真值表。

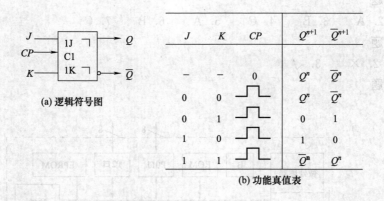

(a) 逻辑符号图

J	K	CP	Q^{n+1}	$\overline{Q}^{n+1}$
—	—	0	Q^n	$\overline{Q}^n$
0	0	⊓	Q^n	$\overline{Q}^n$
0	1	⊓	0	1
1	0	⊓	1	0
1	1	⊓	$\overline{Q}^n$	Q^n

(b) 功能真值表

习题 8

一、选择题

1. A　　2. B　　3. C　　4. C　　5. A

二、判断题

1. √　　2. √　　3. ×　　4. √　　5. √

习题 9

画图题

1.

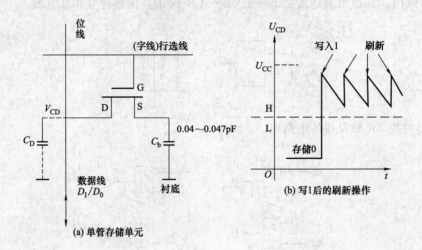

(a) 单管存储单元

(b) 写1后的刷新操作

2.   3.

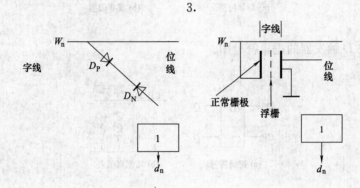

习题 10

一、选择题

1. C 2. A 3. B 4. C 5. A 6. B 7. C

二、判断题

1. √ 2. × 3. √

三、画图题

1.

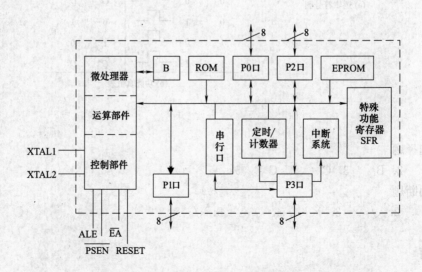

2.

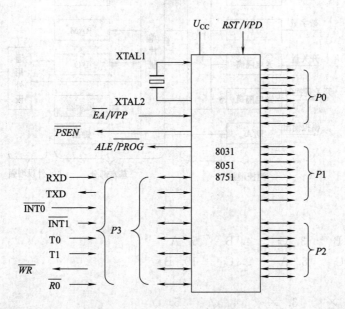

3.

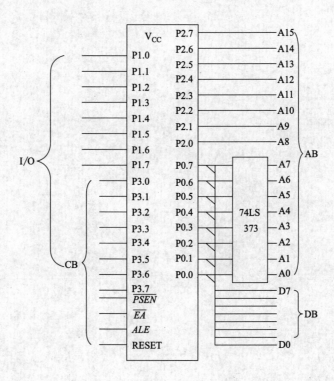

4.

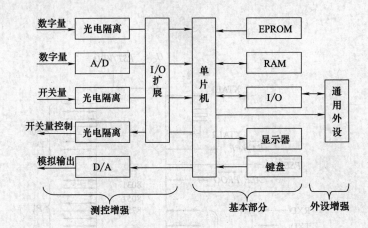

习题 11

一、选择题

1. A   2. B   3. C   4. B   5. A
6. B   7. C   8. A   9. C   10. B

二、判断题

1. √   2. ×   3. ×   4. √   5. √

参 考 文 献

[1] 陈宝生. 电工电子基础. 北京：化学工业出版社，2004.

[2] 龚之春. 数字电路. 北京：电子科技大学出版社，1999.

[3] 苏铁力，关振海，孙立红，孙彦卿. 传感器及其接口技术. 北京：中国石化出版社，2000.

[4] 郝鸿安. 常用模拟集成电路应用手册. 北京：人民邮电出版社，1991.

[5] 刘克旺，马琳，宋剑英. 电路基础. 北京：国防工业出版社，2006.

[6] 何立民. 单板机应用系统设计. 北京：北京航空航天大学出版社，1991.

[7] 张洪润，蓝清华. 单片机应用技术教程. 北京：清华大学出版社，1997.

[8] 李华. MCS-51 系列单片机实用接口技术. 北京：北京航空航天大学出版社，1993.

[9] 周明昌，闫洁，刘敬威. 电子仪器仪表装配工（中级工）. 北京：化学工业出版社，2006.